中国饮食文化史

The History of Chinese Dietetic Culture

「十二五」国家重点出版物出版规划项目
国家科学技术学术著作出版基金资助项目

中国饮食文化史·

黄河下游地区卷

中国饮食文化史主编　赵荣光

The History of Chinese Dietetic Culture

Volume of the Lower Reaches of the Yellow River

姚伟钧　李汉昌　吴昊　著

中国轻工业出版社

图书在版编目（CIP）数据

中国饮食文化史. 黄河下游地区卷 / 赵荣光主编；姚伟钧，李汉昌，吴昊著. —北京：中国轻工业出版社，2013.12
国家科学技术学术著作出版基金资助项目 "十二五"国家重点出版物出版规划项目
ISBN 978-7-5019-9510-3

Ⅰ.①中… Ⅱ.①赵… ②姚… ③李… ④吴… Ⅲ.①黄河流域—饮食—文化史 Ⅳ.①TS971

中国版本图书馆 CIP 数据核字 (2013) 第257762号

策划编辑：马 静
责任编辑：马 静 方 程 责任终审：郝嘉杰 整体设计：伍毓泉
编 辑：赵蓁茏 版式制作：锋尚设计 责任校对：李 靖
责任监印：胡 兵 张 可

出版发行：中国轻工业出版社（北京东长安街6号，邮编：100740）
印 刷：北京顺诚彩色印刷有限公司
经 销：各地新华书店
版 次：2013年12月第1版第1次印刷
开 本：787×1092 1/16 印张：22.5
字 数：328千字 插页：2
书 号：ISBN 978-7-5019-9510-3 定价：88.00元
邮购电话：010-65241695 传真：65128352
发行电话：010-85119835 85119793 传真：85113293
网 址：http://www.chlip.com.cn
Email：club@chlip.com.cn
如发现图书残缺请直接与我社邮购联系调换
050862K1X101ZBW

感谢

北京稻香村食品有限责任公司对本书出版的支持

饮其流者
怀其源

感谢
感谢
感谢

中国农业科学院农业信息研究所对本书出版的支持

浙江工商大学暨旅游学院对本书出版的支持

黑龙江大学历史文化旅游学院对本书出版的支持

落其实者
思其树

1. 大汶口文化时期的炭化粟，山东胶州赵家庄出土[※]

2. 陶鬶，龙山文化出土

3. 彩陶豆，大汶口文化遗址出土

4. 蛋壳陶高柄杯，龙山文化遗址出土

5. 夏商时期的青铜提梁壶（山东博物馆藏）

6. 孔孟食道创始人——"孔子"像

※　编者注：书中图片来源除有标注者外，其余均由作者提供。对于作者从网站或其他出版物等途径获得的图片也做了标注。

1. 汉代的陶猪圈模型，黄河下游地区出土

2. 汉代"水榭捕鱼"石刻画，山东日照市出土

3. 汉代"炊事、食鱼图"，山东省嘉祥宋山出土

4. 东晋时期的黑釉盘口鸡首壶

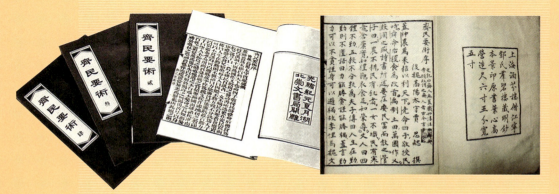

5. 黄河下游地区重要的古农书——《齐民要术》

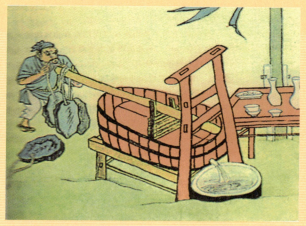

1. 黄河下游地区的"古代制酒图"

2. 唐代的灰釉斑纹双耳葫芦瓶

3.《元刻农桑辑要校释》
与《王祯农书》

4. 明代宣德年间的青花瓷碗

5.《金瓶梅词话》中所反映的明代饮食图

1.《衍圣公府档案0005168号》，关于雍正朝遣
官致祭阙里孔庙的文档

2. 孔府所藏有关孔子饮食文化思想的历史文献

3. 孔府菜礼食全席食器

4. 民国时期黄河下游地区的小吃

5. 民国时期黄河下游地区大运河沿岸的小吃摊贩

各分卷名录及作者：

◎ 中国饮食文化史·黄河中游地区卷

　　姚伟钧　刘朴兵　著

◎ 中国饮食文化史·黄河下游地区卷

　　姚伟钧　李汉昌　吴昊　著

◎ 中国饮食文化史·长江中游地区卷

　　谢定源　著

◎ 中国饮食文化史·长江下游地区卷

　　季鸿崑　李维冰　马健鹰　著

◎ 中国饮食文化史·东南地区卷

　　冼剑民　周智武　著

◎ 中国饮食文化史·西南地区卷

　　方铁　冯敏　著

◎ 中国饮食文化史·东北地区卷

　　主　编：吕丽辉

　　副主编：王建中　姜艳芳

◎ 中国饮食文化史·西北地区卷

　　徐日辉　著

◎ 中国饮食文化史·中北地区卷

　　张景明　著

◎ 中国饮食文化史·京津地区卷

　　万建中　李明晨　著

鸿篇巨制　继往开来

——《中国饮食文化史》（十卷本）序

卢良恕

中国饮食文化是中国传统文化的重要组成部分，其内涵博大精深、历史源远流长，是中华民族灿烂文明史的生动写照。她以独特的生命力佑护着华夏民族的繁衍生息，并以强大的辐射力影响着周边国家乃至世界的饮食风尚，享有极高的世界声誉。

中国饮食文化是一种广视野、深层次、多角度、高品位的地域文化，她以农耕文化为基础，辅之以渔猎及畜牧文化，传承了中国五千年的饮食文明，为中华民族铸就了一部辉煌的文化史。

但长期以来，中国饮食文化的研究相对滞后，在国际的学术研究领域没有占领制高点。一是研究队伍不够强大，二是学术成果不够丰硕，尤其缺少全面而系统的大型原创专著，实乃学界的一大憾事。正是在这样困顿的情势下，国内学者励精图治、奋起直追，发愤用自己的笔撰写出一部中华民族的饮食文化史。中国轻工业出版社与撰写本书的专家学者携手二十余载，潜心劳作，殚精竭虑，终至完成了这一套数百万字的大型学术专著——《中国饮食文化史》（十卷本），是一件了不起的事情！

《中国饮食文化史》（十卷本）一书，时空跨度广远，全书自史前始，一直叙述至现当代，横跨时空百万年。全书着重叙述了原始农业和畜牧业出现至今的一万年左右华夏民族饮食文化的演变，充分展示了中国饮食文化是地域文化这一理论学说。

该书将中国饮食文化划分为黄河中游、黄河下游、长江中游、长江下游、东南、西南、东北、西北、中北、京津等十个子文化区域进行相对独立的研究。各区域单独成卷，每卷各章节又按断代划分，分代叙述，形成了纵横分明的脉络。

全书内容广泛，资料翔实。每个分卷涵盖的主要内容包括：地缘、生态、物产、气候、土地、水源；民族与人口；食政食法、食礼食俗、饮食结构及形成的原因；食物原料种类、分布、加工利用；烹饪技术、器具、文献典籍、文化艺术等。可以说每一卷都是一部区域饮食文化通史，彰显出中国饮食文化典型的区域特色。

中国饮食文化学是一门新兴的综合学科，它涉及历史学、民族学、民俗学、人类学、文化学、烹饪学、考古学、文献学、食品科技史、中国农业史、中国文化交流史、边疆史地、地理经济学、经济与商业史等学科。多学科的综合支撑及合理分布，使本书具有颇高的学术含量，也为学科理论建设提供了基础蓝本。

中国饮食文化的产生，源于中国厚重的农耕文化，兼及畜牧与渔猎文化。古语有云："民以食为天，食以农为本"，清晰地说明了中华饮食文化与中华农耕文化之间不可分割的紧密联系，并由此生发出一系列的人文思想，这些人文思想一以贯之地体现在人们的社会活动中。包括：

"五谷为养，五菜为助，五畜为益，五果为充"的饮食结构。这种良好饮食结构的提出，是自两千多年前的《黄帝内经》始，至今看来还是非常科学的。中国地域广袤，食物原料多样，江南地区的"饭稻羹鱼"、草原民族的"食肉饮酪"，从而形成中华民族丰富、健康的饮食结构。

"医食同源"的养生思想。中华民族自古以来并非代代丰衣足食，历代不乏灾荒饥馑，先民历经了"神农尝百草"以扩大食物来源的艰苦探索过程，千百年来总结出"医食同源"的宝贵思想。在西方现代医学进入中国大地之前的数千年，"医食同源"的养生思想一直护佑着炎黄子孙的健康繁衍生息。

"天人合一"的生态观。农耕文化以及渔猎、畜牧文化，都是人与自然间最和谐的文化，在广袤大地上繁衍生息的中华民族，笃信人与自然是合为一体的，人类的所衣所食，皆来自于大自然的馈赠，因此先民世世代代敬畏自然，爱护生态，尊重生命，重天时，守农时，创造了农家独有的二十四节气及节令食俗，"循天道行人事"。这种宝贵的生态观当引起当代人的反思。

"尚和"的人文情怀。农耕文明本质上是一种善的文明。主张和谐和睦、勤劳耕作、勤和为人，崇尚以和为贵、包容宽仁、质朴淳和的人际关系。中国饮食讲究的"五味调和"也正是这种"尚和"的人文情怀在烹饪技术层面的体现。纵观中国饮食文化的社会功能，更是对"尚和"精神的极致表达。

"尊老"的人伦传统。在传统的农耕文明中，老人是农耕经验的积累者，是向子孙后代传承农耕技术与经验的传递者，因此一直受到家庭和社会的尊重。中华民族尊老的传统是农耕文化的结晶，也是农耕文化得以久远传承的社会行为保障。

《中国饮食文化史》（十卷本）的研究方法科学、缜密。作者以大历史观、大文化观统领全局，较好地利用了历史文献资料、考古发掘研究成果、民俗民族资料，同时也有效地利用了人类学、文化学及模拟试验等多种有效的研究方法与手段。对区域文明肇始、族群结构、民族迁徙、人口繁衍、资源开发、生态制约与变异、水源利用、生态保护、食物原料贮存与食品保鲜防腐等一系列相关问题都予以了充分表述，并提出一系列独到的学术观点。

如该书提出中国在汉代就已掌握了面食的发酵技术，从而把这一科技界的定论向前推进了一千年（科技界传统说法是在宋代）；又如，对黄河流域土地承载力递减而导致社会政治文化中心逐流而下的分析；对草地民族因食料制约而频频南下的原因分析；对生态结构发生变化的深层原因讨论；对《齐民要术》《农政全书》《饮膳正要》《天工开物》等经典文献的识读解析；以及对筷子的出现及历史演变的论述等。该书还清晰而准确地叙述了既往研究者已经关注的许多方面的问题，比如农产品加工技术与食品形态问题、关于农作物及畜类的驯化与分布传播等问题，这些一向是农业史、交流史等学科比较关注而又疑难点较多的领域，该书对此亦有相当的关注与精到的论述。体现出整个作者群体较强的科研能力及科研水平，从而铸就了这部填补学术空白、出版空白的学术著作，可谓是近年来不可多得的精品力作。

本书是填补空白的原创之作，这也正是它的难度之所在。作者的写作并无前人成熟的资料可资借鉴，可以想见，作者须进行大量的文献爬梳整理、甄选淘漉，阅读量浩繁，其写作难度绝非一般。在拼凑摘抄、扒网拼盘已成为当今学界一大痼疾的今天，这部原创之作益发显得可贵。

一套优秀书籍的出版，最少不了的是出版社编辑们默默无闻但又艰辛异常的付出。中国轻工业出版社以文化坚守的高度责任心，苦苦坚守了二十年，为出版这套不能靠市场获得收益、然而又是填补空白的大型学术著作呕心沥血。进入编辑阶段以后，编辑部严苛细致，务求严谨，精心提炼学术观点，一遍遍打磨稿件。对稿件进行字斟句酌的精心加工，并启动了高规格的审稿程序，如，他们聘请国内顶级的古籍专家对书中所有的古籍以善本为据进行了逐字逐句的核对，并延请史学专家、民族宗教专家、民俗专家等进行多轮审稿，全面把关，还对全书内容做了20余项的专项检查，剪除掉书稿中的许多瑕疵。他们不因卷帙浩繁而存丝毫懈怠之念，日以继夜，忘我躬耕，使得全书体现出了高质量、高水准的精品风范。在当前浮躁的社会风气下，能坚守这种职业情操实属不易！

本书还在高端学术著作科普化方面做出了有益的尝试，如对书中的生僻字进行注音，对专有名词进行注释，对古籍文献进行串讲，对正文配发了许多图片等。凡此种种，旨在使学术著作更具通俗性、趣味性和可读性，使一些优秀的学术思想能以通俗化的形式得到展现，从而扩大阅读的人群，传播优秀文化，这种努力值得称道。

这套学术专著是一部具有划时代意义的鸿篇巨制，它的出版，填补了中国饮食文化无大型史著的空白，开启了中国饮食文化研究的新篇章，功在当代，惠及后人。它的出版，是中国学者做的一件与大国地位相称的大事，是中国对世界文明的一种国际担当，彰显了中国文化的软实力。它的出版，是中华民族五千年饮食文化与改革开放三十多年来最新科研成果的一次大梳理、大总结，是树得起、站得住的历史性文化工程，对传播、振兴民族文化，对中国饮食文化学者在国际学术领域重新建立领先地位，将起到重要的推动作用。

作为一名长期从事农业科技文化研究的工作者，对于这部大型学术专著的出版，我感到由衷的欣喜。愿《中国饮食文化史》（十卷本）能够继往开来，为中国饮食文化的发扬光大，为中国饮食文化学这一学科的崛起做出重大贡献。

二〇一三年七月

一部填补空白的大书

——《中国饮食文化史》（十卷本）序

李学勤

　　中国轻工业出版社通过我在中国社会科学院历史研究所的老同事，送来即将出版的《中国饮食文化史》（十卷本）样稿，厚厚的一大叠。我仔细披阅之下，心中深深感到惊奇。因为在我的记忆范围里，已经有好多年没有见过系统论述中国饮食文化的学术著作了，况且是由全国众多专家学者合力完成的一部十卷本长达数百万字的大书。

　　正如不久前上映的著名电视片《舌尖上的中国》所体现的，中国的饮食文化是悠久而辉煌的中国传统文化的一个重要组成部分。中国的饮食文化非常发达，在世界上享有崇高的声誉，然而，或许是受长时期流行的一些偏见的影响，学术界对饮食文化的研究却十分稀少，值得提到的是国外出版的一些作品。记得20世纪70年代末，我在美国哈佛大学见到张光直先生，他给了我一本刚出版的《中国文化中的食品》（英文），是他主编的美国学者写的论文集。在日本，则有中山时子教授主编的《中国食文化事典》，其内的"文化篇"曾于1992年中译出版，题目就叫《中国饮食文化》。至于国内学者的专著，我记得的只有上海人民出版社《中国文化史丛书》里面有林乃燊教授的一本，题目也是《中国饮食文化》，也印行于1992年，其书可谓有筚路蓝缕之功，只是比较简略，许多问题未能展开。

　　由赵荣光教授主编、由中国轻工业出版社出版的这部十卷本《中国饮食文化史》规模宏大，内容充实，在许多方面都具有创新意义，从这一点来说，确实是前所未有的。讲到这部巨著的特色，我个人意见是不是可以举出下列几点：

　　首先，当然是像书中所标举的，是充分运用了区域研究的方法。我们中国从来是一个多民族、多地区的国家，五千年的文明历史是各地区、各民族共同缔造的。这种多元一体的文化观，自"改革开放"以来，已经在历史学、考古学等领域起了很大的促进作用。《中国饮食文化史》（十卷本）的编写，贯彻"饮食文化是区域文化"的观点，把全国划分为十个文化区域，即黄河中游、黄河下游、长江中游、长江下游、东南、西南、东北、西北、中北和京津，各立一卷。每一卷都可视为区域性的通史，各卷间又互相配合关联，形成立体结构，便于全面展示中国饮食文化的多彩面貌。

其次，是尽可能地发挥了多学科结合的优势。中国饮食文化的研究，本来与历史学、考古学及科技史、美术史、民族史、中外关系史等学科都有相当密切的联系。《中国饮食文化史》（十卷本）一书的编写，努力吸取诸多有关学科的资料和成果，这就扩大了研究的视野，提高了工作的质量。例如在参考文物考古的新发现这一方面，书中就表现得比较突出。

第三，是将各历史时期饮食文化的演变过程与当时社会总的发展联系起来去考察。大家知道，把研究对象放到整个历史的大背景中去分析估量，本来是历史研究的基本要求，对于饮食文化研究自然也不例外。

第四，也许是最值得注意的一点，就是这部书把饮食文化的探索提升到理论思想的高度。《中国饮食文化史》（十卷本）一开始就强调"全书贯穿一条鲜明的人文思想主线"，实际上至少包括了这样一系列观点，都是从远古到现代饮食文化的发展趋向中归结出来的：

一、五谷为主兼及其他的饮食结构；

二、"医食同源"的保健养生思想；

三、尚"和"的人文观念；

四、"天人合一"的生态观；

五、"尊老"的传统。

这样，这部《中国饮食文化史》（十卷本）便不同于技术层面的"中国饮食史"，而是富于思想内涵的"中国饮食文化史"了。

据了解，这部《中国饮食文化史》（十卷本）的出版，经历了不少坎坷曲折，前后过程竟长达二十余年。其间做了多次反复的修改。为了保证质量，中国轻工业出版社邀请过不少领域的专家阅看审查。现在这部大书即将印行，相信会得到有关学术界和社会读者的好评。我对所有参加此书工作的各位专家学者以及中国轻工业出版社同仁能够如此锲而不舍深表敬意，希望在饮食文化研究方面能再取得更新更大的成绩。

二〇一三年九月

于北京清华大学寓所

"饮食文化圈"理论认知中华饮食史的尝试
——中国饮食文化区域性特征

赵 荣 光

　　很长时间以来，本人一直希望海内同道联袂在食学文献梳理和"饮食文化区域史""饮食文化专题史"两大专项选题研究方面的协作，冀其为原始农业、畜牧业以来的中华民族食生产、食生活的文明做一初步的瞰窥勾测，从而为更理性、更深化的研究，为中华食学的坚实确立准备必要的基础。为此，本人做了一系列先期努力。1991年北京召开了"首届中国饮食文化国际学术研讨会"，自此，也开始了迄今为止历时二十年之久的该套丛书出版的艰苦历程。其间，本人备尝了时下中国学术坚持的艰难与苦涩，所幸的是，《中国饮食文化史》（十卷本）终于要出版了，作为主编此时真是悲喜莫名。

　　将人类的食生产、食生活活动置于特定的自然生态与历史文化系统中审视认知并予以概括表述，是30多年前本人投诸饮食史、饮食文化领域研习思考伊始所依循的基本方法。这让我逐渐明确了"饮食文化圈"的理论思维。中国学人对民众食事文化的关注渊源可谓久远。在漫长的民族饮食生活史上，这种关注长期依附于本草学、农学而存在，因而形成了中华饮食文化的传统特色与历史特征。初刊于1792年的《随园食单》可以视为这种依附传统文化转折的历史性标志。著者中国古代食圣袁枚"平生品味似评诗"，潜心戮力半世纪，以开创、标立食学深自期许，然限于历史时代局限，终未遂其所愿——抱定"皓首穷经""经国济世"之理念建立食学，使其成为传统士子麇集的学林。

食学是研究不同时期、各种文化背景下的人群食事事象、行为、性质及其规律的一门综合性学问。中国大陆食学研究热潮的兴起，文化运气系接海外学界之后，20世纪中叶以来，日、韩、美、欧以及港、台地区学者批量成果的发表，蔚成了中华食文化研究热之初潮。社会饮食文化的一个最易为人感知之处，就是都会餐饮业，而其衰旺与否的最终决定因素则是大众的消费能力与方式。正是餐饮业的持续繁荣和大众饮食生活水准的整体提高，给了中国大陆食学研究以不懈的助动力。在中国饮食文化热持续至今的30多年中，经历了"热学""显学"两个阶段，而今则处于"食学"渐趋成熟阶段。以国人为主体的诸多富有创见性的文著累积，是其渐趋成熟的重要标志。

人类文化是生态环境的产物，自然环境则是人类生存发展依凭的文化史剧的舞台。文化区域性是一个历史范畴，一种文化传统在一定地域内沉淀、累积和承续，便会出现不同的发展形态和高低不同的发展水平，因地而宜，异地不同。饮食文化的存在与发展，主要取决于自然生态环境与文化生态环境两大系统的因素。就物质层面说，如俗语所说："一方水土养一方人"，其结果自然是"一方水土一方人"，饮食与饮食文化对自然因素的依赖是不言而喻的。早在距今10000—6000年，中国便形成了以粟、菽、麦等"五谷"为主要食物原料的黄河流域饮食文化区、以稻为主要食物原料的长江流域饮食文化区、以肉酪为主要食物原料的中北草原地带的畜牧与狩猎饮食文化区这不同风格的三大饮食文化区域类型。其后公元前2世纪，司马迁曾按西汉帝国版图内的物产与人民生活习性作了地域性的表述。山西、山东、江南（彭城以东，与越、楚两部）、龙门碣石北、关中、巴蜀等地区因自然生态地理的差异而决定了时人公认的食生产、食生活、食文化的区位性差异，与史前形成的中国饮食文化的区位格局相较，已经有了很大的发展变化。而后再历20多个世纪至19世纪末，在今天的中国版图内，存在着东北、中北、京津、黄河下游、黄河中游、西北、长江下游、长江中游、西南、青藏高原、东南11个结构性子属饮食文化区。再以后至今的一个多世纪，尽管食文化基本区位格局依在，但区位饮食文化的诸多结构因素却处于大变化之中，变化的速度、广度和深度，都是既往历史上不可同日而语的。生产力的结构性变化和空前发展；食生产工具与方式的进步；信息传递与交通的便利；经济与商业的发展；人口大规模的持续性流动与城市化进程的快速发展；思想与观念的更新进化等，这一切都大大超越了食文化物质交换补益的层面，而具有更深刻、更重大的意义。

各饮食文化区位文化形态的发生、发展都是一个动态的历史过程，"不变中有变、变中有不变"是饮食文化演变规律的基本特征。而在封闭的自然经济状态下，"靠山吃山靠水吃水"的饮食文化存在方式，是明显"滞进"和具有"惰性"的。所谓"滞进"和"惰性"是指：在决定传统餐桌的一切要素几乎都是在年复一年简单重复的历史情态下，饮食文化的演进速度是十分缓慢的，人们的食生活是因循保守的，"周而复始"一词正是对这种形态的概括。人类的饮食生活对于生息地产原料并因之决定的加工、进食的地域环境有着很强的依赖性，我们称之为"自然生态与文化生态环境约定性"。生态环境一般呈现为相当长历史时间内的相对稳定性，食生产方式的改变，一般也要经过很长的历史时间才能完成。而在"鸡犬之声相闻，民至老死不相往来"的相当封闭隔绝的中世纪，各封闭区域内的人们是高度安适于既有的一切的。一般来说，一个民族或某一聚合人群的饮食文化，都有着较为稳固的空间属性或区位地域的植根性、依附性，因此各区位地域之间便存在着各自空间环境下和不同时间序列上的差异性与相对独立性。而从饮食生活的动态与饮食文化流动的属性观察，则可以说世界上绝大多数民族（或聚合人群）的饮食文化都是处于内部或外部多元、多渠道、多层面的、持续不断的传播、渗透、吸收、整合、流变之中。中华民族共同体今天的饮食文化形态，就是这样形成的。

　　随着各民族人口不停地移动或迁徙，一些民族在生存空间上的交叉存在、相互影响（这种状态和影响自古至今一般呈不断加速的趋势），饮食文化的一些早期民族特征逐渐地表现为区位地域的共同特征。迄今为止，由于自然生态和经济地理等诸多因素的决定作用，中国人主副食主要原料的分布，基本上还是在漫长历史过程中逐渐形成的基本格局。宋应星在谈到中国历史上的"北麦南稻"之说时还认为："四海之内，燕、秦、晋、豫、齐、鲁诸蒸民粒食，小麦居半，而黍、稷、稻、粱仅居半。西极川、云，东至闽、浙、吴楚腹焉……种小麦者二十分而一……种余麦者五十分而一，闾阎作苦以充朝膳，而贵介不与焉。"这至少反映了宋明时期麦属作物分布的大势。直到今天，东北、华北、西北地区仍是小麦的主要产区，青藏高原是大麦（青稞）及小麦的产区，黑麦、燕麦、荞麦、莜麦等杂麦也主要分布于这些地区。这些地区除麦属作物之外，主食原料还有粟、秫、玉米、稷等"杂粮"。而长江流域及以南的平原、盆地和坝区广大地区，则自古至今都是以稻作物为主，其山区则主要种植玉米、粟、荞麦、红薯、小麦、大麦、旱稻等。应当看到，粮食作物今天的品种分布状态，本身就是不断演变的历史性结果，而这种演变无论表现出怎样的相对稳定性，它都不可能是最终格局，还将持续地演变下去。

历史上各民族间饮食文化的交流，除了零星渐进、潜移默化的和平方式之外，在灾变、动乱、战争等特殊情况下，出现短期内大批移民的方式也具有特别的意义。其间，由物种传播而引起的食生产格局与食生活方式的改变，尤具重要意义。物种传播有时并不依循近邻滋蔓的一般原则，伴随人们远距离跋涉的活动，这种传播往往以跨越地理间隔的童话般方式实现。原产美洲的许多物种集中在明代中叶联袂登陆中国就是典型的例证。玉米、红薯自明代中叶以后相继引入中国，因其高产且对土壤适应性强，于是长江以南广大山区，鲁、晋、豫、陕等大片久耕密植的贫瘠之地便很快迭相效应，迅速推广开来。山区的瘠地需要玉米、红薯这样的耐瘠抗旱作物，传统农业的平原地区因其地力贫乏和人口稠密，更需要这种耐瘠抗旱而又高产的作物，这就是各民族民众率相接受玉米、红薯的根本原因。这一"根本原因"甚至一直深深影响到20世纪80年代以前。中国大陆长期以来一直以提高粮食亩产、单产为压倒一切的农业生产政策，南方水稻、北方玉米，几乎成了各级政府限定的大田品种种植的基本模式。

严格说来，很少有哪些饮食文化区域是完全不受任何外来因素影响的纯粹本土的单质文化。也就是说，每一个饮食文化区域都是或多或少、或显或隐地包融有异质文化的历史存在。中华民族饮食文化圈内部，自古以来都是域内各子属文化区位之间互相通融补益的。而中华民族饮食文化圈的历史和当今形态，也是不断吸纳外域饮食文化更新进步的结果。1982年笔者在新疆历时半个多月的一次深度考察活动结束之后，曾有一首诗："海内神厨济如云，东西甘脆皆与闻。野驼浑烹标青史，肥羊串炙喜今人。乳酒清冽爽筋骨，奶茶浓郁尤益神。朴劳纳仁称异馔，金特克缺愧寡闻。胡饼西肺欣再睹，葡萄蜜瓜连筵陈。四千文明源泉水，云里白毛无销痕。晨钟传于二三鼙，青眼另看大宛人。"诗中所叙的是维吾尔、哈萨克、柯尔克孜、乌孜别克、塔吉克、塔塔尔等少数民族的部分风味食品，反映了西北地区多民族的独特饮食风情。中国有十个少数民族信仰伊斯兰教，他们主要或部分居住在西北地区。因此，伊斯兰食俗是西北地区最具代表性的饮食文化特征。而西北地区，众所周知，自汉代以来直至公元7世纪一直是佛教文化的世界。正是来自阿拉伯地区的影响，使佛教文化在这里几乎消失殆尽了。当然，西北地区还有汉、蒙古、锡伯、达斡尔、满、俄罗斯等民族成分。西北多民族共聚的事实，就是历史文化大融汇的结果，这一点，同样是西北地区饮食文化独特性的又一鲜明之处。作为通往中亚的必由之路，举世闻名的丝绸之路的几条路线都经过这里。东西交汇，丝绸之路饮食文化是该地区的又一独特之处。中华饮食文化通过丝绸之路吸纳域外文化因素，确切的文字记载始自汉代。张骞（？—前114年）于汉武帝建元三年（公元前138年）、元狩四年（公元前119年）的两次出使西域，使内地与今天的新疆及中亚的文化、经济交流进入到了一个全新的历史阶段。葡萄、苜蓿、胡麻、胡瓜、蚕豆、核桃、石榴、胡萝卜、葱、蒜等菜蔬瓜果随之来到了中国，同时进入的还有植瓜、种树、屠宰、截马等技术。其后，西汉军队为能在西域伊吾长久驻扎，便将中原的挖井技术，尤其是河西走廊等地的坎儿井技术引进了西域，促进了灌溉农业的发展。

至少自有确切的文字记载以来，中华版图内外的食事交流就一直没有间断过，并且呈与时俱进、逐渐频繁深入的趋势。汉代时就已经成为黄河流域中原地区的一些主食品种，例如馄饨、包子（笼上牢丸）、饺子（汤中牢丸）、面条（汤饼）、馒首（有馅与无馅）、饼等，到了唐代时已经成了地无南北东西之分，民族成分无分的、随处可见的、到处皆食的大众食品了。今天，在中国大陆的任何一个中等以上的城市，几乎都能见到以各地区风味或少数民族风情为特色的餐馆。而随着人们消费能力的提高和消费观念的改变，到异地旅行，感受包括食物与饮食风情在内的异地文化已逐渐成了一种新潮，这正是各地域间食文化交流的新时代特征。这其中，科技的力量和由科技决定的经济力量，比单纯的文化力量要大得多。事实上，科技往往是文化流变的支配因素。比如，以筷子为食具的箸文化，其起源已有不下六千年的历史，汉以后逐渐成为汉民族食文化的主要标志之一；明清时期已普及到绝大多数少数民族地区。而现代化的科技烹调手段则能以很快的速度为各族人民所接受。如电饭煲、微波炉、电烤箱、电冰箱、电热炊具或气体燃料新式炊具、排烟具等几乎在一切可能的地方都能见到。真空包装食品、方便食品等现代化食品、食料更是无所不至。

黑格尔说过一句至理名言："方法是决定一切的"。笔者以为，饮食文化区位性认识的具体方法尽管可能很多，尽管研究方法会因人而异，但方法论的原则却不能不有所规范和遵循。

首先，应当是历史事实的真实再现，即通过文献研究、田野与民俗考察、数学与统计学、模拟重复等方法，去尽可能摹绘出曾经存在过的饮食历史文化构件、结构、形态、运动。区位性研究，本身就是要在某一具体历史空间的平台上，重现其曾经存在过的构建，如同考古学在遗址上的工作一样，它是具体的，有限定的。这就要求我们对于资料的筛选必须把握客观、真实、典型的原则，绝不允许研究者的个人好恶影响原始资料的取舍剪裁，客观、公正是绝对的原则。

其次，是把饮食文化区位中的具体文化事象视为该文化系统中的有机构成来认识，而不是将其孤立于整体系统之外释读。割裂、孤立、片面和绝对地认识某一历史文化，只能远离事物的本来面目，结论也是不足取的。文化承载者是有思想的、有感情的活生生的社会群体，我们能够凭借的任何饮食文化遗存，都曾经是生存着的社会群体的食生产、食生活活动事象的反映，因此要把资料置于相关的结构关系中去解读，而非孤立地认断。在历史领域里，有时相近甚至相同的文字符号，却往往反映不同的文化意义，即不同时代、不同条件下的不同信息也可能由同一文字符号来表述；同样的道理，表面不同的文字符号也可能反映同一或相近的文化内涵。也就是说，我们在使用不同历史时期各类著述者留下来的文献时，不能只简单地停留在文字符号的表面，而应当准确透析识读，既要尽可能地多参考前人和他人的研究成果，还要考虑到流传文集记载的版本等因素。

再次，饮食文化的民族性问题。如果说饮食文化的区域性主要取决于区域的自然生态环境因素的话，那么民族性则多是由文化生态环境因素决定的。而文化生态环境中的最主要因素，应当是生产力。一定的生产力水平与科技程度，是文化生态环境时代特征中具有决定意义的因素。《诗经》时代黄河流域的渍菹，本来是出于保藏的目的，而后成为特别加工的风味食品。今日东北地区的酸菜、四川的泡菜，甚至朝鲜半岛的柯伊姆奇（泡菜）应当都是其余韵。今日西南许多少数民族的粑粑、饵块以及东北朝鲜族的打糕等蒸舂的稻谷粉食，是古时杵臼捣制餈饵的流风。蒙古族等草原文化带上的一些少数民族的手扒肉，无疑是草原放牧生产与生活条件下最简捷便易的方法，而今竟成草原情调的民族独特食品。同样，西南、华中、东南地区许多少数民族习尚的熏腊食品、酸酵食品等，也主要是由于贮存、保藏的需要而形成的风味食品。这也与东北地区人们冬天用雪埋、冰覆，或泼水挂腊（在肉等食料外泼水结成一层冰衣保护）的道理一样。以至北方冬天吃的冻豆腐，也竟成为一种风味独特的食料。因为历史上人们没有更好的保藏食品的方法。因此可以说，饮食文化的民族性，既是地域自然生态环境因素决定的，也是文化生态因素决定的，因此也是一定生产力水平所决定的。

又次，端正研究心态，在当前中华饮食文化中具有特别重要的意义。冷静公正、实事求是，是任何学科学术研究的绝对原则。学术与科学研究不同于男女谈恋爱和市场交易，它否定研究者个人好恶的感情倾向和局部利益原则，要热情更要冷静和理智；反对偏私，坚持公正；"实事求是"是唯一可行的方法论原则。

多年前北京钓鱼台国宾馆的一次全国性饮食文化会议上，笔者曾强调食学研究应当基于"十三亿人口，五千年文明"的"大众餐桌"基本理念与原则。我们将《中国饮食文化史》（十卷本）的付梓理解为"饮食文化圈"理论的认知与尝试，不是初步总结，也不是什么了不起的成就。

尽管饮食文化研究的"圈论"早已经为海内外食学界熟知并逐渐认同，十年前《中国国家地理杂志》以我提出的"舌尖上的秧歌"为封面标题出了"圈论"专号，次年CCTV-10频道同样以我建议的"味蕾的故乡"为题拍摄了十集区域饮食文化节目，不久前一位欧洲的博士学位论文还在引用和研究。这一切也还都是尝试。

《中国饮食文化史》（十卷本）工程迄今，出版过程历经周折，与事同道几易其人，作古者凡几，思之唏嘘。期间出于出版费用的考虑，作为主编决定撤下丛书核心卷的本人《中国饮食文化》一册，尽管这是当时本人所在的杭州商学院与旅游学院出资支持出版的前提。虽然，现在"杭州商学院"与"旅游学院"这两个名称都已经不复存在了，但《中国饮食文化史》（十卷本）毕竟得以付梓。是为记。

夏历癸巳年初春，公元二〇一三年三月

杭州西湖诚公斋书寓

目
录

第七章 ｜ 北宋金元时期　　　/157

第八章 | 明朝时期　　/185

黄河下游地区卷

目录

第一章 概述

　　饮食文化由于地域、民族、习俗乃至宗教等因素的影响，逐渐形成了不同特点和风格的饮食文化区域类型，具体来说主要因素有自然生态、资源储备、社会政治、人口状况、生产力水平、政策制定、战争以及灾荒等。黄河下游地区是中华文化的核心区域之一，黄河下游地区饮食文化史是中国饮食文化史的重要组成部分。悠久的历史和灿烂的古代文明奠定了黄河下游地区饮食文化的基础，决定了其具有多样性的饮食文化特征。诸如以仰韶文化、大汶口文化、龙山文化等文明曙光为代表的原始饮食文化；以齐地与鲁地划分的齐鲁饮食文化；以黄海、渤海沿岸为特点的滨海海洋饮食文化和以大运河为主轴的运河饮食文化，以及鲁菜烹饪文化等，其中影响最为深远的是代表中华饮食礼俗最高标准的孔孟食道与曲阜衍圣公府饮食。这些饮食文化的丰富性和影响力，决定了黄河下游地区饮食文化在中国饮食文化发展史中具有十分重要的意义。

　　中国饮食文化视野下的黄河下游地区，大致包括今山东地区以及晋、冀、豫、皖、苏的部分地区，主要依托山东省为圆心的地域范围。从地理环境上看，本地区主要为黄河下游冲积平原，中部和东部地区分布着山地、丘陵、盆地以及部分岛屿，属东亚暖带季风气候区，夏热多雨，冬冷干燥，季节变化明显，动植物资源和盐业、矿产资源丰富，拥有众多食物原料。主要作物有小麦、粟、黍（shǔ）、玉米、大麦、大豆、高粱、水稻、棉花、芝麻、花生、番薯（地瓜）等；主要蔬菜有大白菜、萝卜、土豆、薹菜、莴苣、圆葱、香椿、芹菜、小白菜、蔓菁、小茴香、扁豆、金针、芋头、豌豆、蚕豆、豇豆、扁豆、菜豆、刀豆、地环、冬瓜、黄瓜、南瓜、丝瓜、葫芦、姜、葱、蒜等；主要水果有苹果、桑葚、西瓜、杏子、栗子、李子、山楂、梨、葡萄、核桃、甜瓜、脆瓜、香瓜等；主要食用菌类有伞盖蘑、木耳、平菇、香菇、黑木耳、银耳、猴头菇、鸡腿菇、金针菇、口蘑等；主要家畜家禽有猪、牛、羊、鸡、鸭、鹅等；主要淡水产品有鱼、虾、蟹、蛤；主要海产品有海参及各类海鱼等。食物原料品种十分齐全，风味不一，特色各异。

根据考古研究，黄河下游地区早在40万年前就有人类活动，现已发现诸如仰韶文化、大汶口文化、龙山文化等具有代表性的人类文化遗存，出土了许多陶、石、骨制农具、工具和食具，黄河下游地区饮食文化由此开端。先秦时期，该地区饮食文化逐渐脱离了原始风貌，具有了阶级性、层次性、地域性的特征。特别是春秋战国时期，在齐鲁大地上，孔孟食道与中国饮食礼俗的初创对本地区的影响十分重大，奠定了黄河下游地区饮食文化的初步构架，后世鲁菜的形成也与此息息相关。

秦汉魏晋南北朝时期是黄河下游地区饮食文化的发展时期，亦是与其他地区饮食文化的大交流时期，体现了多民族融合的饮食文化特征。"食肉饮酪"的胡族饮食文化和"饭稻羹鱼"的南方饮食文化都对黄河下游地区饮食方式和习俗的变迁产生过重大影响。

隋唐五代时期，黄河下游地区饮食文化胡汉融合的趋势达到顶峰，发展完善了中华饮食文化。这一时期，黄河下游地区的饮食结构从以粟为主食逐渐向以小麦为主食转化。农业的发展让我们的关注点从田野进一步转移到餐桌的变化上来。这一历史现象，补充了鲁菜的饮食内容，推进了鲁菜多样性的特点，为北宋市井饮食文化的繁荣奠定了基础。

北宋时期，城市商业经济发展迅速，市井饮食文化特征明显。靖康之变后，女真人南下；蒙古人灭金后，进驻黄河下游地区。这两次历史事件推动了中国历史上的第二次民族大融合。东北地区少数民族的饮食文化与漠北蒙古族的饮食文

黄河下游地区卷

第一章 概述

化对该区域产生了重要影响，体现了农耕文明与游牧文明的结合。

明代，随着新的农作物进入中国，黄河下游地区的饮食结构产生了重大的变化，以玉米的广泛种植的影响为最大；另外，明朝末期的黄河下游地区灾害频仍，救荒政策下的救荒饮食是这一时期该地区庶民饮食文化的主要内容之一。

清代黄河下游地区的饮食文化逐步成熟，如鲁菜形成、孔府宴的出现、大运河两岸饮食市场的繁荣，以及诸如番薯等外来农作物的引进等。特别是山东曲阜衍圣公府独有的饮食文化之形成，代表了黄河下游地区饮食文化的最高文化象征；其宏大的食事规模与永不间歇性是古今中外历史上绝无仅有的，形成了孔氏家族长久、典型、辉煌的饮食文化传统和饮食生活私家风格突出的文化特征。

近代以来，黄河下游地区的饮食文化在成熟发展中嬗变，有其历史继承性和创新性、同一性兼有地域性的特点，特别是岁时饮食习俗方面尤为明显，逐步形成了现代黄河下游地区的饮食文化基本风貌，构建了当今社会较为完整的饮食风俗。

综上所述，黄河下游地区长时间保持着以粟、小麦及面食为主、以蔬菜及肉食为辅的基本饮食结构。新中国建立初期至20世纪70年代，食物链循环和一般民众食物结构、营养水平总体来说处于非良性状态。随着改革开放的深化，20世纪80年代以来，国家的一系列政策对社会经济和国民饮食生活产生了重大的积极影响。农民的生产积极性和生活水平都明显高于从前，普通市民的肉食比重较20世纪50年代中叶至70年代有了近10倍的增长，禽、蛋、豆制品及青菜、水果等副食的消费水平均有明显提高。许多市民的日常饮食生活开始从"温饱型"向"营养型"转化，城市市民的冬贮菜比重大为下降，更多地依赖市场，饮食生活的物质十分丰富。人们的口味也由过去的偏咸鲜、厚重粗犷，逐渐变为鲜美适中、精细丰富。家庭电冰箱越来越多地被使用，功能不断更新的灶具进入千家万户；塑料大棚、地膜、早春地产蔬菜在品种、数量及节令诸方面都对农业生产具有重要影响；市场的需求和交通运输的发展，使全国各地的蔬菜进入了黄河下游地区，本地区特色蔬菜进入其他区域也更加频繁。这些情况都对本地区以及其他区域居民的饮食结构产生了重大影响。中国餐饮业经历"工薪、名店、绿色"为主要特征的"三个十年"阶段性发展，使鲁菜誉享海内外，全国各地鲁菜菜馆林立，丰富了人民的日常饮食生活。

总之，黄河下游地区饮食文化是中国饮食文化的重要构成，是中华传统饮食文化与饮食行为的重要载体，而发端于本地区的孔孟食道是支撑中华民族饮食文化的核心理念。我们现阶段需要吸取其优点，大力弘扬正确的饮食观念，树立良好的饮食习惯，为进一步发展中华饮食文化做出应有的贡献。

第二章 史前时期

据现今考古发现，黄河下游地区出现人类活动的时间约为40万年前，即泰沂山区古人类——沂源人。沂源人以采集植物性食料为主，学会使用简单的尖状石器来挖掘植物块根或切割动物，且存在使用火的痕迹，在沿海地区和岛屿上有贝冢遗迹。食料来源多样与火的使用，提升了人类的生存能力和身体素质。随着农业文明在黄河下游地区生根发芽，奠定了黄河下游地区的饮食文化基础。在黄河下游地区古人类的考古遗址中，发现有炭化谷物（水稻、粟、黍、稷、高粱、大豆等）、动物遗骸（猪、鸡、牛、羊、马、狗、鼠、狐、貉、獐、鹿、麂〈jǐ〉、狼、虎、猫等）、农具以及饮食器具等，向我们展示了黄河下游地区灿烂的史前饮食文化。

第一节　氏族社会时期的饮食风貌

一、开始出现农业的后李文化

1982年7月，在山东临沂凤凰岭、临沭、沂水发现的近百个约1万年前的细石器文化遗址群，处于从旧石器时代向新石器时代过渡时期。[①] 这些遗址大都处于

---

① 张镇洪等：《辽宁海城小孤山遗址发掘简报》，《人类学学报》，1985年2月第4卷第1期；黄慰文等：《海城小孤山的骨制品和装饰》，《人类学学报》，1986年8月第5卷第3期。

图2-1　山东后李文化遗址

海拔70米以下的平原和丘陵地区，说明当时的古人类已经从山上迁徙到山下觅食和居住，有利于采集、渔猎以及后来的定居和农业的发展。

　　1988年，在山东淄博齐陵镇的后李官庄发现了古人类房基、氏族聚落和墓葬遗址，最晚距今7300年，属于后李文化。墓葬中出土了大量骨制和石制工具，诸如锥、镖、匕、耜（sì）、镞（zú）等，其中骨耜、石耜是耕种时使用的原始翻土农具，说明黄河下游地区原始农业已经开始产生。此外，还有锤、斧、铲和砺石、磨盘、磨棒、支架、刮削器、尖状器、石核等石制工具，多以打制为主，辅以琢磨，有些刃部有磨光痕迹，其中磨盘、磨棒可以用来研磨磨碎食物。[①]后李文化中还出土有釜、盆、钵、罐、盂、瓶、壶、碗等陶器，其中以釜最多，占陶器总量的70%以上，多用自然泥土为原料，制坯工艺原始，但器物造型比较规整，胎薄而匀称，多用于烹饪饮食和日常生活。这些工具和器物的使用方便了后李人的生产和生活，促进了饮食文化的发展。

---

① 郭墨兰：《齐鲁文化》，华艺出版社，1997年6月，第64～66页。

二、以鼎进食的北辛文化

经考古研究测定，北辛文化遗址距今约7300—6100年，分布于山东兖州、泰安、淄博、章丘、青州，以及江苏大墩子、连云港二涧村等地。[1]经对出土文物研究发现，北辛文化比后李文化更为进步。首先加工工具更精细，通体打磨过的工具比例更高；其二，食具加工水平和质量都更优于后李时期；其三，在葬制、随葬品的规格、水平、数量上，都超过了后李时代。[2]

1. 原始农业与渔猎

在三里河北辛文化遗址中，出土有炭化粟壳，并在出土的红顶陶钵小平底上发现有粟糠壳状存留的痕迹；在滕州北辛遗址和济宁张山等遗址中亦有发现粟糠印痕。[3]说明粟是当时主要粮食作物之一。同时，山东栖霞杨家圈、邹平西南庄等地遗址出土的北辛文化时期的石磨盘、石磨棒等工具，被推断用于粮食脱壳和磨粉，说明当时有用磨成的粗粉煮粥为食的可能。另外，在出土的工具中，发现有用来收割

图2-2 炭化稻米粒，山东滕州庄里西出土

① 中国社会科学院考古研究所：《山东王因——新石器时代遗址发掘报告》，科学出版社，2000年。
②《山东纪念城子崖遗址发掘六十周年国际学术讨论会》，《走向世界》，1992年第1期。
③ 中国社会科学院考古研究所山东队等：《山东滕县北辛遗址发掘报告》，《考古学报》，1984年第2期；济宁市文物考古研究室：《山东济宁市张山遗址的发掘》，《考古》，1996年第4期。

庄稼或采集野菜的石铲、鹿角锄、石斧、石片、石耜，以及大蚌壳制成的镰刀等农具，生产工具的丰富证明了北辛文化时期的农业水平比后李文化时期先进。[1]例如该时期出土的石耜是由石片磨制成的掘地工具，且有手握的短柄，可以装在木棒上使用，比起之前的石耜有了显著进步，提高了耕地时的生产效率。

另外，北辛遗址中还出土了大量的狩猎和渔猎工具，如鱼镖、箭镞、矛形器等，其性能比旧石器时期显著进步。从兽骨化石看出，北辛人渔猎的动物有鹿、野猪、野兔和龟、青鱼、田螺、贝类等，种类丰富。经研究，其中贝类种类确定为中国耳螺、毛蚶、近江牡蛎、文蛤等，同时，北辛人还捕捞淡水圆顶珠蚌与剑状毛蚌等，食其肉并用蚌壳制造成农具和工具。[2]在北辛遗址出土的一个灰坑中发现堆放着6个猪的下颌骨，在另一灰坑中有两具完整的猪头骨，说明北辛人已开始了原始养猪的畜牧业活动，并从侧面证明了粮食有了富余，有能力饲养动物作为食物的补充。[3]同时，猪骨的有意堆放，说明它作为财富而具有了一定的象征意义。

2. 食具与鼎食文化的肇始

家畜饲养、农耕、制陶与磨光石器为新石器时代的四大特征，是社会生产水平全面发展、提高的主要标志。[4]制陶技术的提高促使了食具的进步，北辛人的制陶技术代表了黄河下游地区母系氏族时期的最高水平，比如学会使用低速转轮台来制作陶坯，以及出现了黑色陶器。其出土的饮食类陶器有鼎、陶钵、陶匙、陶支架、釜、罐等。考古发现，当时的北辛人已能将釜、罐、陶支架组合成原始烹饪器具，置火上进行烹饪。另外，北辛文化遗址还出土了盛食器，有钵、碗、

① 吴诗迟：《山东新石器时代农业考古概述》，《农业考古》，1983年第2期，第165～171页；吴汝祚：《试论北辛文化》，《山东史前文化论文集》，齐鲁书社，1986年，第201～202页；中国社会科学院考古研究所山东队：《山东滕县北辛遗址发掘报告》，《考古学报》，1984年第2期。
② 马洪路：《再论我国新石器时代的谷物加工》，《农业考古》，1986年第2期。
③ 中国社会科学院考古研究所山东队：《山东滕县北辛遗址发掘报告》，《考古学报》，1984年第2期。
④ 安作璋主编：《山东通史·先秦卷》，人民出版社，2009年，第23页。

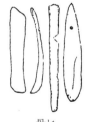

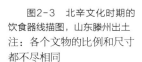

鼎（带盖）　　　陶支架　　　　骨匕

陶钵

图2-3　北辛文化时期的
饮食器线描图，山东滕州出土
注：各个文物的比例和尺寸
都不尽相同

罐、豆等；盛水器皿有壶、双耳罐、缸等；餐具有骨匕、陶勺等。其中具有代表性的就是穿孔骨匕，条形，有的弯曲，端部上翘，长度为7～12厘米，携带方便，成为北辛人的主要就餐用具，亦可用来切肉、取食固体食物。另外，滕州北辛遗址出土的陶勺，形状规整，勺身呈现圆形小平底，腹较深，推断为进食或喝汤之用。[1]

据考证，鼎最早出现在距今7600年的北辛文化初期，这是个半圆球形鼎锅，三条腿，上有半球形盖，半环状把手，是用来炖、煮各种食物的主要炊具，由此推断黄河下游地区是鼎食文化的最早发祥地之一。[2]直到青铜出现后，陶鼎仍然被广泛使用。这种由北辛人创造并改进的鼎，经过改进完善，逐渐传入西北地区和长江流域。北辛文化时期的鼎食文化成为史前母系氏族时期黄河下游地区饮食文化的主要代表，同时推动了我国各地古代鼎食文化的发展。[3]

---

[1] 郭墨兰：《齐鲁文化》，华艺出版社，1997年，第64～66页。

[2] 吴汝祚：《北辛文化的几个问题》，《庆祝苏秉琦考古五十五周年论文集》，文物出版社，1989年，第155页。

[3] 范楚玉等：《中华文明史》第一卷，河北教育出版社，1994年，第45页。

第二节　大汶口文化的饮食风貌

一、以粟和黍为主要农作物

　　大汶口文化属于新石器时代晚期文化，在其后期或已进入父系氏族社会。因1959年首先发现于山东泰安大汶口而得名。主要分布在山东半岛和鲁南，南达苏北、西到河南、北至辽东半岛的广大地区，影响深远。考古学界根据检测确定，大汶口文化的起止年代约为公元前4300—前2400年，延续约2000年，分成早、中、晚三个阶段：早期为公元前4300—前3500年；中期为公元前3500—前2800年；晚期为公元前2800—前2400年，[1]其范围分散在黄河下游的各个地区。

大汶口人生活遗址○　　　龙山人生活遗址●

图2-4　黄河下游地区新石器时代晚期的人类活动遗址

---

① 山东省文物管理处、济南市博物馆编：《大汶口：新石器时代墓葬发掘报告》，文物出版社，1974年。

据《竹书纪年》和《后汉书·东夷传》记载，在大汶口文化时期，黄河下游地区许多部族组成了部族联盟，被史学界称为东夷族。著名部落首领有大皋、蚩尤、少皋、有虞氏舜等，各个部落都有其图腾，如龙、蛇、凤、鸟、太阳等。其中，根据《帝王纪事》《左传·昭公十七年》文献所指，大皋族本是东夷族中的部族，以龙为部族图腾，其大致活动范围在今鲁北、鲁西南，及豫东地区，这正是北辛-大汶口文化遗址的发现地域。

根据考古出土发现，大汶口文化时期黄河下游地区先民的主食为粟和黍。粟：在黄河下游地区近40处史前遗址曾出土过远古时的炭化粟米。江苏邳（pī）州大墩子村大汶口文化遗址下层，出土发现距今约7000年的炭化粟米，并在距今4500年的三里河大汶口晚期窖穴中，出土窖藏有体积1.2立方米的粮食，鉴定为炭化了的粟。[1]它们证明了粟已是大汶口文化时期古人类的主要粮食。[2]现代考古研究，经用碳十四检测大汶口出土的人骨样品，确定这些本地区先民食谱中，粟类的确是大汶口人当时的主要粮食。[3]其他诸如山东滕县、胶县、莱阳、日照等许多地方都有发现。[4]

图2-5　炭化粟，大汶口文化遗址出土

① 王仁湘主编：《中国史前饮食史》，青岛出版社，1997年，第60页。

② 严文明：《山东史前考古新收获》，《史前考古论文集》，科学出版社，1998年，第248～253页。

③ 蔡莲珍、仇士华：《碳十四测定和古代食谱研究》，《考古》，1984年第10期。

④ 游修龄：《中国农业通史（原始社会卷）》，中国农业出版社，2008年，第164～165页。

黍：距今7000年的辽南新乐遗址出土黍粒种子碳化物证明，黍起源于中国。[1]在山东长岛大汶口文化早期遗址中也出土了黍壳，经碳十四测定约为公元前3500年的遗物。[2]另外，有研究证据表明传入朝鲜半岛和日本的粟与黍就是从黄河下游地区的山东半岛传出的。[3]可以推断，史前的黄河下游地区已是东亚文化交流的重要通道，并且对朝鲜半岛的饮食文化具有一定程度的影响辐射力。

二、生产工具和饮食器具种类丰富

大汶口文化时期的生产和生活工具，无论是种类还是功用，较之前都有了很大的进步。在遗址中出土了许多石器、骨器、角牙器、陶器、纺轮等。如骨器中

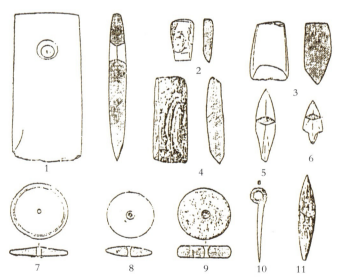

图2-6 石器、骨器、角牙器、陶器的正面及侧面线描图，实物为大汶口文化遗址出土

1 钺，2、4 凿，3 锛，5、6、11 箭镞，7、8 陶纺轮，9 石纺轮，10 骨簪

---

① 王仁湘主编：《中国史前饮食史》，青岛出版社，1997年，第60页。

② 蔡莲珍、仇士华：《碳十四测定和古代食谱研究》，《考古》，1984年第10期。

③ 游修龄：《中国农业通史·原始社会卷》，中国农业出版社，2008年，第166页。

就有以鹿角、象牙及其他兽牙、骨骼为原料，经加工制成的鹿角钩形器、小骨铲、骨凿形器、骨刮器、牙刮削器、骨针、骨锥等，它们质地坚硬，方便使用，功能多样。石器主要出土了锛（bēn）、斧、钺（yuè）、凿、锤等。这些工具几乎都经过长时间的仔细磨制而成，做工精致，可用于挖耕土地、开掘沟渠、加工工具、建造房屋。这些石制工具提高了耕翻土壤的能力，可使耕层更为深厚，整地也更为细致，促进了农业的发展。石斧、石锛、石凿、石钺、石铲等工具，可用于砍伐树木、开垦荒地、开挖水窖、挖掘排水沟渠。其中石铲既可耕翻土地、刨坑点种、修路筑堤、建造房屋，也可用于刨挖采集可食用的植物直根和块茎、块根等。另外，还出土了狩猎和渔猎的工具有弓箭、石矛、骨矛、骨鱼镖、骨鱼钩、石网坠、陶网坠等，[1]既可以用来捕猎和渔猎，还能作为武器使用。在沿海地区还出土发现了利用大型贝壳制作蚌匙、蚌刀、箭镞等工具。其中可以用作饮食器具的有蚌匙，它的体积比较大，适合于烹饪、分餐之用，也可以供喝汤之用。蚌刀、蚌箭镞材质坚硬，轻便而锐利，对于获取海洋食物的工具来说是一大进步。

同时，从出土的纺轮可知，大汶口先民已能利用野生纤维植物（如亚麻、大麻等）来制作服装和编织鱼网，便于捕捞生产。生产工具的进步，促进了农业的发展，提升了粮食产量，使食物供应量增加，加快了文明进程和饮食文化的发展。

大汶口文化时期，一批成熟的粮食加工工具开始出现。比如在山东滕县出土

鹿角锄　　　　　　　鹿角镰　　　　　　　　　鹿角锄

图2-7　鹿角制作的农具线描图，实物为大汶口遗址出土

---

[1] 中国社会科学院考古研究所编著：《胶县三里河》，文物出版社，1988年，第155页。

的石磨盘（北辛时期）和辽宁长海广鹿岛出土的大汶口时期的石磨盘和石磨棒等，都是粮食加工的简单工具。日本学者冈村秀典认为，从大汶口居民拥有不便于移动、厚重的石磨盘和体大的陶器用品可证明，大汶口居民已经有长期稳定的定居生活。[1]在江苏邳州大墩子的大汶口文化遗址中，曾经发现有三个坚硬的臼形烧土窝——"地臼"。它们排列整齐，间隔各约1米。这些"地臼"与几个石杵集中地堆放在一起，推断这是一处集体使用的谷物舂捣加工场所。综合以上两个遗址中的现象可以分析出，当时大汶口人的粮食加工，已有较大规模。[2]此外，石磨棒和石杵既是用于加工粟、稷等粒状粮食的工具，[3]也是用于敲开坚果壳、取食果仁的工具。

大汶口文化时期的制陶技术已经比以前有大幅度的进步，特别是在陶土的配料比例、制坯技术、烧制温度以及技艺水平等方面都有大幅度的提升，标志着大汶口文化时期开始进入陶器时代。种类有盆、碗、钵、罐、杯、鼎、豆、尊、鬶

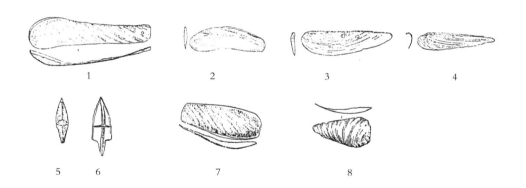

图2-8　蚌匙、蚌刀、箭镞正面及侧面的线描图，实物为大汶口文化遗址出土

1、7、8 蚌匙，　2 蚌刀，　3 蚌器，　4 长条蚌形器，　5、6 蚌箭镞

① 范楚玉：《中华文明史》，河北教育出版社，1989年，第131～132页。
② 马洪路：《再论我国新石器时代的谷物加工》，《农业考古》，1986年第2期。
③ 卢浩泉、周才武：《山东泗水县尹家城遗址出土动、植物标本鉴定报告——泗水尹家城》，文物出版社，1990年。

（guī）、簋（guī）、盉、罍（léi）等，其中以炊器、盛食器、盛水器较为多见。成品色彩丰富、鲜亮且稳定、质地细腻、造型美观，特别是兽型提梁壶有注水口和壶口，这只小兽的造型似狗非狗，似虎非虎，头尾四肢俱全，张口做吠状，造型非常生动、可爱，是黄河下游地区出土的宝贵文化遗产，也是大汶口文化时期黄河下游地区饮食器具制作水平的代表。

出土的随葬品中发现有用食器作为祭器陪葬的现象，比如陶豆就是主要用做随葬时的祭器。陶豆大都是高足，盛容杯部大小和深浅相差有限，底部大都比较宽阔，呈现稳定的结构状态，美观实用，表明这一时期饮食审美的观念已经产生。如图2-10中1、2、3、5号陶豆，在圈足上镂空雕刻；4号陶豆无圈足，亦无雕刻；雕刻图案有四方连续图（2、5号）。这些陶豆的样式繁多，可见当时制陶工艺的进步，同时可以推测是大汶口文化时期的先民用来盛装食物的器皿，并且人们已经懂得利用食用者的多寡或是用餐量大小来进行食物盛装的合理分配。

大汶口文化遗址中还出土了大量且种类丰富的烹饪器具，诸如鼎、钵、罐、缸、鬶、陶支架等。其中随葬品中的小鼎数量可观，式样多达十余种，形状有下

图2-9　兽型提梁壶的线描图，实物为大汶口文化遗址出土

1. 筒形豆　　　2. 罐式盘豆　　　3. 细柄豆　　　4. 双层盘豆　　　5. 大镂孔豆

图2-10　各式陶豆的线描图，实物为大汶口遗址出土

腹紧瘦的、下腹阔肥的等诸种，制坯造型较严谨、美观，其中出土于山东宁阳、诸城、曲阜、潍坊、日照、胶州等地的联体小鼎最为精美。从山东宁阳、诸城、曲阜、三星河等遗址中，还出土有鬶、簋、翮（hé）、壶等种类的陶制盛水器。各种容器分为平底与三足式，三足式又分为实心足、空心足等，样式丰富。其种类分为陶制盆、罐、背壶、黑陶酒杯等，造型优美，色彩艳丽，显示出设计者巧妙的美学构思和纯熟的制作技艺。另外一些具有复杂水波纹图案的彩绘图案的鼎、瓶和盆，图案设计精巧，绘制工整美观，可以推断当时人们生活在水滨，并且也体现出水对饮食的重要性。出土于江苏邳州大墩子遗址的彩色八角形纹彩陶盆与山东潍坊姚官庄遗址的白陶鬶，都是大汶口文化时期代表最高陶器技术水平的经典代表作品，虽然已埋藏地下四五千年，依然色彩艳丽如初。从陶盆形状分析，当时人们已经开始食用汤羹一类，并可推断水煮的烹饪方式十分盛行。

　　大汶口文化遗址中出土了许多骨匕[①]进食器。它们数量多，制作精巧，常制成勺形。骨匕是由原始的农耕部落创造出来的、最古老的一种进食具。在黄河流域，粟的栽培有七八千年以上的历史，骨匕的起源和发展正好与之相适应。本

---

① 中国社会科学院考古研究所：《山东王因——新石器时代遗址发掘报告》，科学出版社，2000年，第68～69页。

1   2   3   4   5

图2-11　彩绘容器线描图，实物为大汶口出土
2、3 水纹彩绘，　1、4、5 植物纹彩绘

图2-12　八角形纹彩陶盆，大汶口出土

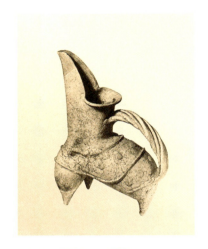

图2-13　白陶鬶，大汶口出土

地区居民以粟、黍为主的粒食饮食习惯，多以粥、饭为主，采用骨匕取食米饭、米粥很是方便的。用骨匕进食的做法普及以后，即使面食兴盛，骨匕也未被抛弃。①吃饭时，往往是人手一盆（或钵），以骨匕或餐匙为餐具，佐以羹汤、菜肴（少有肉类）。

　　大汶口居民普遍采用餐匙进食。在许多大汶口遗址出土的遗物中，都发现有

① 严文明：《胶东原始文化初论》，《史前考古论文集》，科学出版社，1998年，第227～247页。

许多骨质餐匙（勺），出土量多，制作精巧，种类繁多，大部分以长条形为主。从墓葬中常见让死者手中握着餐匙的做法，可见餐匙是当时居民普遍的进食具。在邳州刘林遗址中出土有57件餐匙，皆是随葬品，其中有几只标准的勺形餐匙，呈现出长条形匕——勺形餐匙的过渡形态。在禹城市的邢寨旺、曲阜市东魏庄、姚官庄遗址出土龙山时期的勺形骨质餐匙，其形制明显承袭了大汶口时期的样式，与大汶口时期的餐匙大体相同。①黄河下游地区新石器时期餐匙多以兽骨或蚌片为材料磨制而成，取食端往往还磨出刃口，从而具有切取食物的作用。另外，在胶县三里河、兖州王因、滨海遗址出土有蚌质餐匙，特别是三里河大汶口墓葬中出土了蚌匙、骨餐匙29件，部分骨制餐匙柄端穿孔，长10～20厘米，说明这些地方的人善于利用滨河或滨海的地理条件，就地取材，利用海产品来制作工具。

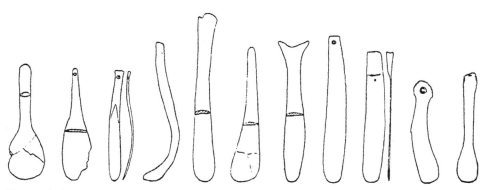

图2-14　各种骨匕的线描图，实物为大汶口出土

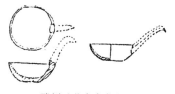　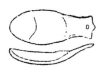　

滕州（北辛文化）　　　　　滕州（大汶口文化）　　　　　姚官庄（龙山文化）

图2-15　新石期各个时代出土的餐匙正面及侧面的线描图

---

① 刘云主编：《中国箸文化大观》，科学出版社，1996年，第5～7页。

三、地域性饮食文化特征明显

1. 肉食饮食资源丰富

大汶口文化时期，黄河下游地区的动物性肉食资源比较丰富，如在黄河下游地区邳州刘林村的大汶口早期遗址中，发现有大量猪牙床骨，以及猪下颌骨170多件、牛下颌骨50件、狗下颌骨12件、羊下颌骨8件，可见当时饲养畜禽已经有了猪、狗、牛、羊等多种家养动物，且规模较大。至大汶口文化中晚期时，墓葬中多发现有以全猪、猪头或猪的下颌骨等作为随葬品的现象，比如在153座大汶口文化中晚期遗址墓葬中，发现43座有随葬的猪头，占墓葬数的28.1%。在胶县三里河大汶口遗址一墓中，发现随葬猪下颌骨32件。另外，在潍坊前埠下遗址发现有大量动物遗骸，其种类非常多，经鉴定主要有家猪、野猪、鸡、中华鼢鼠、狗、狐、貉、狗獾、獐、梅花鹿、鹿、斑鹿、麋、牛、雉、羊、马、狼、虎、猫、家犬等。其中野生动物的骨骼非常丰富，数量最多的是梅花鹿，大约有2000余件，至少可以代表158个个体。其次是野猪、狗獾、貉、獐、麋等，狼、虎、狐、猫等属种则较少。另外，还发现了中华鼢鼠的头骨。人工饲养的家畜有猪、

图2-16　猪头骨，泰安大汶口文化出土①

① 何德亮、张云：《山东史前居民饮食生活的初步考察》，《东方博物》，2006年第2期，第53页。

狗、牛、羊、鸡等，其中以猪数量最多，遗骸约有3000余件。①据泰安大汶口、邹城野店村、曲阜西夏侯村等地的大汶口晚期文化遗址中的随葬物件统计，有大约四分之一的墓葬中有随葬猪。对其出土的猪骨鉴定可知，成年猪所占比例很大，证明它们都经过了较长时间的饲养。②可以推断，这个地区的农业生产较为发达。

覆盖范围较广的大汶口文化、内陆的农耕文化、东部河海地区的渔猎文化共同构筑了当时黄河下游地区的饮食文化。经考古研究，在靠近河、海的地区，发现了数量极多的牡蛎、贻贝壳，它们被称为"贝丘"或"贝塚"。如胶东邱家庄文化遗址已发现有38处，多分布在海边或近河口处，多有贝丘堆积，是先民们采食后贝壳的残存。③这些被西方人称为"厨房垃圾文化"的先民饮食遗存堆积呈不断扩大的趋势，在北方沿海地区有广泛的分布。④胶州三里河遗址距东南海岸线10公里，也曾发掘到不少贝塚（贝丘），其中残存有陶、石制作的食具。经考古研究，它们是东夷人古老聚落的遗址。1962年发现烟台白石村遗址；同年在牟平出土的"蛤顶堆遗址"、在庙岛群岛、辽东半岛南部的长山岛、广鹿岛等地⑤也都发现有大批贝丘。在山东大汶口早期居民遗址中，还曾发现有青鱼、蚌、螺、龟、中华鳄等的骸骨，兖州王因村遗址出土的20多个个体鳄鱼骨板及头骨残骸，都有被火烧过的痕迹⑥，证明鳄鱼在大汶口时期就曾被人用火烤食了。

史前本地区近海居民，食用水产比较方便。有各种螺、牡蛎、蛤类生活在浅海、近河口的咸淡水、泥沙中，它们容易捕获，其肉均可食用。某些大型蚌壳，也常被古人用来加工成镰刀等工具。在滨海地区的大汶口文化遗址中，还出土许多围网、拉网用的陶网坠和用于投掷狩猎用的石球、砺石和石斧等。说明大汶口

---

① 山东省文物考古所编《山东潍坊前埠下遗址发掘报告（附录）》，《山东省高速公路考古报告集（1997年）》，科学出版社，2000年。

② 范楚玉：《中华文明史》，河北教育出版社，1989年，第46～47页。

③ 严文明：《史前考古论文集》，科学出版社，1998年，第205～226，227～247页。

④ 赵荣光：《中国饮食史论》，黑龙江科学技术出版社，1990年，第15页。

⑤ 赵希涛：《中国东部两万年来的海平面变化》，《海洋学报》，1979年第1卷第2期。

⑥ 高广仁、胡秉华：《山东新石器时代生态环境的研究》，《环境考古》（1），科学出版社，1991年。

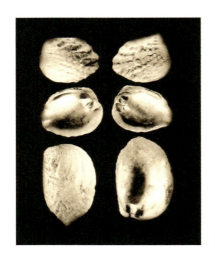

图2-17 软体动物丽蚌，大汶口文化出土[1]

先民们已能在近海捕鱼。在胶州三里河遗址，还出土有海胆、海蟹等遗存物。这些都证明了三里河遗址是具有滨海饮食特色的大汶口文化遗址。有些滨海墓葬遗址中，有将鱼作为随葬品的葬俗。[2]如在胶州三里河遗址出土的墓葬中，用鱼随葬的有11座。他们用鱼随葬时，很注意鱼的摆放方向，在可辨别方向的三座墓葬中，随葬的鱼都是按头东而尾西的位置摆放，这可能是当地的古老葬俗之一。时至今日，胶东宴席在上整鱼菜肴时，仍有讲究摆放鱼头朝向的食俗。从民俗学以及人类学的角度分析，可能当时的人们崇尚食物的来源地，希望获得更多的食物，而食物的来源地恰好是东方。

2. 饮酒风尚的开端

随着农业的发展，剩余粮食的出现，大汶口人已经开始使用粮食来酿酒。在大汶口遗址中，出土了大量的盛酒容器。这些盛酒的容器虽然大小各异，但是形态基本相似。说明当时酿酒之风盛行。这些盛酒容器实际上是用来储藏酒类的大

---

[1] 何德亮、张云：《山东史前居民饮食生活的初步考察》，《东方博物》，2006年第2期，第53页。
[2] 成庆泰：《三里河遗址出土的鱼骨、鱼鳞的鉴定报告》，《胶县三里河》，文物出版社，1988年。

陶缸。这些陶缸有口大、腹深、胎体厚重的特点，它们造型生动、美观，多刻有纹饰。从出土陶缸中的沉积物看，可能是长期用来盛放酒类液体的。[1]李汉昌教授就曾于2001年6月在山东莒（jǔ）县博物馆考察过出土的酒器，仔细观察了出土容器中沉淀的白色粉末。根据现代酿酒和酒类储藏实践经验判断，缸中的沉积物是酒在长期储藏的过程中，所含酒石酸钙镁盐类杂质逐渐沉积附着于缸壁和缸底而造成的，这可能寓示着酿酒前期蒸制谷物的几个重要过程。当时可能主要采取将新酒储满酒坛等容器中，加盖后以泥团严密封闭，使新酒与外界空气隔绝，长期储藏，以完成新酒的陈酿过程。

我们还可以从陵阳河墓葬中出土的成套盛酒陶缸上的陶文符号考释出当时较为原始的酿酒过程。陶缸上的符号（图2-21左上角）反映的是酿酒前蒸熟粮食的过程，符号下面是炉灶中的熊熊火焰，火焰上是一个大陶锅，锅内放一圆甑，甑内盛有粮食。这也似乎可以解释为陶缸内蒸熟粮食的发酵过程。[2]在酒酿好之后，用筛网滤酒入盛酒器（图2-21右上角），下面的图形表示盛酒的坛子，中间是铺上宽大树叶所形成的筛网层，还有从缸里舀酒的勺子或小罐（图2-21右下角）。而接下来的图形（图2-21左下角）有点像小手锄，与农业有关，可能意味着饮酒庆丰

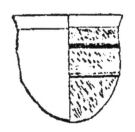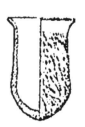

图2-18　盛酒容器剖面的线描图图示，实物为山东大汶口遗址出土

---

[1] 王仁湘：《中国史前饮食史》，青岛出版社，1997年，第175页。
[2] 王树明：《谈陵阳河与大朱村出土的陶尊文字》，《山东史前文化论文集》，齐鲁书社，1986年，第269页。

  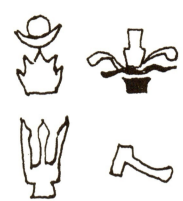

图2-19 刻纹大陶缸，莒县出土　　图2-20 大陶缸上的刻纹，莒县出土　　图2-21 盛酒陶缸上四种陶文的描摹图，陵阳河墓葬出土

收的含义。[1]酿酒的技术过程可以反映出大汶口时代的农业生产力已有显著的进步。饮食生活的进步，也说明大汶口文化时期的社会已开始具有组织性。

　　另外，在大汶口墓葬出土了许多酒具，仅高柄杯就有93件，占杯类器的55%；在莒县陵阳河大汶口遗址发掘出45组墓葬，其中出土酒器多达663件，约占随葬品总数的45%，反映出当时酿酒业的兴旺。大批酒器随葬的现象，反映出当时崇尚饮酒，故以酒器随葬。[2]其中黑陶酒杯是大汶口出土酒具中的佳品，它距今4000多年，高27.5厘米，口径11.2厘米，轮制，造型规整，器壁薄如蛋壳，且厚薄均匀。盆沿部也仔细绘制有美观大方的图案。口沿部向外探出，方便双手端盆无虑滑脱。其结构、造型独特而美观：下部的杯柄增粗，加大了杯体的稳定性；杯身与杯柄中部，有一部分做成了细腰形态，此以上的部分是盛容酒的杯体容积部分；最上面是一个高而粗大的杯盖，虽然表面上它显得峨冠高耸，但不重，杯柄下部也设

① 谢忠礼：《中国史前饮食史》，青岛出版社，1997年，第178～179页。
② 山东考古研究所：《山东莒县陵阳河大汶口文化墓葬发掘简报》，《史前研究》，1987年第3期。

图2-22 黑陶杯，大汶口墓葬遗址中出土

计得直径较大、外形敦拙，实际配重很稳定，杯子中即使盛满了酒液，仍然可放置稳当。典型的黑陶杯传世不多，黑陶杯是大汶口文化陶器制作技术和酒文化发展的集中体现。

3. 膳食分配方式的变化

在大汶口文化初期母系氏族社会时，由氏族首领——老祖母来主持劳动成果（食物等）的公平分配，至大汶口文化的中晚期，从大汶口墓地可以看出已经"没发现男女分别多人集体埋葬的现象，有的只是男女分别单独埋葬，或成对男女合葬。"①说明当时母系氏族的葬俗已经完全消失，父权制开始确立。并且，在族群中已开始出现贫富差别。男性在生产劳动、狩猎以及在战争中逐渐居于主导地位，在氏族中的地位渐次提高，因此获取的食物比女子多一些。氏族的领导权最终发生了变化，男性取代了女性对氏族公社的领导地位，从而使膳食的分配方式随之变化。

---

① 安作璋主编：《山东通史·先秦卷》，山东人民出版社，1993年，第32～35页。

父权制和私有制产生、一夫一妻制的小家庭确立，使大汶口文化中期以后的膳食制度由集体共食变成以家庭为单位的膳食。为了提高家庭生活水平，大汶口的先民对改善家庭饮食状况有了更强烈的愿望，这有利于促进生产和饮食文化的发展。考古发现，大汶口文化早期至中晚期的饮食逐渐丰富、数量增多，而且出现了剩余食物。

在王因大汶口墓葬中发现，当时参与掩埋遗体的人们有意在掩埋用的黄土中掺入一定比例的红烧土细渣，此为当时的一个突出特点。有极少数墓葬主人身下有植物根茎或叶片铺垫，或身上覆盖，此为少见的特殊葬俗。[1]从人类学的角度分析，很有可能是当时的人们已开始将植物性食料作为他用，比如用作遮体的衣服等。此外，我们还可以看出，在一夫一妻（或多妻）的家庭中，男女的饮食和生活习惯逐渐产生变化：形成男尊女卑的观念，丈夫成为家庭的主人，妻妾成为丈夫的附属物。因而在家庭的食物分配中，也肯定存在着不平等现象。在美洲民族志的资料中曾介绍易洛魁人不平等的食俗。在他们父权制的家庭中："**女人们必须尊敬地对待自己的丈夫，她们必须把丈夫看成是地位高尚的人。因此，妻子不能在丈夫面前吃饭；男人有独自吃饭的特权，他吃剩下的，再由女人和小孩吃。**"[2]※根据出土墓葬的资料判断，在本地区大汶口文化晚期，以家庭为单位的饮食习俗中，可能也出现了与美洲易洛魁人相似的饮食习俗。

---

[1] 中国社会科学院考古研究所编著：《山东王因——新石器时代遗址发掘报告》，科学出版社，2000年，第294～305页。

[2] 《美洲史》，第178页。转引自王仁湘：《中国史前饮食史》，青岛出版社，1997年，第132～133页。

※ 编者注：为方便读者阅读，本书将连续占有三行及以上的引文改变了字体。对于在同一个自然段（或同一个内容小板块）里的引文，虽不足三行但断续密集引用的也改变了字体。

第三节　龙山文化的饮食风貌

一、农作物种类增多

1928年，首次在山东济南历城县（今属章丘）龙山镇的城子崖村发现了一批古文化遗址，后经两次挖掘，共发掘面积1.5万平方米。由于出土的陶器群以精美的磨光黑陶为其显著特征，与已知的陕西仰韶文化彩陶的特征是全然不同的崭新文化形态，故被命名为"黑陶文化"，以区别于黄河中游的仰韶文化（即"彩陶文化"）。因"黑陶文化"最早发现于龙山镇，按照对古文化命名的原则，亦名为"龙山文化"。年代约相当于公元前2500年至公元前2000年。之后的70多年，在黄河下游地区发现的龙山文化遗址多达几百处，其遗址分布很广，遍及山东省及淮北、苏北地区，[①]诸如章丘城子崖、寿光边线王、潍坊姚官庄、诸城呈子、胶州三里河、栖霞杨家圈、日照两城镇、东海峪、尧王城、泗水尹家城、兖州西吴寺、荏平尚庄等。据考古发现，龙山文化的陶器所刻鸟形图案与大汶口晚期遗址陶器相似，证明龙山文化与大汶口文化存在着继承性和一致性。龙山文化时期，黄河下游地区的手工业有所发展，铜器开始出现，陶器制造业中多使用转轮制坯，制陶工艺更加精细。另外，在长岛县出土的"蛋壳"黑陶与几百公里外的潍坊姚官庄黑陶几乎一样，可见当时已经出现了地区之间的商品交换，经济和文化交流有所加强。

农业方面有很大的发展，其重要标志是农作物的种类增多。考古发现当时的农作物有：黍、稷、粟、稻、麻等。当时大麻也是粮食作物之一，水稻在龙山文化时期已成为本地区重要的栽培作物[②]，考古工作者先后在山东栖霞杨家圈、日照尧王城、滕州庄里西等龙山文化遗址中，都发现了炭化的稻米或稻壳的印

---

① 安作璋主编：《山东通史·史前卷》，山东人民出版社，1994年，第61～62页。
② 山东社科院考古所：《山东栖霞杨家圈遗址的发掘简报》，《史前研究》，1984年第3期。

痕。①山东栖霞杨家圈为北纬37度15分，是已知史前栽培稻的最北界线。以上发现，证明新石器时代在黄河下游已有稻的栽培。②1997年7月，在山东临淄田旺村龙山文化遗址发掘的龙山文化灰坑中，发现了水稻植物的硅酸体，其中可鉴定为稻属的硅酸体有三种类型，从而确定该出土遗址为一处稻谷加工场所。③该发现是我国史前农业考古成果中又一重大突破。另外，还从各个遗址当中发现了许多水果的果核遗存，比如黄河下游地区史前遗址中发现了葡萄属的种子遗存，其种类可能是野葡萄，其出土地区为山东日照市两城镇遗址。随之出土的陶器内壁上发现有酒的残留物，通过检测是蜂蜡碳氢化合物，说明当时人们懂得用稻米、蜂蜜和野葡萄为原料酿造混合酒。④根据最新的植物考古学发现，中国除新疆和青海等地尚未发现野生葡萄外，其他各省都有野生葡萄的遗迹。

图2-23　龙山文化炭化葡萄种子，滕州庄里西出土⑤

---

① 中国社科院考古所：《尧王城遗址第二次发掘有重要发现》，《中国文物报》，1994年1月23日第1版。

② 刘延长：《滕州庄里西遗址考古发掘获重要成果》，《中国文物报》，1996年2月28日第1版。

③ 靳桂云、吕厚远、魏成敏：《山东临淄田旺龙山文化遗址植物硅酸体研究》，《考古》，1999年第2期，第178～183页。

④ 泰永州：《山东社会风俗史》，山东人民出版社，2011年，第68页。

⑤ 何德亮、张云：《山东史前居民饮食生活的初步考察》，《东方博物》，2006年第2期，第56页。

二、生产工具和饮食器具制作更为精细

龙山文化与大汶口文化之间有着承接的关系。在这个时期农具种类更多，功能更强，加工也更为精细。在胶州三里河龙山文化遗址出土的石制农具有斧、锛、铲、刀、钺等共107件[①]，而石制农具中有扁平穿孔石斧、双孔半月形或长条形石刀、石镰等器型，均经仔细的通体打磨；此外，出土有许多蚌铲、蚌刀、带齿的蚌镰、骨制铲等农具，以及大量的木制农具。农具制作材料和类型的增多说明当时农作物栽培面积的扩大。为收获更多的粮食，农业生产工具的细化得到了进一步的促进，饮食文化亦得到了进一步的发展。

龙山文化出土的随葬品，其制作风格、技艺水平，都明显高于大汶口文化时期的同类物品，有些物品已达到相当高的艺术水平。出土的许多精细的石锛、石凿、石钺、石纺轮、陶纺轮，大量的石镞，以及大型兽骨制成的带有锋利倒钩的鱼镖、烧制成的陶网坠等，说明当时人们已学会了用野生植物的纤维来纺线、织布做衣穿，能够用纺线搓绳，编制渔网用来捕鱼。反映了当时的渔猎业的水平和规模都达到了较高水平。

龙山文化时期的制陶工艺，已经发展到史前制陶文化的最高阶段。出土的饮

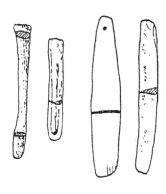

图2-24 石镰刀的线描图，实物为龙山文化出土

① 中国社会科学院考古研究所编著：《胶县三里河》，文物出版社，1988年，第83～85页。

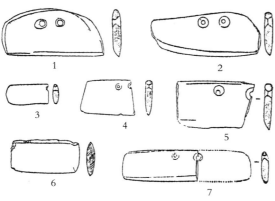

图2-25　龙山文化中各种石镰刀的正面及侧面线描图，实物为山东胶县出土

食器类形有鼎、豆、壶、罐、瓮、杯、盂、盆、盒、盘、碗等，其中以罐、鼎、碗、杯的数量最多。造型比大汶口文化时期更为雅致美观，薄胎高柄杯的器壁厚度多数不到1毫米，与蛋壳相似，是名副其实的蛋壳陶。其色彩有黑、灰、褐、红、橘黄、白灰等陶色，非常精美。制陶工艺的过程首先是事先设计陶坯形态、尺寸，然后制坯型，经过仔细透雕并由工匠加以精细凿磨，其雕坯工艺中的镂刻技术与磨光工艺技术水平比前代大为提高。后人赞誉蛋壳陶杯为代表的龙山黑陶文化产品为："黑如漆，明如镜，薄如纸，坚如瓷。"①比如黑陶杯中被称为"蛋壳陶"的酒杯，即是龙山文化时期高水平的陶制品。

龙山文化具有典型代表性的食器有鬶、罍、盉、杯、甗等。

鬶，温酒器。由于史前的酒多是酒精含量较低的酿造酒，混有酒糟，饮用前需现滤，温热后方能饮用。这种鬶就是温酒的专用器具，其口沿上有一个突出的流。流行于龙山文化中晚期的鬶大多是筒腹大袋足，整体造型给人以线条流畅舒缓的感觉。

① 安作璋主编：《山东通史·史前卷》，山东人民出版社，1994年，第61～62页。

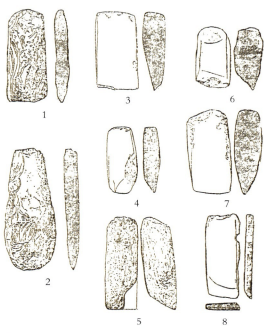

图2-26　各种石器的线描图，实物为龙山文化出土
1、2 铲，　3、4、5、6 锛，　7 斧，　8 钺

盉，温酒器。盉的造型与鬶近似，只在于盉的流是管状的，而鬶的流是不封口的，是敞开式的。当代对于鬶和盉的用途，尚有不同认识。有学者认为用特殊材料烧制的白陶鬶、盉皆是一种用来盛水的容器。

罍，盛酒器。是一种带盖的陶器，造型美观，线条流畅，在肩部安有两组对称的贯耳，可用来穿绳以备人提用。

杯，饮用器。出土数量较多，造型多样。在山东诸城龙山文化遗址出土的酒器，有带柄的圆筒杯，平底，单侧耳。

甗，这是一种大口圆筒容器，造型美观，高圆筒状，有两节，中部束腰，具有三个袋足。

在龙山文化时期大量流行的黑陶酒杯（又名高柄蛋壳杯）即是其中最典型的代表。

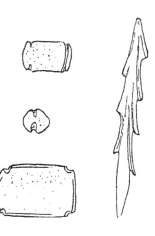

图2-27　龙山时期的陶制网坠与骨制鱼镖的线描图，实物为龙山文化出土
左图：陶制网坠　右图：兽骨鱼镖

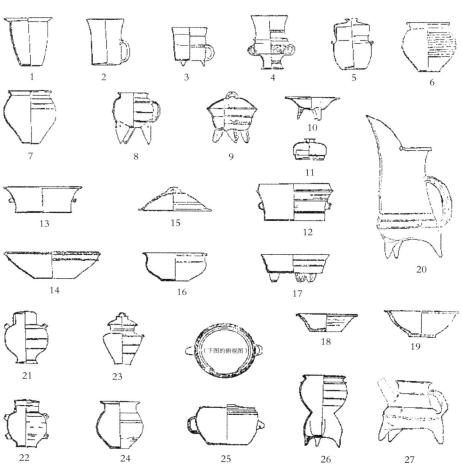

图2-28　龙山文化各式陶器的线描图（示意图，均不是统一比例）

1 小缸，　2、3 单耳杯，　4 双耳杯，　5、6 罐，　7 瓮，　8、9、10 鼎，　11、12 盆，
13、14 盆，　15 盖，　16 盂，　17 三足盘，　18 盘，　19 碗，　20 鬶，　21、22、23 罍，
24 尊形罐，　25 盆型器皿，　26 甗，　27 盉

三、禽畜饲养数量增加

考古发掘证明，龙山文化时期家畜饲养有了很大的发展，主要有猪、狗、牛、羊、鸡等。饲养数量显著增加，其中以猪为最。在胶州三里河遗址出土的猪圈中掩埋有五头完整的幼猪骨架，此外还出土了龙山时期的陶制畜舍模型，长14厘米，高11.5厘米，呈卧式圆仓形，正面有一长方形门，上下有两个插关，顶部有两个气眼，短锥形尾部有一个孔，顶后部也有一个孔，这是一种既能挡风避雨，又能通气排臭味、还可积肥的猪舍结构。说明人工饲养技术的进步。龙山人圈养猪的技术已脱离了露天栅栏式圈养的原始形式，这种饲养形式能够更好地保护饲养动物，并获得更好的饲养回报。[①]

从出土的家养动物遗骸统计数来看：当时狗的遗骸占出土兽骨总数的2.6%，在出土动物遗骸中所占比例较少。似可说明龙山文化时期的人们可能吃狗肉，但在食用饲养动物中的食用量则比较少。在尹家城龙山文化遗存中，曾出土过一件家鸡的遗骸，占出土动物总数的0.5%，说明龙山人已经开始饲养家鸡。在兖州西吴寺龙山文化遗址和尹家城龙山文化遗址中各发现过黄牛遗骸一具，占该遗址兽骨总数的0.5%到1.5%；仅发现一只羊的遗骨，占总数的0.5%。

在距今7000年的龙山文化遗址中发现的野生动物主要是鹿科动物，但家猪的个体数与之相比则多很多。山东西吴寺龙山文化层中出土的鹿科动物（麋鹿、梅花鹿、獐子）占动物遗骨数量的34%，而家猪骨数占发现兽骨总数的43%。[②]也就是说，当时龙山文化食用的肉类以家畜为主，野生动物为辅。说明当时的人们过着定居的生活，农业生产也较发达，显露出农耕饮食文化的特征。古人类走过了由流动生活到定居生活的漫长旅程，只有当农业出现并发展后，才能有剩余粮食，以满足饲养的需要。

综上所述，根据现有的考古发现，史前黄河下游地区的人们以植物性谷类食物为主食，前期以粟、黍为主，到了龙山文化时期水稻开始出现，其他诸如小

---

① 何德亮：《论山东地区新石器时代的养猪业》，《农业考古》，1986年第1期。
② 卢浩泉：《西吴寺遗址兽骨鉴定报告》，《兖州西吴寺》，文物出版社，1990年。

麦、高粱、大豆等也是经常食用的。当时的肉食性来源比较丰富，诸如猪、狗、牛、羊、兔等家畜，辅之以鹿等野生动物，也零星食用野生的蔬菜、水果，但当时是否已形成种植业还有待商榷。同时，由于临近大海，所以海产类动物诸如鱼、蚌、虾、贝等也能常见于餐桌，可以说，史前黄河下游地区的人们是农业和渔猎并重，该地区饮食文化的雏形逐渐显露。

第三章　先秦时期

《释名·释饮食》曰："食，殖也，所以自生殖也。"一些地区居民的饮食习惯，除具有民族、阶级、时代的差异和生理、心理特征外，重要的是它们的历史性和区域性差别，以及社会传承性、变异性等外因的影响。[①]黄河下游地区的饮食文化在先秦（夏、商、西周、春秋战国）时期开始形成，并逐渐建立了具有严格阶层区别的饮食文化，它包括饮食质量、饮食内涵、烹饪方式、饮食器具、饮食理论和膳食礼乐等。这一时期，食物生产模式以农业为主，畜牧业与采集渔猎为辅；食物类型则以粮食、野菜等植物性食物为主，辅以肉、蛋和渔猎产品；同时，逐步形成了以齐国为中心和鲁国为中心的两个饮食文化子区域，食礼与食政的社会功能和价值体系开始盛行，形成了中国古代饮食礼俗标准和代表中华民族饮食文化的孔孟食道。

第一节　饮食原料生产的发展

一、粮食作物的种类和产量有所增加

根据考古发掘证明，夏代东夷族处于龙山文化晚期，承继了龙山文化时期的

---

① 赵荣光：《中国饮食史论》，黑龙江科学技术出版社，1990年，第124页。

饮食风俗，主食为粟、黍以及水稻，[1]大麦与大豆的种植面积比起史前时期范围扩大，所以先秦时期黄河下游地区依然以粟、黍、稻、菽等粮食作物为主，基本上沿袭了史前时期，不过从品种和产量上来说比史前有所进步。根据《管子·地员篇》记载，当时的黄河下游地区有12个粟品种、12个水稻品种、6个黍品种、2个大豆品种和4个属类不清的谷品种。[2]可见农业已经十分发达。这是由于先秦时期农业技术水平的提高与农时历法的合理运用，加之经过尧、舜、禹三个时期的长期治理，黄河水患得以控制，黄河下游地区才获得长期稳定的农业发展环境。《春秋·庄公二十八年》："大无麦、禾，臧孙辰（文仲）告籴（dí）于齐。"鲁国的汶阳田一带春耕夏收，以种植麦（大、小麦），禾（黍、稷、稻、粱）为生，一年两熟。

1. 粟和黍

粟，早在史前北辛文化时期已经成为黄河下游地区的主要粮食作物，到了先秦时期，由于其产量大，并且适应于黄河下游地区丘陵地带旱作农业的环境，所以一直为黄河下游地区最主要的食物。不过，根据文献来看，在先秦时期这样的变化还是有一个过程的。在夏商时期，从出土的甲骨文上发现粟被称为"禾"[3]，近代有些古文字学者将甲骨文"禾"字加点或圆圈的字隶为"稷"字，然后从甲骨文中统计出关于"黍"的有106条，而"稷"有36条，于是古文字学家于省吾先生认为，黍、稷在商代（商人为东夷人后裔，其发祥地为今黄河下游地区）为一般人的主食。[4]至于西周时期，我们通过对《诗经》的研究发现，其中涉及"黍"的有19篇、"稷"的有18篇，两者共出现76次，而《诗经》中所记载的"稷"一般被认为是粟。[5]可见，在这一历史时期，粟的地位尚不及黍。然而，到了春秋

① 逄振镐：《东夷及其史前文化试论》，《历史研究》，1987年第3期。
② 汪子春、范楚玉：《农学与生物学志》，上海人民出版社，1998年，第67页。
③ 陈文华：《中国农业通史·夏商西周春秋卷》，中国农业出版社，2007年，第25页。
④ 于省吾：《商代的谷类作物》，《吉林大学社会科学学报》，1957年第1期。
⑤ 游修龄：《论黍与稷》，《农史研究文集》，中国农业出版社，1999年，第9~28页。

战国时期，粟的地位就提升了许多，《管子·重令》："菽粟不足，末生不禁，民必有饥饿之色。"《孟子·尽心章句上》："圣人治天下，使有菽粟如水火。菽粟如水火，而民焉有不仁者乎？"管子和孟子都是黄河下游地区人士，其文章中将粟与百姓的饥饿联系在一起，足见在这一历史时期粟的重要性。

黍，同样是先秦时期黄河下游地区重要的粮食作物之一，前面我们已经介绍过甲骨卜辞与先秦文献中有很多关于黍的记载，故不再赘述。商周时期，饮酒之风十分兴盛，黍由于其柔糯、适口性好等特性，经常被作为酿酒的原料，其口味比粟酒更为甘醇。至今，现代社会还有用其来酿酒的传统工艺。

2. 菽

菽，为豆类总称，今多称为大豆。根据考古发现大豆的原产地为我国东北地区，而黄河中下游地区已发现最早的大豆是河南洛阳皂角树二里头文化遗址中出土的。《管子·戒》称："（齐桓公）北伐山戎，出冬葱与戎菽，布之天下。"而《逸周书》中曾提到山戎曾向周成王进贡"戎菽"，那么我们可以推测，黄河下游地区出现大豆的时期应该不会晚于西周早期；另外，《诗经·鲁颂》中记载"黍稷重穋，稙稚菽麦"，而"鲁颂"歌颂的是在位于公元前659—前627年的鲁僖公，鲁僖公与齐桓公（公元前685—前643年在位）是差不多同时期的人，那么我们至少可以推断大豆差不多是在西周早期传入黄河下游地区的，而到了齐桓公时期，大豆即已经被推广种植，而且因其耐旱、高产的特点，到了战国时期就成为黄河下游地区的主要食物。且《管子·重令》中曰："菽粟不足，末生不禁，民必有饥饿之色。"说明了菽与粟是百姓日常所需的食物，故《战国策·齐策》中说齐人"无不被绣衣而食菽粟者"，说明先秦时期菽已经成为黄河下游地区的重要食物，且为作为战略储备物资进行储存，以备荒年。

3. 麦与稻

麦类是我国最古老的栽培谷物之一。甲骨文和金文中，"麥（麦）"、"來（来）"等字不断出现，至少可以判断商周时期，黄河下游地区已经出现了麦类的种植。到了春秋战国时期，《春秋·庄公二十八年》记载："大无麦、禾，臧孙辰告籴于齐。"这就说明当时在黄河下游地区，特别是鲁国境内已经有种麦，且麦的产量直接关系到鲁国百姓的生计。《十三经注疏》引《周礼·夏官·职方氏》曰："正东曰青州……其畜宜鸡狗，其谷宜稻麦。河东曰兖州……其谷宜四种。"这里的"四种"就是指黍、稷、稻、麦；《汉书·食货志》记载："《春秋》他谷不书，至于麦禾不成，则书之。以此见圣人于五谷最重麦与禾也。"这就充分说明了黄河下游地区的条件非常适宜种麦，且在日常饮食中占有重要地位。

先秦时期，水稻在黄河下游地区亦有所分布，《周礼》当中亦记载了兖州、青州都适合种植水稻，《诗经·鲁颂》亦有"有稷有黍，有稻有秬"。然而因其特性，其产量显然有限，所以有《论语》所提及的"食乎稻，衣乎锦，于汝为安乎"一说，则能推断当时食用稻者为贵族以上的王公大臣，并且食用稻是一种奢侈的享受。

二、蔬果作物的种类很多

先秦时本地区的蔬菜种类很多。诸如水生芹菜，《诗经·鲁颂·泮水》有云："思乐泮水，薄采其芹"；食用瓜类，《左传·庄公八年》记有："齐侯使连称、管至父戍葵丘。瓜时而往，曰：'及瓜而代'。"葵菜，《列女传·鲁漆室女》中曰："昔晋客舍吾家，系马园中。马佚驰走，践吾葵，使我终岁不食葵。"另外，《管子·轻重甲》载："去市三百步者不得树葵菜"。其中所提及的是管仲为了禁止谷物收获多的家庭经营菜园，所以禁止离市三百步的近距离种植葵菜，而保证蔬菜的价格。此条史料从一个侧面反映出了葵菜的普及性。

与此同时，黄河下游地区已经出现了专门的菜园，被称为"圃"，《诗经·豳（bīn）风》云："九月筑场圃，十月纳禾稼。"到了春秋战国时期，已经出现了专事种蔬菜的农人和专营水果的果农，《论语·子路》记载："樊迟请学稼，子曰：

图3-1 "二桃杀三士"画像砖，山东省嘉祥宋山出土

'吾不如老农。'请学为圃，曰：'吾不如老圃'。"另外，果品亦广泛得到重视，《管子·立政》："六畜育于家，瓜瓠荤菜百果具备，国之富也。"将果品作为国家富有的象征。这个时期种植的果品有桃、梅、杏、李、海棠、枣、榛子、杜梨、郁梨、山葡萄、木瓜、桑椹、银杏等。比如"二桃杀三士"[①]、"橘生淮南则为橘，生于淮北则为枳，叶徒相似，其实味不同"等记载皆能佐证。果蔬的丰富在一定程度上推进了黄河下游地区食料品种的多元化，为饮食文化的发展奠定了物质基础。

三、畜牧与海洋渔猎业趋于成熟

先秦时期，畜牧业已经有了长足的发展。《管子·轻重戊》中就有夏代时商朝祖先王亥被后人称颂的记载："立皂牢，服牛马，以为民利"。而且他也因进行牛马交易而被他国国君杀害。这说明了黄河下游地区在先秦时期畜牧

---

① "二桃杀三士"，典出《晏子春秋·谏下》，其中记春秋时齐景公将两个桃子赐给三个壮士，让他们论功而食，导致三人相争，最终三人都弃桃自杀。本处引此典故，意在说明"桃"是该地的物产。

业已经非常发达，因为只有在牛马的数量远远超过自身所需的情况下才能进行商品贸易。另外，根据甲骨文的记载可以看到在商代时期先民们已经在驯养马、牛、羊、犬、兔等动物。

到了春秋战国时期，畜牧业的发展更加受到重视，管仲在当时的齐国不仅重视粮食的生产，而且还特别注重发展畜牧业。《管子·立政》："六畜育于家，瓜瓠荤菜百果具备，国之富也。"大力提倡百姓经营畜牧业。"六畜"是指马、牛、羊、犬、鸡、猪，而这六畜当中，牛羊鸡猪为肉食的来源，至于马与犬，文献当中并未直接涉及黄河下游地区，故不敢轻易下结论。不过，在黄河下游地区北境的燕国却有"荆轲食狗肉"的记载，至于是否传入齐国，在没有直接的文献或考古资料证据的情况下则不宜擅断。另外，当时管仲为了促进畜牧业的发展，还制定了一系列的奖励办法，这在《管子·山权数》中记载得非常详细，规定齐国对善于养殖牲畜的牧人，给予黄金一斤的奖赏，值粮八石，这种激励措施无疑在当时产生了极其重要的影响。管仲还针对当时官吏、贵族随意征用老百姓牲畜的现象，制定了保护老百姓饲养牲畜的政策。他说："牺牲不劳，则牛羊育。"其意思是要禁止官吏、贵族随意征用牲畜做祭品，以使牛羊等能够得到迅速生长繁殖。这些利民政策促进了畜牧业的发展，保障了肉食的来源。不过，我们还应注意到的一点是，《左传》当中记载了诸如"肉食者谋之""肉食者鄙，未能远谋"等内容，说明肉食在当时亦只能为上层社会所食用，普通百姓是较少或没有条件吃到的。

先秦时期，黄河下游地区的渔猎业已初具规模，大部分是野外捕捞，也有海洋渔猎。《管子·禁藏》："渔人之入海，海深万仞，就彼逆流，乘危百里，宿夜不出者，利在水也。"战国时期的《荀子·王制》当中亦提及："东海则有紫紶、鱼盐焉，然而中国得而衣食之"。此外，还有池塘养鱼，《晏子春秋·外篇》中即有晏子治河东时，将"陂池之鱼，以利贫民"的记载。

同时，食鱼之风也较为兴盛。《韩非子·外储说右下》描写了社会上层"公孙仪相鲁而嗜鱼，一国尽争买鱼而献之"的情形。为保护鱼类资源，鲁宣公亲自下令在鱼类繁殖的季节禁捕鱼。①另外,《国语·鲁语》载:"公父文伯饮南宫敬叔酒,以露睹父为客。羞鳖焉,小。睹父怒,相延食鳖,辞曰:'将使鳖长而后食之。'遂出。文伯之母闻之,怒曰:'吾闻之先子曰:"祭养尸,飨养上宾。"鳖于何有?而使夫人怒也!'遂逐之。五日,鲁大夫辞而复之。"说明鳖已成为奢侈饮食而出现在士大夫的饮筵中。

先秦时期黄河下游地区的沿海饮食文化,在承袭史前社会时期的特点上继续巩固和发展,并且逐渐形成了其独有的饮食特色。先秦文献在记述黄河下游地区沿海饮食总是以"海"来标明其不同之处,如《尚书·禹贡》说:"海岱惟青州……厥贡盐缔,海物惟错。"《内经素问·异法方宜论》认为东方之地"其民食鱼而嗜咸",《尸子》记述夏桀、商纣寻求天下美食的"珍怪远味",必"南海之姜、北海之盐、西海之菁、东海之鲸",《吕氏春秋·本味篇》记载了"鱼之美者"是"东海之鲕"。这些资料都证明沿海饮食文化已较为成熟,并为其他区域所熟识,成为黄河下游地区的饮食特点,是黄河下游地区社会生活层面的重要特征之一。

第二节　食物加工技术的进步

一、主食形态增多

先秦时期,随着食物加工技术的进步,石磨盘、磨棒虽然得以发展,但是谷物脱壳用杵臼舂捣的加工方法使脱壳率和出米率还是比较低。所谓出米率低,主要是指脱出的完整米粒比重小,加工出的米时常伴有未脱尽壳的谷。这一历史时期还出现了"枷(jiā)"一类的加工工具,《国语·齐语》记载:"今农夫群萃

---

① 丁守和等主编:《中国历代奏议大典·先秦卷》,哈尔滨出版社,1994年,第203页。

而州处，察其四时，权节其用，耒耜枷芟（shān）。"枷者，就是在长木棍的一端系上一根短木棍，利用短木棍的回转连续扑打谷穗使之脱粒。[1]这样的一种方式能提高谷穗的脱谷率。产量的增加提升了食料来源的数量，推动了不同的主食加工形态的出现。

先秦时期，主食的形态主要有四种。《周礼·天官·笾（biān）人》："羞笾之实：糗（qiǔ）、饵、粉、糍。"郑玄云："糗，熬大豆与米也。粉，豆屑也。糍，谓干饵饼之也。"郑玄谓：饵与糍"此二物皆粉稻米、黍米所为也，合蒸为饵，饼之曰餈。糗者，捣粉熬大豆，为饵糍之黏着，以粉之耳。饵言糗，糍言粉，互相足"。《诗经·大雅·公刘》中"糗"被称作"乃裹糇（hóu）粮"，就是由谷物炒成的干粮，通常作为商人或是行军打仗的方便食粮。其制作方法为："糗，捣熬谷也。谓米麦使熟，又捣之以粉也。"[2]即将其成饭之后磨成粉，便于携带和久贮，口感亦可，食用时用开水冲调。可见当时在黄河下游地区，粉食已较为普遍。

"饵"与"糍"都是由谷物蒸制成的一种糕点，其原料为稻米或黍米，根据《周礼·天官·笾人》郑玄《注》，饵与糍是两种面点。然而，扬雄《方言》却记载："饵谓之为糕，或谓之糍。"东汉刘熙《释名》称："饵。而也，相黏而也。"这两则文献又说明饵和糍是一类食物。通过两种不同解释来判断，郑玄是根据其烹饪的样式来判断其为同一种食物，只是以蒸熟大豆捣粉晒干，裹在糍的外表；而扬雄和刘熙是根据其是否黏来判断。两个解释的共同点就是在这一历史时期，黄河下游地区对粮食作物经过浸泡、熬煮、舂捣后，都可以蒸制成糕饼状的主食。

先秦时期，黄河下游地区对所有的面食有一种泛称，就是"饼"。《墨子·耕柱》有"见人之作饼"之句，饼食，亦是谷物经磨粉制成的，这段文字可以说是

---

① 俞为洁：《中国食料史》，上海古籍出版社，2011年，第76页。
② "峙乃糗粮，无敢不逮。"详见《尚书·费誓》孔颖达疏引与郑玄注，上海古籍出版社，2004年。

面粉制饼食的最早文字记载。另外，根据考古发掘，在山东滕州薛城的春秋遗址墓葬中发现了包馅面食。在出土的铜制容器中，盛放着个体为三角形的食物，边长4～5厘米，内包有屑状的馅料。有学者认为这些食物应是饺子或馄饨类的包馅面制食品，[1]也是迄今发现的最早包馅面食。

酏（yǐ）食和糁（sǎn）食在西周时期的黄河下游地区就已出现，《周礼·天官·醢人》中记载："羞豆之实，酏食、糁食"。其中，东汉郑玄《注》："酏食，以酒酏为饼。"唐代贾公彦进一步解释说："以酒酏为饼，若今起胶饼。"酏，一是指用黍米作原料酿制的酒或甜酒，二是指清粥。那么，"酏食"应该是粥或是脱水后的干饭这两种主食形式，其原料应为黍米或稻米。然而，郑玄所解释的"以酒酏为饼"的"饼"，是他所在的东汉时期已出现的以酒酵而成的面食，并非西周时期的"酏食"。而贾公彦的进一步解释更是对郑玄误解的解释，认为"胶饼"即是"酒酏"之饼。因为在唐代，酏食是以酒酏发面蒸熟成饼的面食，有如现今"饼"的样式。综上所述，我们可知"酏食"在西周时期是以稻米或是黍米为原料的粥食，并非发酵的面饼。"糁食"是用肉丁和米粉合制成的坯料，经过油煎熟制而成的一种特别味美的油煎面制食品。成书于公元6世纪初的《齐民要术》中对其进行了详细的记载，可见其历史悠久。

二、酱文化特点的形成

先秦时期，黄河下游地区的酱并非是用大豆作为原料的，而是用鱼、肉类经过腌制、发酵的调味食品，被称为醯（xī）和醢。醯是用粥和酒两种原料制作的调料，而醢则是用小型的坛子类器皿盛装的发酵的肉酱。《晏子春秋》中就有明确记载："和如羹焉，水、火、醯、醢、盐梅，以烹鱼肉，燀之以薪，宰夫和之，齐之以味。"充分证明了当时在黄河下游地区已经用醯、醢来作为

---

① 邱庞同：《中国面点史》，青岛出版社，1995年，第9～10页。

调味料，而这两者都离不开盐，这与黄河下游地区具有较为悠久的制盐历史有关。《管子·地数》有云："齐有渠展之盐，燕有辽东之煮。"地处滨海之地的黄河下游地区，商周时期"煮海为盐"已渐成规模，如在东营市南望参遗址发现有东周时期的盐以及制盐器物遗址群，广饶东北部有东北坞与南河崖商周盐业遗址群，其中有包括卤水沟、刮卤滩场、淋卤坑、灶等制盐遗址及工具。另外，《尚书·禹贡》《史记·齐太公世家》中都有关于黄河下游地区制盐历史的记载。

醯，一般是指酸味调料，亦指少盐的酱。《周礼·天官·醯人》："醯人，掌共五齐七菹（zū）凡醯物。以供祭祀之齐菹。凡醯酱之物，宾客，亦如之。王举，则共齐菹醯物六十瓮，共后及世子之酱齐菹，宾客之礼，共醯五十瓮。凡事，共醯。"可见，醯在先秦时期是非常重要的调味品。另外，《仪礼·公食大夫礼》："宰夫自东方授醯酱。"亦可说明黄河下游地区的醯是士大夫以上阶层的重要调味品。醯经过不断演化，最迟到了汉朝时期就成了现今的醋。[1]据此推断，在先秦时期的黄河下游地区除重咸味外，还流行着酸味调味品，并且在人们日常生活中的地位更重于酱。

醢，是腌制发酵的调味料，口味偏咸。《周礼·天官·醢人》："醢人掌四豆之实，朝事之豆。其实韭菹、醓（tǎn）醢、昌本、麋臡（ní）、茆（máo）菹、麋臡。馈食之豆，其实葵菹、蠃（luǒ）醢、脾析、蠯（pí）醢、蜃、蚳（chí）醢、豚拍、鱼醢。加豆之食，芹菹、兔醢、深蒲、醓醢、箈菹、雁醢、笋菹、鱼醢。羞豆之食，酏食、糁食。凡祭祀，共荐羞之豆实。宾客丧纪，亦如之。为王及后世子，共其内羞。王举，则共醢六十瓮，以五齐、七醢、七菹、三臡实之。宾客之礼，共醢五十瓮，凡事共醢。"对此，作为北海高密人的经学大师郑玄有比较明确的解释："醢，肉汁也；昌本，菖蒲根切之四寸为菹。三臡，亦醢也。"上述各种醢，都是以主料得名。比如"醓醢"是味咸而略酸的肉汁酱、"蠃

① 俞为洁：《中国食料史》，上海古籍出版社，2011年，第85页。

醢"是一种细腰蜂制成的酱、"蠃醢"是一种狭长形蚌肉制成的酱、"蚳醢"是利用蚁卵制成的酱、"鱼醢"即鱼肉酱、"兔醢"即兔肉酱、"雁醢"即雁肉酱。另外，还有以植物为原料制成咸而呈酸的醢，比如菖蒲根（昌本）、韭菜、茆（一种可食性茅草）、葵、芹、嫩香蒲、嫩笋（箈，tái）等。这些主料分别加上米饭（助酵、生味、口感柔润）、曲（助酵、生味）、盐（抑制发酵、生味）、酒（控制发酵、生味、增香）等辅料，适当处理、合理储存之后，就可以得到风味不相同的理想的醢了。正如郑玄所说的："作醢及臡者，必先膊干其肉乃后莝之，杂以粱、曲及盐，渍以美酒，涂置瓶中百日则成矣。"①

　　酱，在这一历史时期被看作祭祀的重要祭品，《论语·乡党》中即认为祭祀等郑重的礼食场合应该"不得其酱不食"，从历史文化的角度来说，这句话包含有如下四个不同层面的意义：

　　第一，"不得其酱不食"是孔子时代祭祀食礼的制度要求；

　　第二，"不得其酱不食"的祭祀食礼制度是三代时期惯制礼俗，至少是周代祭祀食礼的规范礼俗；

　　第三，这一规范礼俗以三代时期人们普遍的生活常识为社会基础；

　　第四，孔子所处的时代是"礼崩乐坏"的新旧制度更替之时，强调祭祀礼俗制度具有坚持传统礼俗的必要性。

　　于是，我们可以证明黄河下游地区至少在春秋时期，已经形成了具有文化特点的酱文化，这样的酱文化深深影响到了后世黄河下游地区对于酱的使用，通过魏晋时期的《齐民要术》对酱的广泛记载而得以证实。

三、"周八珍"中体现的烹饪技术

　　周代八珍历来有多种说法。珍，指食物珍用八物也，数字"八"是泛指概

---

① 赵荣光：《中国酱的起源、品种、工艺与酱文化流变考述》，《饮食文化研究》（香港），2004年第4期。

念，而非只有八种食物类型。《周礼·天官·膳夫》中记载，周代八珍有：淳熬、淳母、炮豚、炮牂（zāng）、捣珍、渍、熬、肝脊（liáo）。《礼记》中的八珍是养老之物，属于中上层社会的饮食生活内容，其中固然会包括王室的饮食。另外，从"八珍"的记载中，我们可以判断出当时已经出现了煎、炮、炖、烹、腌、烘、烤等烹饪技术。

黄河下游地区的鲁国是有周一代宗周和洛邑以外保存周文化最多的文化中心①，《礼记》《春秋左传》中都有"周礼尽在鲁"的记载，可以推断鲁国公室的饮食与食礼几乎为周王室的翻版。所以，有理由相信"八珍"在先秦时期鲁国的中上层社会中有存在的社会基础，兹将相传的八珍记录于下：

淳熬，《礼记·内则》解释："淳熬，煎醢加于陆稻上，沃之以膏。"醢就是肉酱。把肉酱盖在糯米做的饭上，浇入动物脂油。

淳母，《礼记·内则》解释："淳母，煎醢加于黍食上，沃之以膏。"同淳熬类似，只是淳母是把肉酱浇于谷米饭上。

炮豚、泡牂（羊），就是在火上烘烤浑猪、浑羊。《礼记·内则》解说："炮，取豚若牂（应该为牂——母羊），刲之刳之，实枣于腹中，编萑（huán）以苴（jū）之，涂之以谨涂。炮之，涂皆干，擘之。濯（zhuó）手以摩之，却其皽（zhāo），为稻粉糔（xiǔ）溲之以为酏，以付豚。煎诸膏，膏必灭之。巨镬汤，以小鼎芗铺于其中，使其汤毋灭鼎，三日三夜毋绝火，而后调之以醯醢。"《礼记》中所记炮法，就是宰杀小猪与肥羊后，去脏器，填枣于肚中，用草绳捆扎，涂以黏泥在火中烧烤。烤干黏泥后，掰去干泥，将表皮一层薄膜揭去。再用稻米粉调成糊状，敷在猪羊身上。然后，在小鼎内放油没猪羊煎熬，鼎内放香草，小鼎又放在装汤水的大鼎之中。大鼎内的汤不能沸进小鼎。如此三天三夜不断火，大鼎内的汤与小鼎内的油同沸。三天后，鼎内猪

① 孟祥才、胡新生著：《齐鲁思想文化——从地域文化到主流文化》，山东大学出版社，2002年，第88页。

羊酥透，蘸以醋和肉酱。

捣珍，就是取牛、羊、猪、鹿、獐等食草类动物的里脊肉，反复捶打，去其筋腱，捣成肉茸。《礼记·内则》曰："捣珍，取牛羊麋鹿麋麇（jūn）之肉，必胲（méi），每物与牛若一，捶，反侧之，去其饵，熟，出之，去其皽，柔其肉。"意思是将这些动物的里脊肉反复捣捶，烹熟之后再除去筋膜，加醋和肉酱调和。

渍，《礼记·内则》曰："渍，取牛肉必新杀者，薄切之，必绝其理，湛诸美酒，期朝而食之，以醢若醯、醷。"新鲜牛肉，横向纹切成薄片，在好酒中浸泡一天，用肉酱、梅浆、醋调和后食用。醷即梅浆。

熬，《礼记·内则》曰："捶之去其皽，编萑，布牛肉焉。屑桂与姜，以洒诸上而盐之，干而食之。施羊亦如之。施麇、施鹿、施麇，皆如牛羊。欲濡肉，则释而煎之以醢。欲干肉，则捶而食之。"意思是：将生肉捣捶，除去筋膜，摊放在芦草编的席子上，把姜和桂皮撒在上面，用盐腌后晒干了就可以吃。想吃带汁的，就用水把它润开，加肉酱煎。想吃干肉，就捣捶软后再吃。

肝膋，《礼记·内则》曰："取狗肝一，幪之以其膋，濡炙之，举燋其膋，不蓼（liǎo）。"取一个狗肝，用狗网油覆盖，架在火上烧烤。等湿油烤干，吃时不蓼。蓼就是水蓼，当时用以佐食。"取稻米举糔溲之，小切狼臅膏，以与稻米为酏。"以水调和稻米粉，加小块狼脯脂油，熬成稠粥。

除此八珍之外，另有一种烹饪方法——糁。《礼记·内则》曰："糁，取牛羊豕之肉，三如一，小切之，与稻米。稻米二肉一，合以为饵，煎之。"将牛、羊、猪肉三等分。两份稻米粉一份肉合成饼，入油煎。另外，还有一种是脍，即指将肉切后生食的肴。为使生肉尽可能除荤腥，须将肉切得薄、细些，以便于调味和咀嚼消化。

从以上这些丰富的烹饪方法中，我们看到先秦时期黄河下游地区烹饪技术的长足发展。

四、饮食器具的社会象征

饮食器具在一定程度上是某一地区或文化圈的饮食礼俗、饮食习惯等饮食文化现象的重要体现。先秦时期，黄河下游地区饮食器具是从陶器时代转换为陶器与青铜器并用的时代，不过值得注意的是青铜食器大部分只有贵族阶层才能使用。从考古发掘来看，黄河下游地区青铜食器的使用是从商代开始，山东长清县就多次发现诸如鼎、爵、豆、斗等青铜器。[①] 从中我们可以推断，青铜食器的出现说明了食生产和食生活中的阶级差异性开始显现。特别是春秋战国时期齐国与鲁国的陪葬墓，诸如临朐（qú）扬善春秋墓、山东莒南县大店镇春秋晚期大墓、烟台纪国墓等都出土了青铜鼎，以及壶、罐、簋、豆等。其中大多数青铜炊具都是用来蒸煮使用的，而且多用作陪葬，说明鼎的数量多少关乎墓主人的身份，也说明鼎从饮食器演变成为政治象征或是社会地位的象征。《左传·成公二年》曰："信以守器，器以藏礼。"亦说明了青铜饮食器已经从商代时期的普通食器变成了春秋战国时期礼乐制度中的重要器具，是贵族与权势的象征。

图3-2　商代青铜甗，山东高尧遗址出土

图3-3　西周晚期青铜簋（山东博物馆藏）

① 山东省博物馆：《山东长清出土的青铜器》，《文物》，1964年第4期。

此时，陶器依然广泛使用。在山东鲁故城遗址发掘中，即发现制陶作坊三处、古墓葬多处，出土随葬陶器165件。器物种类有鬲、簋、平底罐、圆底罐、罍、豆、盖豆、平底壶、钵、尊、盂、鼎、笾、卮等，多以转轮制作，不少器件造型优美规整。到了春秋晚期，陶器多彩绘，又增添了许多膳食与祭祀用的种类，这些饮食器具大部分都是用于蒸的炊具。

第三节　进食方式的演进

一、手食方式的遗存

手抓食物进食是原始时代遗留下来的传统，先秦时期，黄河下游地区的人们仍有沿袭。《礼记·典礼上》云："共食不饱，共饭不泽手，毋抟饭，毋放饭。"郑玄《注》："为汗手不洁也。泽，谓捼莎也。"孔颖达《疏》云："共饭不泽手者，亦是共器盛饭也。泽谓光泽也。古之礼，饭不用箸，但用手，既与人共饭，手宜洁净，不得临食捼始莎手乃食，恐为人秽也。"所谓"捼莎"，就是揉搓双手，这样容易引起手上出汗，然后抓取饭食是不卫生的。可见，当时黄河下游地区流行大家在一起进食，此时不可只顾自己吃饭。如果和大家一起吃饭，就要注意手的清洁，不要用手搓饭团，不要把多余的饭放进盛饭的器具中。这说明当时还存在着以手抓取食物的进食方式，并注意饮食卫生。

二、餐匙进食的普及

先秦时期，虽然存在手食方式，但已不再是主要进食方式，餐匙、餐叉作为进食方式开始普及。餐匙的出现是为了与黄河下游地区的农耕和定居生活相适应而产生的进食方式。

黄河下游地区的餐匙在承袭史前文明形态的基础上，开始在形状和质料方面起了变化，匕形餐匙开始退出餐桌，勺形餐匙逐渐大量流行起来。商周时期，匕的制作材料主要是青铜、木材、兽骨等。匕的用途在古文献中多有记载，它可以用来舀饭，也可以用来舀羹、舀汤、舀牲体、舀粮食等。《仪礼·少牢馈食礼》郑玄《注》："匕所以匕黍稷。"由于匕的功用不同，其大小、长短也不一样。王仁湘先生对此曾作过专门考证，他认为周代的匕有饭匕、挑匕、牲匕、疏匕四种，形状相类，大小有别。对于这些匕的作用，容庚先生以为可分为三种，即载鼎实、别出牲体、匕黍稷；陈梦家先生则归纳为两种，即牲匕和饭匕。所谓挑匕、牲匕和疏匕，都属大匕，是祭祀或宾客时，由鼎中镬中出肉于俎所用。这些匕较大，它们都铸成尖勺状，主要是为了匕肉方便。饭匕是较小的匕，是直接用于进食的。大约从战国中晚期开始，随着周代礼制的崩溃，大匕渐渐消失。直接进食的小匕也向着更加轻便实用的方向发展。

西周以后，黄河下游地区的匕逐渐向圆勺形发展，可舀流质食物，古人也用它从盛酒器中挹取酒，然后注入饮酒器中。但这种用于挹取酒水的匕，比一般的饭匕容量要大，有些可容一升，如《考工记》云："梓人为饮器，勺一升。"考古发现，西周以来的匕也常与鼎、鬲和酒器同出。

三、箸食的出现

先秦时期，黄河下游地区开始出现箸食的方式。按照现今的理解，箸就是筷子，然而筷子之名始于明代。明代李豫亨《推蓬寤语》中说："世有误恶字而呼为美字者，如立箸讳滞，呼为快子，今因流传之久，至有士大夫间，亦呼箸为快子者，忘其始也。"这都是因为箸字音接近"滞""住"字，所以反其意而称之"快"，后来又因快子多为竹制，又加上竹头。不过在当时还是以"箸"为名。《韩非子·喻老》记载："昔者，纣为象箸而箕子怖。以为象箸必不加于土，必将犀玉之杯，象箸玉杯必不羹菽藿。"根据考古发现，最早的铜箸出土于殷墟的一座墓葬之中，而殷商的祖先即为黄河下游地区的东夷人。不过根据陈梦家先生考证认为"箸"是一种烹调用具，而类似于如今的筷子应该是在春秋时期出现的。若以此说，先秦时期箸的使用反而不如匕普遍，不过箸食的出现说明黄河下游地区是中华饮食文明早期的发源地，而且对于中华饮食文明起着至关重要的作用。

四、席地而食

一定生态环境下的文化创造和发展决定着人们饮食方式的状况，饮食方式的状况又与其创造力和生产水平有关。先秦时期，黄河下游地区的人们习惯于席地而坐、席地而食，或凭俎案而食的方式就符合当时生产力发展的水平。甲骨文中有🝔[①]字即"飨"字，像二人相对跪坐就食形，二人中间🝔的形状就像簋中满盛食物，还有🝔字即"即"字，像一人跪坐就食形。在新石器时代，所谓席地而坐，实际上就是坐在地上。当时人们建造住房时，为了室内干燥舒适，就把泥土的地面先用火焙烤，或是铺筑坚硬的"白灰面"，同时在上面铺垫兽皮或植物枝叶的编织物。这些铺垫的东西，就是"席"的前身，当时人们饮食生活中常用的陶制器具都是放在地面上使用的。

进入殷商时期以后，随着生产力的发展，工艺技术水平的提高，人们日常生活面貌发生了一些变化。在室内用具上，席的使用已十分普及，并成为古代礼制的一个规范。当时无论是王府还是贫苦人家，室内都铺席，但席的种类却有区别。贵族之家除用竹、苇织席外，还有的铺兰席、桂席、苏熏席等，王公之家则铺用更华贵的象牙席，工艺技巧已十分高超。铺席多少也有讲究。西周礼制规定天子用席五重，诸侯三重，大夫两重。且这些席的种类、花纹色彩均不相同，《周礼·春官·司几筵》云："掌五几、五席之名物，辨其用与其位。凡大朝觐、大

---

① 罗振玉：《殷虚书契前编》肆（二一），1913年。

飨射，凡封国、命诸侯，王位设黼依，依前南乡，设莞筵、纷纯，加缫席、画纯，加次席、黼纯。左右玉几，祀先王，昨席亦如之。诸侯祭祀席，蒲筵，缋纯，加莞席、纷纯。右雕几。昨席，莞筵纷纯，加缫席画纯。筵国宾于牖前，亦如之，右彤几。"这就告诉我们，司几筵之职，掌管五几、五席的名称和种类，辨明它们的用途和陈放的位置。凡有大朝觐礼、大飨射礼、封建邦国、策命诸侯的时候，王者的席位必须摆设绣有黑白斧形的屏风。在屏风前，面向南方铺设用莞草编织的席子，用白组缝作边缘。上面再铺以云气纹饰为边缘的五彩蒲席，之上再铺边缘为黑白相间的桃枝竹席。屏风左右摆设玉几。祭祀先王的醉席也是如此。诸侯祭祀的席位是，下面铺设以赤组为边、用薄草编织的席子，上面加上以白组为边缘的莞草席，右面摆设雕几。醉席的席位是下面铺设以白组为边缘、莞草编织的席子，上面加上绘有云气纹饰为边缘的五彩蒲席。宴享宾客也是如此，右面设红色几案。后来，有关用席的等级意识逐渐淡化，住房内只铺席一重，稍讲究一点的，再在席上铺一重，谓之"重席"。下面的一块尺寸较大，称为"筵"，上面的一块略小，称为"席"，合称为"筵席"。《周礼·春官·司几筵》郑玄《注》云："铺陈曰筵，籍之曰席。"贾公彦《疏》曰："凡敷席之法，初在地者一重即谓之筵，重在上者即谓之席。"筵铺满整个房间，一块筵周长为一丈六尺，房间大小用多少筵来计算。席因为铺在筵上，一般质料比筵也要细些。

黄河下游地区的人们无论是平时进食还是举行宴会，食品、菜肴都是放在席上或席前的案上，如一些留存下来的礼器，俎、豆、簋、爵等饮食器，都是直接摆在席上的。另外，席子要铺得有规有矩，所以孔子《论语·乡党》则云："席不正，不坐。""君赐食，必正席先尝之。"另外，《墨子·非儒》："哀公迎孔子，席不端，弗坐。"《晏子春秋·内篇杂上》说："客退晏子直席而坐。"由此看来，所谓"席不正"，就是席子铺的不端正，不直，歪歪斜斜，或坐席摆的方向不合礼制。席地而食也有一定的礼节。首先，坐席要讲席次，即坐位的顺序，主人或贵宾坐首席，称"席尊""席首"，余者按身份、等级依次而坐，不得错乱。其次，坐席要有坐姿，要求双膝着地，臀部压在后足跟上。若坐席双方彼此敬仰，就把腰伸直，是谓跪，或谓踞。坐席最忌随随便便，《礼记·曲礼上》曰："坐毋箕。"也就是说，坐时不要两腿分开平伸向前，上身与腿成直角，形如簸箕，这是一种不拘礼节、很不礼貌的坐姿。

正因为席地而食的饮食习俗，所以先秦时期，黄河下游地区的人们采用的是分食制。

第四节　孔孟食道与饮食礼俗的建立

一、孔孟食道的建立

所谓孔孟食道就是春秋战国时期，孔子（公元前551—前479年）和孟子（约公元前372—约前289年）两人的饮食观点、思想、理论及其食生活实践所体现的基本风格与原则性倾向。他们在饮食方面都追求以淡泊简素、励志标操为特点，以此达到养生并提高人生品位的目标。他们对饮食生活的态度是"君子食无求饱，居无求安"和"君子谋道不谋食""忧道不忧贫"。孔子认为"养口腹而失道德"的人是"饮食之人"，这种人"则人贱之矣，为其养小以失大也"。孟子坚持正大清白之食与符合礼仪进食的原则。他曾指出："一箪食，一豆羹，得之则生，弗得则死，呼尔而与之，行道之人弗受；蹴而与之，乞人不屑也。"孔孟"食德"之主张，反映出当时进步的饮食思想。孔孟食道代代传流于民间，形成了几千年来华夏民族所传承的勤劳节俭、反对浪费、节粮备荒等优良传统，对我国周边地区和后代的民食民风产生了深刻影响，成为我国各族人民的宝贵精神财富。

孔子的饮食思想和原则，集中地体现在"食不厌精，脍不厌细。食饐（yì）而餲（ài），鱼馁而肉败不食；色恶不食；臭恶不食；失饪不食；不时不食；割

图3-4　孔子像

不正不食；不得其酱不食；肉虽多，不使胜食气；唯酒无量，不及乱；沽酒市脯不食，不撤姜食，不多食；祭于公，不宿肉；祭肉，不出三日，出三日，不食之矣。"[1]这段话的意思是说献祭的饭要尽可能选用颗粒完整的米来烧，羊猪等牲肉解割得不符祭礼或分配得不合尊卑身份是不能用的，脍要切割得尽可能细些。米饭受潮、鱼肉腐败、食物色泽异样、食物出现异味、食物烹饪夹生或过熟皆不能食用，并且不是进餐的正常时间是不可以吃的。在进食祭祀食物时候，如果没有配置应有的醢醯等酱物，是不能吃的；肉虽多，也不应进食过量，仍应以饭食为主；酒可以不划一限量，但也要把握住不失礼度的原则；仅酿一夜的酒及市场上买的酒和干肉都不可以用（虑其不醇正不精洁）；姜虽属于斋祭进食时的辛而不荤之物，也不应吃得太多；助祭所分得的肉，应不留过夜而于当天颁赐；祭肉不

---

[1]《论语·乡党第十》，阮元：《十三经注疏》，中华书局，1980年。

能超过三天（祭日天亮杀牲至宾客持归于家，肉已经放置了三天），过了三天就不能再吃了（很可能变质）。这则文献集中体现了孔子对于饮食追求加工、烹制恰到好处，具有适口性的目标，并且讲究依时节饮食，强调饮食的卫生与营养，恪守祭礼食规，特别是食不过饱的理论至今具有启示作用。

与此同时，孔子对于祭祀的食物强调"食不厌精，脍不厌细"，这是与"祭者，荐其时也，荐其敬也，荐其美也，非享味也"①相对应的。孔子主张祭祀之食，一要"洁"，二要"美"（美没有固定标准，应视献祭者条件而论）；祭祀之心要"诚"；有了洁和诚，才符合祭义的"敬"字。所以他非常赞赏大禹"菲饮食而致孝乎鬼神"②的模范榜样，主张"虽蔬食菜羹瓜祭必齐如也"③。这样就说明了孔子要求人们在准备献祭食品也要保有温和恭顺的心态，从而更加强调祭祀食物追求的是圣洁之心而不是奢华。《孔子家语》中记录了孔子"周游列国"的一段故事。一行人"厄于陈蔡告籴于野人，得米一石"。颜回于破败的屋下煮饭，"有埃墨堕饭中，颜回取而食之。子贡自井望见之，不悦，以为窃食。"告知孔子。孔子召颜回，说将用此饭进祀先人，颜回忙回答说："向有埃墨堕饭中，欲置之，则不洁；欲弃之，则可惜。回取而食之，不可祭也。"故事是赞美颜回的品德，也恰好证明了祭品必须洁净这一要点。

然而，祭祀的食物是一种特殊的饮食文化状态，它体现的是饮食与祭祀、饮食与礼仪之间的关系已经达到了一种高级的饮食文化状态。就孔子当时所处的生活时代来说，这样的标准无疑是无法普及的，即便是贵族阶层亦无法全部达到。于是，"民之质矣，日用饮食"④却能真正反映先秦时期人们一般食生活和食生产的水准和饮食文化特征。孔子亦然，而且孔子的一生基本上对饮食是崇

---

① 《春秋谷梁传·成公十七年》，阮元：《十三经注疏》，中华书局，1980年。
② 《论语·泰伯第八》，阮元：《十三经注疏》，中华书局，1980年。
③ 《论语·乡党第十》，阮元：《十三经注疏》，中华书局，1980年。
④ 《毛诗正义·小雅·天保》，阮元：《十三经注疏》，中华书局，1980年。

尚节俭，"吾少也贱，故多能鄙事。"①"饭蔬食饮水，曲肱而枕之。"②同时，他信守"君子谋道不谋食"，"忧道不忧贫"③的准则，并且做到"君子食无求饱，居无求安"④。可见，孔子不贪图口腹之欲，而追求仁与道的实现。孔子的饮食思想是植根于他对人生意义的深切理解之中的，其饮食生活则严格受制于他自我约束修养的规范之中。

孟子在承袭孔子饮食理念的基础上，系统建立了以"食志—食功—食德"为核心的孔孟食道理论。他主张"非其道，则一箪食不可受于人；如其道，则舜受尧之天下，不以为泰"⑤的"食志"原则，以自己的劳动来换取食物的基本人生准则；同时，又进一步提出"梓匠轮舆，其志将以求食也；君子之为道也，其志亦将以求食与"的"食功"理念，并且在这两者基础上提出了吃清白之食与遵循礼仪进食的"食德"。孟子认为饮食礼俗是食德的基本要求，已达到"以礼食，则饥而死；不以礼食，则得食"的要求。

"孔孟食道"是中国饮食文化集大成者，是黄河下游地区饮食文化的重要内涵，是秦汉以降中国饮食思想的指引，至今还深深影响着中国人的食生产和食生活。

二、中国饮食礼俗的建立

众所周知，"礼"是我国数千年历史文化的重要思想内容，具有我国一切文化现象的特征，礼的内容十分广泛，凡是有关中国社会的生活习惯、个人的行为规范等都包含在内。我国古代饮食礼俗主要是指饮食活动中成文的制度礼

---

① 《论语·子罕第九》，阮元：《十三经注疏》，中华书局，1980年。
② 《论语·雍也第六》，阮元：《十三经注疏》，中华书局，1980年。
③ 《论语·卫灵公第十五》，阮元：《十三经注疏》，中华书局，1980年。
④ 《论语·学而第一》，阮元：《十三经注疏》，中华书局，1980年。
⑤ 《孟子·滕文公章句下》，阮元：《十三经注疏》，中华书局，1980年。

数，它是以人们的饮食习俗为基础的。中国饮食礼俗从先秦时期即已建立，是在被称为"周礼尽在鲁"的鲁国文化为核心的地区建立起来的，辅之以奉行"四维不张，国乃灭亡"[①]的齐国文化，并通过以孔子为代表的儒家思想的指导臻于完善。从一定意义上来说，春秋战国时期，唯有黄河下游地区的鲁国保有了周王室较为完整的礼俗。

1. 礼俗产生于饮食

礼以俗为基础，俗寓于礼之中。饮食是人类生存的基础，可以说，最早的礼俗是从人们的饮食生活中产生的。《礼记·礼运篇》："夫礼之初，始诸饮食。其播黍捭豚，污尊而抔饮，蒉桴而土鼓，犹若可以致其敬于鬼神。"这是说最原始的礼仪是从饮食行为开始的。《周易·序卦传》也说："物畜然后有礼。"

《礼记》中关于"礼"是从人们的饮食习俗中产生的观点，得到后世许多学者的赞同。近人刘师培在《古政原论》中就认为："上古之时，礼原于俗。典礼变迁，可以考民风之同异。"李安宅在《仪礼与礼记之社会学的研究》一书中的意见更为明确，他认为："中国的'礼'字，包括'民风''民仪''制度''仪式'和'政令'等等。根据社会学的研究，一切民风都是起源于人群应付生活条件的努力。某种应付方法显得有效，即被大伙所自然无意识地采用，变成群众现象，也就变成民风。等到民风得到群众自觉地以为那是有关全体之福利的时候，它就变成民仪。直到民仪这东西再加上具体的结构和间架，它就变成制度。"李安宅考查了礼俗产生的过程，得出了礼俗的产生必须要以生活状况作为依据，这种观点与《礼记》中关于礼俗产生的观点基本上是一致的。这些材料也说明：俗先于礼，礼来源于俗。以礼为俗，则为礼俗。礼俗的产生是以一定的物质条件为基础的，作为春秋战国时期黄河下游地区齐文化代表的《管子》中就有"仓廪实而知礼节，衣食足而知荣辱"之句。可见知礼节或礼节较多的民族，都是经济较为发

---

① "四维"出自《管子·牧民》，简称为"礼、义、廉、耻"。

达，特别是饮食文化较为发达的民族。

2. 等级森严的饮食礼俗

中国古代人们的饮食，是在一定礼仪规范下的生活事象。因为饮食是礼最外在的表现形式，如同《荀子》所说："礼者，养也。刍豢（huàn）稻粱，五味调香，所以养口也；椒兰芬芳，所以养鼻也。"[①]礼主要是通过饮食活动来区别君臣、尊卑、长幼，以实现"讲礼于等"（《艺文类聚》）的基本精神，否则就会出现"无礼以定其位之患"。那么，在饮食上怎样实现礼所规定的等级区别呢？《周礼·天官·食医》："食医掌和王之六食，六饮、六膳、百羞、百酱、八珍之齐。凡食齐眂（shì）春时，羹齐眂夏时，酱齐眂秋时，饮齐眂冬时。凡和，春多酸，夏多苦，秋多辛，冬多咸，调以滑甘，凡会膳食之宜，牛宜稌（tú），羊宜黍，豕宜稷，犬宜粱，雁宜麦，鱼宜苽，凡君子之食恒放焉。"这段话说明了王侯考究的膳食礼仪，即讲究食物的温热寒凉，又讲究时令所宜，还讲究食品搭配。可见当时人们已知晓人体与自然的关系、天人合一的道理。而贫民的日常饭食，则是以豆饭藿羹为主，正如《战国策·韩策》："民之所食，大抵豆饭藿（豆叶）羹，一岁不收，民不厌糟糠。"可见，两个阶级在饭食上的区别是很明显的。

在菜肴的食用上，这种等级区别更为显著。近年来，考古工作者用碳十三来测定古代墓葬中出土的人体骨骼，发现不同阶层的人由于饮食不同，骨骼中的成分也不同，证明了贵族菜肴是以肉类为主，平民菜肴则以蔬菜为主，不同阶层的食谱分划极为明显。这和文献的记载是相符的，《礼记·礼器》说："礼有以多为贵者，天子七庙，诸侯五，大夫三，士一。天子之豆二十有六，诸公十有六，诸侯十有二，上大夫八，下大夫六。"我们再比较一下平民的饮食之礼，《礼记·乡饮酒义》说："乡饮酒之礼，六十者坐，五十者立侍，以听政役，所以明尊长也。

---

① 转引自宋镇豪：《夏商社会生活史》，中国社会科学出版社，1994年，第14～18页。

六十者三豆，七十者四豆，八十者五豆，九十者六豆，所以明养老也。民知尊长养老，而后乃能入孝弟。"乡饮酒是乡人以时会聚饮酒之礼，在这种宴会上，最为恭敬的长者也只能享受六盘菜的礼，只相当于一个下大夫平日的生活水平，而且平民所享受的这种礼也只是一种表面文章。《史记·孟尝君列传》就曾经记载孟尝君曾夜食门客，食客中有人误以为饭菜不等，竟然不食而离，直到孟尝君追上去端着自己的饭菜让其验证，竟然导致这位食客羞愧而自尽。这则材料一则说明当时是分餐制的，另一方面说明黄河下游地区普遍存在着分等级、定尊卑的食礼。

陈设菜肴，也要遵循礼仪的规则。《礼记·曲礼》中指出，凡是陈设餐食，带骨的菜肴须放在左边，切的纯肉放在右边。饮食靠着人的左手方，羹汤放在右手方。细切和烧烤的肉类放远点，醋和酱类放在近处。葱等伴料放在旁边。酒和浆汤放在同一方向。如果另要陈设干肉、牛脯等物，则弯曲的在左，直的在右。这套程序在《礼记·少仪》中有详细的记载，如上鱼肴时，如果是烧鱼，则以鱼尾向着宾客：冬天要将鱼肚向着宾客的右方，夏天鱼脊向着宾客的右方。凡是用五味调和的菜肴，上菜时要用右手握持，而托捧于左手上。

在用饭过程中，也有一套繁文缛礼，《礼记·曲礼上》："侍食于长者，主人亲馈，则拜而食；主人不亲馈，则不拜而食。共食不饱，共饭不泽手，毋抟饭，毋扬饭，毋流歠，毋咤食，毋啮骨，毋反鱼肉，毋投与狗骨。毋固获，毋扬饭，饭黍毋以箸，毋嚃（tà，大口吞食）羹，毋刺齿，毋歠（chuò）醢，客絮羹，主人辞不能亨。客歠醢，主人辞以窭。濡肉齿决，干肉不齿决。毋嘬炙。卒食，客自前跪，彻饭齐以授相者，主人兴辞于客，然后客坐。"如果是和长者在一起吃饭，更要注意规矩，《礼记·少仪》云："燕侍食于君子，则先饭而后己。毋放饭，毋流歠。小饭而亟之，数噍（咀嚼）毋为口容。"与尊长一起吃便饭时，要先奉尊长食，同时要等尊长吃完了才停止；不要落得满桌是饭，流得满桌是汤，要小口地吃，快点吞下，咀嚼要快，不要把饭留在颊间咀嚼。

食礼中最为讲究的要属与国君一同进食的揖让周旋之礼，《礼仪·玉藻》载：

"若赐之食而君客之，则命之祭然后祭；先饭辩尝羞，饮而俟。若有尝羞者，则俟君之食，然后食，饭饮而俟。君命之羞，羞近者，命之品尝之，然后唯所欲。凡尝远食，必顺近食。"这说明与国君一同进食，通常按共食的礼节由主人先祭，客人后祭，如果君赐臣食，臣可以不祭。君以客礼待臣，臣就要祭了，但也得先奉君命，然后才敢祭，上菜以后，侍食的臣子要代膳宰遍尝各味，然后停下来喝饮料，等国君先开始后臣子才能吃。要是有膳宰代尝饮食，就不必品尝了，等国君开始吃就可以吃。国君请用菜的时候，要先吃近处的菜。请品尝菜肴的时候，就得一一尝一点，然后才能依自己的爱好来选食。凡是想吃远处的东西，必须先由近处的开始，然后才渐及远处的，这样可以避免贪多的嫌疑。《礼记·玉藻》又说："君未覆手，不敢飧。君既食，又饭飧，饭飧者，三饭也。君既彻，执饭与酱，乃出授从者。凡侑食，不尽食，食于人不饱。"国君还没有吃饱，侍食的臣子不敢先饱。国君吃饱了以后，臣下还要对国君劝食，但也只以三次为度。国君吃完宴席之后，就把吃剩的饭酱拿出来分给随从的人吃，凡是陪侍尊者进食，都不得放肆，不得吃饱。同时，古代帝王进食时一般都要用音乐来调和气氛，吃完后，也要奏乐。如同《周礼·天官·膳夫》所言："王日一举，鼎十有二物，皆有俎，以乐侑食……卒食，以乐彻于造。"我们可以想到鲁国公室的饮食生活亦是比较奢侈的。

食礼所表现出来的是一整套繁琐复杂的过程，其目的是培养人们"尊让契敬"的精神，这与奉行宗周礼仪的鲁王室是相符合的，并且也符合代表齐文化的《管子》所体现的礼义廉耻"四维"的等级观念。可见，齐地饮食文化与鲁地饮食文化在追寻食礼上的尊卑观念是殊途同归的，这为中国早期食礼建立了典型的阶级性、等级性的基调。要求社会不同阶层的人们都得遵照礼规定的秩序从事饮食活动，从而达到"贵贱不相逾"的政治目的。这套饮食礼俗对后世产生极大的影响，由于日常生活和交际的需要，饮食生活中的礼俗进一步固定下来，例如，《礼记·曲礼》："凡进食之礼，左肴（带骨的熟肉）右胾（zì，切成大块的肉），食居人之左，羹居人之右……"从汉代画像石、画像砖、帛画、壁画中常见的宴饮图来看，这套饮食礼俗在汉代似普遍在遵循着。有些礼俗至今仍在沿袭，如"长者举，未釂（jiào，饮尽杯中酒），少者不敢饮。""凡尝远食，必顺近食（从近处开始）"等等。综上所述，我们认为中国食礼的建立可追溯到关中地区的周王室，但是将其完善下来却是在黄河下游地区的鲁国和齐国。

三、诸子饮食思想

1. 晏子饮食思想

齐相晏婴（约公元前590—前550年），他为政力倡节约，主张"足食节用"的原则，坚持身体力行，反映了当时大众的理想和饮食节俭的原则。《史记·管晏列传》曰：晏子"以节俭力行重于齐。既相齐，食不重肉，妾不衣帛。"《晏子春秋·内篇·杂下》："晏子相齐，衣十升之布，脱粟之食，五卵、苔菜而已。"晏子曾规劝君主说："今公之牛马，老于栏牢，不胜服也；车蠹（dù）于巨户，不胜乘也；衣裘襦裤，朽弊于藏，不胜衣也；醯醢腐（臭），不胜沽也；酒醴酸，不胜饮也；府粟郁积，不胜食也；又厚藉敛于百姓，而不以分馁民。夫藏财而不用，凶也……委而不以分人者，百姓必进自分也。"晏子把国君的日常饮食享受与国家的安危、社稷存亡的因果联系起来，诚恳地规劝君王要节欲奉俭，体恤民力，他是最早主张"称身而食"的政治家。

2. 管仲饮食思想

管仲是齐桓公时期的名相，帮助齐桓公成为春秋时期的五霸之一，"饮食有度"是其核心饮食思想。他在《管子·水地》中说："水者，地之血气，如筋脉之通流者也。故曰：水，具材也。""淡也者，五味之中也。是以水者，万物之准也，诸生之淡也。"他认为自然环境与饮食之间有联系，要保持自然环境的良好存在。不要过度攫取自然资源。此外，他还有诸如"夫齐之水，道躁而复，故其民贪粗而好勇；楚之水淖弱而清，故其民轻果而贼。越之水浊重而泊，故其民愚疾而垢。"这样的论述，表达了由于水质不同而影响不同地区人们性情的观点，以及由此所带来不同地域之间的不同饮食文化。

"仓廪实而知礼节，衣食足则知荣辱"是《管子》中的名句。说明温饱是礼仪的物质基础，人们需要知荣辱、懂礼仪。从中我们可以说明后人托名管仲而撰写的《管子》当中，透露了管仲希望建立奉行后世如同孔子一样的儒家的食礼制度，这包括饮食等级、饮食养老、筵席礼俗、节日食俗等方面。《管子·弟子职》："至于食时，先生将食，弟子馔馈。摄衽（rèn）盥漱，跪坐而馈。置酱错食，陈膳毋悖。凡置彼食，鸟兽鱼鳖，必先菜羹。羹截中别，截在酱前，其设要方。饭是为卒，左酒右酱。告具而退，捧手而立。三饭二斗，左执虚豆，右执挟匕，周还而贰，唯嗛之视。同嗛以齿，周则有始。柄尺不跪，是谓贰纪。先生已食，弟子乃彻。趋走进漱，拼前敛祭。先生有命，弟子乃食。"这段文献较为完整地论述了师生之间吃饭时的礼仪规范，如菜肴的递送顺序、饮食礼仪、饮食规范等，并且透露出通过饮食礼仪来表达对长者、老师的尊敬。

这种食礼制度，首先通过餐桌教育，培养学生尊敬师长和孝敬长辈的基本礼节；其次，通过餐桌上食物摆放的秩序与规范，培养学生遵纪守法、良好生活习惯与健康的人生观；最后，以侍师之道扩大到乡饮酒礼、宴飨宾客，就成了一种具有社会意义的礼教行为。《史记·货殖列传》曰："冠带衣缕天下，海岱之间敛袂而往朝焉。"这是说，当时齐国富饶，天下士子会聚于齐。其实从中我们可以看到黄河下游地区的饮食文化不仅在于食用，还在于寓教于食的教育方法，其食礼对中华饮食文化乃至道德规范有巨大影响。

四、饮酒礼俗的建立

黄河下游地区承袭了大汶口文化晚期和龙山文化时期发达的酿酒技术。《尚书·说命下》："若作酒醴，尔惟曲糵。"《传》："酒醴须曲糵以成。""曲糵"就是制酒的酒曲，明代宋应星的《天工开物·下篇》第十七中有详细的记述。商人是黄河下游地区东夷人的主体，其饮酒之风十分盛行。到了春秋战国时期，甚至有"鲁酒薄而邯郸围"的典故，这都充分说明黄河下游地区善于酿酒、盛行饮酒之风，这就为饮酒礼俗奠定了基础。

1. 饮酒之风盛行，提倡适度饮酒

春秋战国时期，针对兴盛的饮酒之风，孔子、晏子等人都做出过要适度饮酒的谏言。《论语·乡党》："唯酒无量，不及乱。"据《晏子春秋·内篇·谏上》记载，晏子为齐国名相，主张禁酒，并曾经因为齐景公嗜酒而劝谏道："古之饮酒也，足以通气合好而已矣。故男不群乐以妨事，女不群乐以妨功。男女群乐者，周觞五献，过之者诛。君身服之，故外无怨治，内无乱行。今一日饮酒而三日寝之，国治怒乎外，左右乱乎内。以刑罚自防者，劝乎为非；以赏誉自劝者，惰乎为善。上离德行，民轻赏罚，失所以为国矣。愿君节之也。"《史记·滑稽列传》："酒极则乱，乐极则悲"，这些话都说明应该适度饮酒，以防止出现因酒误事之状，也从侧面反映了春秋时期齐国的饮酒之风十分兴盛，聚众饮酒的现象较为普遍。

2. 酒礼建立

《礼记·玉藻》曰："君若赐之爵，则越席，再拜稽首受，登席祭之，饮卒爵而俟，君卒爵，然后授虚爵。君子之饮酒也，受一爵而色酒如也；二爵而言言斯；礼已三爵而油油以退。"这则文献记载了君与臣喝酒之间的礼仪规范，臣必须在君喝完酒后方能喝，同时第一杯的时候要面色肃敬为"洒"，第二杯要言和敬貌，到了第三杯喝完之后一定要停下来了，以防醉酒乱君臣之礼。晏子就曾经劝谏齐景公喝酒"礼不可无"的道理，这就说明在先秦时期，至少可以追溯到春秋晚期，饮酒的礼仪规范开始逐步建立，并且形成"酒不过三"的规则，这一规则可以说一直延续到现今。

图3-5 "投壶行酒令"石刻画，河南南阳出土

3. 投壶游戏

投壶是先秦时期宴会上不可缺少的游戏，它是以酒壶为箭靶，用棘木代箭，利用手的投掷，从一定距离上击中壶口，进入壶体。先秦时期，特别是春秋战国以后，此项游戏风靡各个诸侯国。《左传·昭公十二年》就记载了晋昭公与齐景公投壶礼的历史事件，此番历史事件已经不仅仅是一种宴会上的游戏，还被更多地赋予了国与国之间较量的政治含义。投壶采取三局两胜制，[①]之后负者要被罚酒，场面极为热烈，饮酒之人要恭敬跪奉一饮而尽，胜利者亦要跪在一边表示敬请饮酒，表现了参与者的教养与风貌。

4. 酒官、酒令的出现

除以上几点以外，先秦时期已经形成了较为完整的监督饮酒礼仪的酒官，"酒正掌酒之政令"。而酒官和政令逐步地变成了喝酒时候的行令，鲁文公赋《嘉乐》可谓是黄河下游地区历史上最早的饮酒诗令，这一行酒令的礼俗一直影响后世，并为后世所承继，成为酒桌上不可缺少的一项娱乐项目。除了酒令以外，春秋战国时候已经出现歌舞助酒兴的情况，比如丝竹管弦等，这都是影响到后世的饮酒礼俗。

---

① 赵丕杰：《中国古代礼俗》，语文出版社，1996年，第35～36页。

第四章 秦汉时期

一

秦汉时期是中国封建社会历史上的第一个大一统时期，亦是黄河下游地区饮食文化初步完备之时。秦汉时期，宫廷饮食阶层建立了完备的食物管理系统与官吏职责，分工明确，形成了人员庞大的官吏系统，并且将这一系统延伸至地方。黄河下游地区作为秦汉时期的经济中心之一，势必以中央为模板，配以黄河下游地区独特的物产、民风来制定地方的饮食系统。与此同时，张骞"凿空"西域与民族融合逐显端倪，这些都给黄河下游地区的饮食文化带来了新鲜的气息，这为魏晋时期胡汉融合的饮食风貌奠定了基础。

第一节　食物种类丰富

一、主要农作物品种以及小麦成为主食

秦汉时期，铁农具的广泛使用和牛耕的普及，推进了黄河下游地区农业的发展，提升了粮食的产量。现代考古发掘证明了这一点，比如临淄出土的汉代冶铁遗址，面积约有40万平方米，比春秋战国时期齐国的冶铁遗址面积大8～10倍[1]；

---

[1]　逄振镐：《两汉时期山东冶铁手工业的发展》，《东岳论丛》，1983年第3期。

图4-1 汉代石刻画《耕耱图》，山东滕州黄家岭墓葬出土

除了面积以外，出土的铁制农具数量也是比较多的，1972年在莱芜发现汉代制作农具时翻砂用的铁范就有24件。与此同时，朝廷积极推广牛耕铁犁以发展农业、改进民食，取得显著成效，山东滕州东汉墓葬出土的牛耕画像石刻就充分说明了牛耕的普及。另外，从《齐民要术》当中辑录出来由汉代山东氾水人氾胜之所著的《氾胜之书》，系统地总结了我国北方（包括黄河下游地区）的农业生产经验，并且较为直观地反映了黄河下游地区在秦汉时期粮食作物的种类主要有粟、黍、大豆、麻，以及大、小麦，且小麦已经开始上升为黄河下游地区的主要粮食作物之一。

1. 粟、黍、菽

秦汉时期，粟已成为黄河下游地区重要的粮食作物，银雀山西汉墓葬M28出土有粟的遗迹，多以粟粥为主，灾年缺粮，则常向粥内加菜，煮为"菜粥"。①然而，在先秦时期与粟具有同等地位的黍却逐渐被菽所取代，《战国策·齐策》："无不备绣衣而食菽粟者。"可见，这一现象其实从战国时期就已开始，到了秦汉时期，菽就变成仅次于粟的重要粮食作物。菽比较耐干旱，易于种植推广，且食用

---

① 黎虎：《汉唐饮食文化史》，北京师范大学出版社，1998年，第66～69页。

之后比较耐饥饿，亦可作备荒作物。《氾胜之书》："大豆保岁，易为宜，古之所以备凶年也。"据此说明菽是灾荒时期的必备粮食作物。从另一个侧面也反映了菽在黄河下游地区的产量大，根据万国鼎先生对《氾胜之书》中"谨计家口数种大豆，率人五亩，此田之本也"的分析，一亩地可产16石，约合今市亩亩产693斤，[①]足以达到将其作为主食的产量。另外，崔寔（shí）在《四民月令》中提及用大豆"可作诸酱"，能制作成豆酱、豆豉等副食品。可见大豆在本地区饮食历史中，发挥着越来越重要的作用。

2. 麦

秦汉时期，黄河下游地区的麦作种植，特别是小麦的种植开始被广泛推广。其实早在先秦时期黄河下游地区就将其作为主要的粮食作物，《管子·轻重篇》就提及："麦者，谷之始也。"秦汉时期因其能与粟进行轮作种植，解决了青黄不接时的口粮问题，加之农业精耕细作水平与防旱保墒能力的提升，于是对小麦的种植就特别重视。1996年在黄河下游地区的江苏东海县尹湾村西汉墓中出土的简牍，就记载了这里种植宿麦（冬麦）的面积曾达10.73万余顷，约合今740万亩，按照东海郡当时约145万人计算，人平均种植5.2亩，这是我国迄今所见最早的宿麦面积资料，[②]可见当时麦的重要性。加之，石磨技术的进步与推广，为面粉加工的普及提供了原料与技术的基础，促进了该地区主要粮食作物的转变。

3. 水稻

水稻一直以来在南方广为种植，而秦汉时期的黄河下游地区也有水稻分布，并且一直是贵族阶层的重要粮食作物，被人们视为珍贵的粮食。《后汉书·秦彭传》载：东汉初，由阳（郡名，治昌邑，今山东金乡西北）太守秦彭"兴起稻田数千顷"。《三国志·魏志·夏侯惇传》亦载：汉末，夏侯惇在陈留、济阴间，"断

[①] 万国鼎辑释：《氾胜之书辑释》，农业出版社，1963年，第134页。
[②] 张波、樊志民：《中国农业通史·战国秦汉卷》，中国农业出版社，2007年，第163页。

太寿水作陂，身自负土，率将士劝种稻，民赖其利。"同时《汉书·沟洫志》有"若有渠溉，则盐卤下湿，填淤加肥；故种禾麦，更为粳稻，高田五倍，低田十倍"的描述，文献当中的盐卤地恰恰是黄河下游地区主要的土地类型，这就印证了当时有种水稻的情况，另外说明水稻一旦种植成功，其产量非常可观，甚至有学者认为正是因为秦汉时期水稻的种植，使得魏至北朝前黄河流域的水稻面积和稻米总产量超过了长江流域。①不过这个观点尚待商榷，毕竟根据自然条件来分析，在黄河下游地区乃至北方种植水稻应是很小的一部分。不过，秦汉时期黄河下游地区水稻种植的技术在当时可谓处于领先地位，《四民月令》当中记载："五月，可别稻及蓝，尽夏至后二十日止。"文献中的"别稻"就是现今的水稻移栽技术，虽然文献当中仅仅提到农历五月可以进行移栽，没有详细叙述主要的方法，却能说明此项技术在当时已经非常成熟，被广泛运用。

二、蔬果作物资源丰富

1. 蔬菜

秦汉时期，黄河下游地区的蔬菜种类有瓜、葵、芜菁、瓠（hù）、芥、芋、姜、韭菜、薤、蓼、苏、大葱、小葱、胡葱、大蒜、小蒜、杂蒜、豌豆、花椒等十几种，②而且多为旱地蔬菜。这比起先秦时期从数量上已有了长足的发展，而且葵、韭、薤、葱、藿已经成为当时最常见的五种蔬菜，《灵枢经·五味》称其为五菜，认为葵甘、韭酸、藿咸、薤苦、葱辛。③另外《汉书·循吏传》记有渤海太守龚遂"劝民务农桑，令口种一树榆、百本薤、五十本葱、一畦韭、家二母彘（zhì）、五鸡。"鼓励农家积极发展菜园生产，改善饮食生活。

① 黎虎：《汉唐饮食文化史》，北京师范大学出版社，1998年，第66～69页。
② 梁家勉：《中国农业科学技术史稿》，农业出版社，1989年，第75、214页。
③ 河北医学院校释：《灵枢经校释》，人民卫生出版社，1982年，第137页。

其中，葵菜是秦汉时期黄河下游地区的主要蔬菜，历史非常悠久，古时叫作"滑菜"，烧汤、炒制皆可，口感黏滑、可口；韭菜，承袭了先秦时期的园圃经营，并且采用专门软化培植技术，培育出了韭黄；薤，一般用作腌渍菜，别称山蒜，味道辣而香，多作为腌菹菜日常下饭食用；蓼菜，在《四民月令》中将其列于蔬菜中，以腌渍咸菜用以佐餐；芜菁，又名蔓菁，产量高，口味好，可用作备荒蔬菜；芋，亦称芋芳，有抗饥、救荒之效；小蒜，也就是一类多瓣小洋葱，曾经在黄河下游地区广泛栽培，辛而带甘者；榆钱，可以作为菜肴，亦可溲和面粉或者小米粉蒸食，味佳美，另外生鲜可做菜肴和酱，干储可用以酿酒。

2. 果品

黄河下游地区处于温带，在秦汉时期果树资源丰富，是我国北方的果树发源地之一。据《广志》记载，当时栽培的水果有桃、李、栗、梨、枣、柿、杏、樱桃、山楂等。当时桃、李、栗、枣、杏被称为"五果"，其口味为：枣甘、李酸、栗咸、杏苦、桃辛。黄河下游地区是枣的故乡，因其储存和运输方便，营养丰富，甘甜可口，遂被普遍栽培。在山东临沂银雀山汉墓中就出土了大量的枣子遗存。山楂在黄河下游地区为大果山楂；核桃，又称胡桃，据说是西汉张骞"出使西域，始得（核桃）种还，先植于陕西关中，渐及东土，故名之。"其营养丰富，干果仁入药且为保健食品，黄河下游地区是其重点产区之一。

三、肉类来源稳定

秦汉时期，黄河下游地区以养殖猪、羊、鸡为主，辅之以牛、狗、鱼、马等。牛主要用于农耕，汉代法律规定不许宰杀耕牛，故市场上牛肉价钱很贵，在《九章算术》里，一头牛的价格在1800钱左右，羊约250钱，猪在300钱至900钱之间。当时也只有王公贵族和富豪之家才能宰得起牛。近年从山东省邹城、滕州出土的汉画像石上，都有"椎（宰杀）牛"的场面，出土于黄河下游地区山东诸城前凉台的《庖厨酿酒图》全景画像亦有此场面。庖厨酿酒图由一组组简洁的画面，分别生动地描绘出庄园里围绕宴会而展开的各种食材准备、烹饪过程和酿制美酒等单元画面。诸如椎牛、宰羊、杀猪、屠狗、剖鱼、鸡鸭拔毛；制作运送食物、陈放悬挂畜禽肉、酿酒、制醋并陈列家酿美酒坛罐，以及迎接宾客等热闹而生动的场面。该图景真实地反映了秦汉时期黄河下游地区的社会中上层人士的奢华生活，同时也表现出厨房里开始出现了明确的分工。

图4-2 汉代画像石刻《庖厨酿酒图》，山东诸城出土

但是，汉代农民的多数人家，即便年节也往往没有能力宰杀大牲畜。逢年过节必须吃肉时，也只有乘社祭之机，全家族合资共买猪羊，宰杀分肉而已。在汉代画像石刻《祠堂图》中，同样也能看到为祭祀而杀猪，宰鸡、鸭、鹅，挂肉的情景。另外，还有迎来送往、宾客盈门的场面和祠堂庭院中祭祀的情景。根据当时的礼仪，祭祀后的三牲果品等可能由族内按户分配。

1. 家猪饲养普遍

秦汉时期黄河下游地区家猪饲养广泛，山东枣庄、济宁考古发掘出土了陶猪圈，可以发现当时一般是圈养和放牧两种形式，但是以圈养为主，图4-4中的厕所与猪圈连在一起就是证明；厕所与猪圈由一堵墙壁相隔开，厕所和猪圈的上面有单斜面式的屋盖，上有瓦陇分布，起到遮雨排水作用，[①]既方便养猪又有益积肥。另外，又说明在秦汉时期已经开始将家畜粪便作为农作物有机化肥的原料，巧妙地将农业与畜养结合起来，不但解决了粪便的处理问题，还提升了农作物的产量，改进了粮食、果菜的品质。

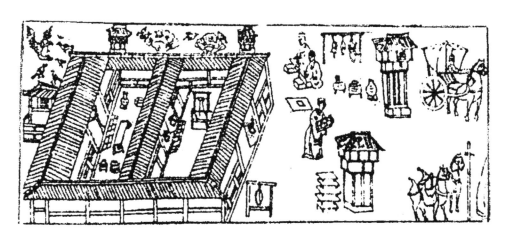

图4-3　汉代石刻《祠堂图》

---

① 杨爱国：《不为观赏的画作》，四川教育出版社，1998年，第23～24页。

图4-4　汉代陶猪圈模型

　　因养猪业发展快，故猪肉成为主要的肉类来源。《盐铁论》载："阡陌屠沽，无故烹杀，相聚野外。"汉代的黄河下游地区已经培育出华北猪、大伦庄猪等五个类型的优良猪种。天津武清汉墓中发现的陶猪，形似青瓦猪及其仔猪，外形头长而直，耳大下垂，体形较大，具有今华北大耳型猪的特征；大伦庄猪分布在苏北的泰州、姜堰等地，也是汉代优良种猪之一；泰州新庄汉墓出土的滑石猪，头嘴短小，颈短，腿短小，背宽微凹，腹部下垂，臀部发达，似现代大伦庄猪特征。

　　放牧养猪主要是利用黄河下游地区的沿海滩涂，于水草丰茂处放牧猪群，是成本低、饲料资源丰富的饲养方式。《汉书·公孙弘传》："公孙弘，菑川薛人也。少时为狱吏，有罪，免。家贫，牧豚海上。"从《盐铁论·取下》中可以看到，因限于财力，并非农户都养得起猪，"无孤豚瘠犊"的农户也不少。当时在黄河下游地区积极倡导农家喂猪、鸡且有成绩的官吏，常被列为"循吏"而彪炳于史册。可见养猪对当时本地区经济的发展、小农经济家庭生活的改善有着重要意义。

2. 羊与狗的饲养

　　养羊业在秦汉时期的黄河中下游地区处于发展时期，在王公贵族家庭中，羊肉在肉食中占有重要地位。《后汉书·第五伦传》记载，东汉越骑校尉马光，冬日腊祭需用"羊三百头""肉五千斤"。从考古学角度来看，黄河下游地区的确是养羊的重点区域，山东洛庄汉墓第34号动物陪葬坑中出土有60余只羊的遗骸。[①]

秦汉时期，黄河下游地区的人们喜食犬，与羊、豕同，并且很早就出现了屠狗业。《史记·刺客列传》中记，战国初期，著名大侠聂政避仇于齐，"客游以为狗屠"。时人以屠狗为业，可见食狗之风甚盛。山东诸城前凉台出土"庖厨图"汉画像石上有杀狗的场面，可说明《盐铁论·散不足》所言民间生活富裕的百姓"屠羊杀狗"并非虚夸。汉代文献关于养狗的记载几乎全见于北方，可见当时肉食狗主要产区在北方，其中有三处在今山东境内。在汉代对狗肉的食法有"鸡寒狗热"之说，狗要趁热吃起来才香美。当时通常的烹制方法是煮，然后用刀切碎食用，熟食市场中常有切好的狗肉薄片供应。

图4-5　汉代"水榭捕鱼"石刻画，山东日照市出土

---

① 房道国：《山东济南洛庄汉墓发现大型动物陪葬坑》，《农业考古》，2002年第2期。

3. 养鸡业发达，养兔业出现

秦汉时期的养鸡多为放养，耗费人力和粮食较少。投入小产出大，因此汉代养鸡业比较发达，饲养量大，鸡肉的食用也最为普遍。鸡的普遍饲养成为汉代农家重要的家庭副业和改善年节待客、孝敬长辈，祭祀宗先之常用食物。考古发现，山东洛庄汉墓第3号动物陪葬坑中出土过一批鸡蛋，其中一枚保存非常完整。汉代鸡的品种比较多，其中产于山东菏泽的斗鸡品种鹍（kūn）鸡为山东名鸡。《后汉书·东夷传》记载，从朝鲜半岛引入的观赏品种——马尾鸡，汉代在黄河下游地区也有饲养。

中国是家兔的起源地之一，而秦汉时期的黄河下游地区可能已经出现了养兔业，山东洛庄汉墓第34号动物陪葬坑中就出土了30余只兔遗骸，而且还发现了兔笼的遗迹。

图4-6　东汉水榭庄园豪族人家《宴饮图》砖像，山东微山出土

4. 渔业捕捞不断扩展

秦汉时期的渔业已与马、牛、羊、彘（zhì）等养殖业相提并论。汉代鱼类捕捞规模已经有了很大的扩展。渔具和捕鱼法，除钓、叉鱼外，各种网具齐全，如有罾（zēng）、罟（gǔ）、罩及撒网等。黄河下游地区各地湖泊河川广布，比如山东微山的两城、临沂的白庄、滕州的黄家岭等地出土的汉代画像石中都有罩鱼活动的场面，鸬鹚捕鱼法逐渐形成。徐州邳州和山东微山均曾出土过鸬鹚捕鱼的汉画像石，大规模陂池养鱼也在此时出现，养鱼技术也更臻完善。另外，近海捕鱼在黄河下游地区的齐国故地最为发达，出现了"江湖之鱼，莱黄之鲐，不可胜食"的盛况。近海捕鱼和内陆渔业两者的发展，对于黄河下游地区饮食文化的丰富起到重要的作用。

第二节　食物加工技术的改进

一、旋转磨开始出现

黄河下游地区的粮食加工，经历了由石碾盘到臼杵再到石磨盘（也就是使用旋转式研磨法）来完成稻麦等粮食加工的发展阶段。石碾盘、臼杵、石磨盘是粮食加工进步各个阶段的历史性标志物。至秦汉时期，石磨已经较为先进，磨粉技术已臻于成熟。大约在西汉晚期还出现了对水稻、谷子、黍等粮食进行脱壳的工具——碓，使用非常方便。自汉代有上述粮食加工工具后，黄河下游地区农家麦面粮食的加工延续使用了约两千余年，其影响十分深远。直到20世纪中后期，尚有不少农村及边远地区仍然用旋转式研磨磨来加工面粉。

汉代粮食加工工具的进步标志，是旋转磨方式的出现。有学者指出旋转磨的产生和发展，经历过"幼稚期""发展期"和"成熟期"三个阶段。它们的时限及特征不同在于：战国-秦-西汉为旋转磨的幼稚阶段。该阶段的磨齿以凹坑为主流，面粉不能迅速外流，磨眼易被堵塞；东汉至三国时期为发展阶段，当时磨齿处于萌芽态的辐射形，分区斜线形磨齿进一步得到推广；西晋至隋唐时期为旋转磨的成熟阶段，磨齿已是整齐的八区斜线纹形了。粮食经过旋转磨的磨制加工，会成为细粉状，再经箩筛，就可以分出不同细度的面粉。精细的面粉可用于加工优质品种的面粉食品。所以旋转磨的产生和发展，是黄河下游地区粮食加工技术的重大进步。

秦汉时期，石磨加工技术与小麦制粉密不可分。有人对山东台儿庄出土的汉代陶磨模型和出土的汉代石磨进行了深入研究，证明这些汉代石磨的工作面已经錾（zàn）制得十分精细，从而可以说明汉代粮食的磨粉加工水平因磨具设备的进步而明显提高，并且面粉的质量亦同步提高，诸如色泽、口感、形态、质地、滋味、气味等，这为提升主食的质量打下了基础。[1]

汉代先民已认识到米饭的好坏与品种、肥水、土壤、产地、粮谷加工等因素有关。东汉崔骃（yīn）在《七依》中云："玄山之粮，不周之稻，万凿百淘，精细如蚁。"来说明用各地所产优质稻谷经过精细的加工才能成为上好的大米。

图4-7 汉代旋转磨图
左图：枣庄—台儿庄出土　中图：山东高唐出土　右图：济南出土

---

[1] 赵荣光：《中国饮食史论》，黑龙江科学技术出版社，1990年，第223～226页。

二、主食以面食为主、粒食为辅

汉代由于冬小麦的大力推广，小麦加工制粉的工具和技术迅速改进，以及黄河下游地区水稻面积的扩大，使居民主食结构出现了很大的变化，由以粒食为主变为以粉食、面食为主、粒食为辅。

1. 粒食

汉代粒食主要以粟米（小米）、黍米、稷米等煮粥或饭作为主食，次为麦米。在石转磨产生之前，人们食麦类主要是"粒食"，即蒸煮整的脱去麸皮的麦粒，称为麦米、大麦米；其次就是用杵臼舂捣，将原料捣扁或捣破，然后放入锅内蒸煮，称之为"麦饭"或麦粥。这种粥食在夏商周之前就已出现了很久。

粥：秦汉时期，黄河下游地区以粟米粥、粟米饭为主食，黍米饭则为待客之上等饭食。由于"粒食"中的"麦饭"等不易消化吸收，被视为粗粝之食，所以在人们的饮食生活中排在粟米饭（粥）和大米饭（粥）之后，居于次要地位，是穷人的饭食。官员食麦饭，被视作清廉之举。粥食便于调剂余缺，"忙时吃干，闲时喝稀"是自夏商周秦汉以来北方农民的膳食习俗。稍有荒歉或青黄不接之际，"菜粥"则成应急之食。所谓菜粥是以些许谷米或粉掺进大量的干鲜菜或野蔬，经熬煮而成。由于长久食粥，古人积累了丰富经验。以粥食赡养老人至两汉仍作为朝政王命，时有实行。汉代战乱、灾荒不断，由公粮施粥，史不绝书。如《后汉书·献帝纪》中记有，如东汉献帝兴平元年（公元194年）蝗旱大盛，"是时谷一斛五十万，豆、麦一斛二十万，人相啖食，白骨委积。帝使侍御史侯汶出太仓米豆，为饥人作糜粥，经日而死者无降"。

麦饭：这一时期的麦饭，并不是单纯以小麦为原料，还有其他诸如大麦与大豆合煮的形式。因麦饭易于炊制，便于携带，在战地等条件极差的情况下，无论南北方，麦饭都成为汉代重要的军粮。张华《博物志》中载，在西晋时已认识到常食麦"令人有力健行"。

米饭：东汉王充在《论衡·量知》中记述道："谷之始熟曰粟，舂之于臼，簸其秕糠，蒸之于甑，爨之以火，成熟为饭，可以甘食。"可知，汉代的传统烹饭形式是多以鼎、甑为蒸煮炊具，以稻米、小米或其他米来作饭，有的一次煮熟，也有先煮至七八成熟后，再捞出来置于甑内屉上蒸熟。

糒（bèi）：糒即干饭。据东汉刘熙《释名·释饮食》："干饭，饭而曝干之也。"可知汉代是将蒸熟的米饭经过暴晒后成为干饭，便于储藏、运输。食用前用开水将其泡烫即可食用。

2. 粉食

到了西汉时期，在满城、西安、洛阳、济南、辽阳、南京、江都、扬州等地都发现了石磨[①]，而前面四个城市基本处于黄河中下游地区，而辽阳属于黄河下游地区饮食文化的辐射区域，而这些地区亦是传统的小麦种植地区，加之文献中有关于"以面为饼"的诸多记载，所以基本可以确定面粉的加工技术在两汉时期的黄河下游地区已经被广泛运用，并可以判断当时已经全面掌握了面粉的加工技术，粉食已在秦汉时期的黄河下游地区颇为盛行，成为日常主食。这一时期的主要食品有：

蒸饼：这是饼的品种之一，在《四民月令》等典籍中有记载曰："寒食以面为蒸饼，样团，枣附之。"看来，东汉的蒸饼是做成圆形的，上面嵌有枣子，造型丰富。但面团是否已经酵制，尚无记载。唯《四民月令》五月篇中所指出的夏日："毋食煮饼及水溲饼"一句，此处说明当时人们已经认识了水溲饼不好消化的道理，当时蒸"枣馒头"已使用发酵面团的可能性很大。

汤饼：这是面食的一种，经煮制熟。因考虑到大体积的面团煮制难以做到里外均匀煮熟，口感不佳，故现代普遍认为，汤饼是指手工擀制或抻制的面条或面片。《汉书·百官公卿表》记载，在汉代宫廷中，少府属官设有"汤官"，颜师古《注》："太官主膳食，汤官主饼饵。"汤官专门负责为皇族制作汤饼、饵糍。

---

① 孙机：《汉代物质文化资料图说》，上海古籍出版社，2011年，第18页。

水溲饼：这是饼类面食的一种，《四民月令》中有记载，是一种以水调和面团（死面团）蒸制的死面饼。

3. 发酵技术出现时间的探讨

面粉出现后，显著改善并丰富了汉代人民的饮食生活。山东诸城前凉台出土的汉代画像石上有"庖厨酿酒图"，上有两个厨工从厨房抬出一笼屉刚蒸熟的块状面食，从其形状看，像是一种经过发酵的面食。看来，当时蒸制面食可能已经是当地膳食的重要种类之一。然而未经发酵的面团所制面食，吃入胃里之后仍然不易于消化。如东汉崔寔在《四民月令》中写道："五月……距立秋，毋食煮饼及水溲饼。"可见，当时人们已从生活经验中认识到发酵面制食品易于消化，并且掌握了发酵面团与蒸制发面面食的方法。

三、肉食加工技术增多

汉代肉类食品的加工、烹调方法，已经有了很大的进步，除做各种酱等调味品以外，还出现干制、炙制、脍制肉类食品等烹调方法。

1. 肉的干腊制法

在《说文解字》中有载："脯，干肉也"；"脩，脯也"。并说明做"脩脯"要加入"姜、桂"香料，而对"脯、腊"则未注加香料，推测"脯、腊"是悬挂使干的风干制品。《史记·货殖列传》载，汉初即已出现"胃脯，简微耳，浊氏连骑"。司马贞《索隐》："晋灼云：太官常以十月作沸汤燀羊胃，以末椒姜粉之讫，暴使燥，则谓之脯，故易售而致富。"张守节《正义》："案：胃脯谓和五味而脯美，故易售。"所记"胃脯"，可能是在屠宰牲畜后，将生制肉块经调料拌和后，再装入洗净的动物胃中，并将其悬挂，渐渐阴干。在慢慢干燥的过程中，正如近现代肉品腊制过程一样，会因乳酸细菌等发酵作用，而使肉品产生一种独特的风味，成为可久储的肉品。

2. 肉的炙制法

西汉枚乘在《七发》中把"薄耆之炙"列为天下至美，实际上"薄耆"就是把畜类的里脊肉切成薄片，将其蘸过调料汁后，再放炭火上烤熟。在汉代，对炙法又分为脯炙、釜炙、衔炙。这些采用不同方法熟制成的肉制品，是风味各异的熟制肉品。

脯炙：《释名疏证补·释饮食》："以饧（xíng）蜜豉汁淹之，脯脯然也。"这是采用麦芽糖汁和豆豉汁（应是酱油）对肉片进行腌制过，再经过烤熟或用其他方法熟制后，再晒干成脯。

釜炙：《释名疏证补·释饮食》："于釜中汁和熟之也。"这是在锅里将各种调料加入汤汁中，再将肉片加入慢火煮制，将汤汁收干，直至将肉片制成肉脯，则称为釜脯。

衔炙：《释名疏证补·释饮食》："细密肉以姜、椒、盐豉已，乃以肉衔裹其表而炙之。"这是将肉片拌和蜜汁，再加入姜末、花椒粉和豆豉汁，均匀搅拌使调料衔裹于肉片之上，再将其炙熟成脯。

貊（mò）脯：《释名疏证补·释饮食》："全体炙之，各自以刀割，出于胡貊之为也。"我国古代称东北的少数民族为貊，貊人常以整只动物如羊经宰杀去毛和内脏后，整腔用铁条穿上，悬在火上慢慢烤熟，称谓烤全羊。然后盛放在大盘之上席，用餐人各自用餐刀割取炙肉而食。

炙制乳猪：采用的火候应当是用慢火，乳猪与火距离稍远些，注意使固定乳猪的铁条快速转动，不可稍停，才能烤出优质的炙乳猪来。

炙牛里脊肉：要用火来炙烤事先用铁棒穿起的牛里脊肉块，要边炙烤边用刀切割下烤熟色变白的肉来吃，然后再烤、再切下来吃。而烤牛百叶（牛胃），则要"逼火急炙"。

这些千余年之前先辈创造出的肉食烹调方法，能有如此翔实生动的文字记载，超越时空，流传后世，的确非常难能可贵。

图4-8 汉代《炊事、食鱼图》，山东省嘉祥宋山出土

3. 肉的脍制法

肉类脍制，也是汉代最常见的一种烹制方法。《说文解字》："脍，细切肉也。"脍实际上就是将鱼类和有腥膻味的牛羊肉切细后加调料凉拌的生肉片。"细切"的作法就是：先切薄片、再切丝，最后切成细丁，再加调料拌和以去除其腥膻味，则成。可生食也可熟食。祭祀用食品的精细选料、切配与烹饪，体现了后人对祖宗先人的尊敬。

四、蔬菜加工技术多样

汉代的民食中蔬菜仍占有极重要的地位，当时主要的蔬菜菜肴加工和烹调方法有：

1. 羹汤

汉代制莼菜羹汤时，要注意所用原料采收的月份和选用莼菜的不同部位，注意烹调的方法。使用豉汁或其他调味品进行调味时，要注意其忌避原则。但是莼粹的菜羹多为贫穷人家所食，比如《太平御览》中记，东汉"陶硕，字公超，啖芜菁羹、无盐。"经常食用清淡的芜菁汤的陶硕，曾被赞誉其节俭之美德。

2. 菹菜

汉代常把各种腌制的酸菜称作"菹"，《说文解字》："菹，酢菜也。"而腌菜有咸菹、淡菹之分，"咸菹"是大量加盐，使蔬菜里的微生物受到抑制，实际上是利用盐的防腐作用抑制有害细菌的繁殖，保持蔬菜的口感和品质。其加盐的量在作菘咸菹法中规定了"用水四斗，加盐三升"。经计算得知，汉代腌咸白菜所用的盐水浓度已达到13.3%，同现代高盐卤腌咸菜的盐水配方相一致。[1]汉代做菹菜，常在将菹菜煸炒后加盐和豆豉汁（实际就是酱油），然后将腌制好的菹菜叶切细，放进点肉末子，拌匀，并加进大量酸菜汁腌渍几天，以取得鲜香风味。[2]

3. 酸齑（jī）菜

酸菜起初在《周礼》等文献中的记载为各种"醯"。醯与醢在味上有区别：后者更呈咸味，《说文解字》："醢，酸也。"源于渍藏。盐藏或腌制菜都能久储，供下饭。东汉末，在饮食店铺有"蒜齑"出售。据有人研究，这种蒜齑，味酸，可能是一种经过乳酸发酵的小菜。

五、调味品加工

1. 以肉和鱼类为原料的调味品

秦汉时期，肉品加工有很多特点，从《四民月令》中看出一斑，如正月"可以作鱼酱，肉酱"；五月篇中"是月也，可作酱，及醢酱"。原注"醢，肉酱也。"郑玄注《周礼·天官·醢人》："作醢及臡者必先膊干其肉，乃后莝之，杂

---

① 洪光住：《中国食品科技史稿》上册，中国商业出版社，1984年。
② 贾思勰：《齐民要术·菹绿第七十九》，农业出版社，1982年。

以梁曲及盐，渍以美酒，涂置瓶中，百日则成矣。"《四民月令》中说明醢酱是一种利用曲经过与肉糜拌匀，产生共同发酵所制成的肉酱。而现代科学分析是：曲中所含的微生物会产生蛋白酶和淀粉酶等，可以将粮原料食粉（比如"高粱粉"）中的淀粉转化为葡萄糖，进而将肉中的蛋白质水解为各种氨基酸（其中含有许多具有鲜味的氨基酸、核酸等成分）。调制前，须事先添加好各种调料粉，以用来调味和除去肉的腥膻味，经过一定的时间发酵就会成为香、鲜、咸的美味肉酱了。其他比如腌渍鱼肉：东汉许慎《说文》中解释"腌"字为："渍肉也"，清段玉裁《注》："肉谓之腌，鱼谓之饐。"这些都是用盐渍成咸味的肉和鱼。说明当时人们已懂用盐保鲜。

在秦汉时期酱的社会需求和生产规模都在不断扩大。汉代编户齐民的造酱是一桩重要的家庭与社会性生活内容，黄河下游地区亦是如此。《四民月令》对此的记载是："正月……典馈酿春酒……可作诸酱、肉酱、清酱……""二月……榆荚成及青，收干以为旨蓄……可作瞀（mào）酺……""四月立夏后，作鲖鱼酱……""五月一日可作醢……亦可作酢……可为酱，上旬炒豆，中庚煮之，以碎豆作末都……可作鱼酱……""六月……可作曲……""七月四日，命置曲室……七日遂作曲……""八月……收韭菁，作捣齑……""九月九日……作葵菹干葵……""十月……典馈渍曲，酿冬酒……""冬十一月……可酿醢……"引文中的"诸酱""肉酱""清酱""醢""末都""榆荚酱""鱼酱""鲖鱼酱"等或是泛指各种酱，或是酱的具体品种，一年之中只有三月和十二月两个月没有做酱记录。再加上各种"齑"以及酸味的各类"菹"，可见黄河下游地区的人们当时对"酱"类食品的依赖之重可见一斑。

通过《四民月令》我们可以看到酱的种类十分丰富，同时见诸其他文献的酱品种有鲖（tóng）鱼酱、榆籽酱、芥子酱、醢酱、豆豉、鱼肠酱、芍药酱、连珠云酱、玉律金酱、肉酱等。这就说明黄河下游地区当时已经有十分系统的酱生产模式，并且被广泛食用。不过，庶民阶层中最普遍的仍然是豆酱和豆豉。

2. 醋

醋是秦汉时期黄河下游地区常见的调味品。又称"苦酒""高醋"（幽燕一带），这些别称，透露出了庶民阶层文化的生动和当时商业用语招徕的历史气息，至于"忌讳"（鲁豫地区）一类的名称别谓，更让人感觉到区域文化和大众社会文化的世俗性信息。汉代至北朝的约七个世纪间，北方黄河流域的则有"酢"（西汉·史游《急就篇》）、"醋"（东汉·刘熙《释名·释饮食》）、"酸"（东汉·许慎《说文》）、"醶"（yàn，东汉·许慎《说文》）、"䕡"（zài，东汉·许慎《说文》）、"䕡浆"（东汉·许慎《说文》）、"醶"（三国魏·张揖《广雅》）、"酮"（三国魏·张揖《广雅》）、"酋醶（qiǎn）"（三国魏·张揖《广雅》）、"大酢""神酢""千岁苦酒""乌梅苦酒""蜜苦酒""糟酢""苦酢"等17种别称。至于汉代以前的"醋"，则是我们已经知道文字记载的品类泛称"醯"（《周礼·天官·醯人》）、"酱"（《周礼·天官·膳夫》）、"醯"（《周礼·天官·醯人》）、"酰物"（《周礼·天官·膳夫》）、"苦酒"（《晏子春秋》）等。

秦汉时期黄河下游地区的醋不能用今天人们习以为常的"醋"去理解，当时醋是百姓日用三餐、居家度日必需的调味品，其制作方法简便易行，所以元《居家必用事类全集》中记载着"酸浆水：清明后，熟炊粟饭，乘热倾在冷水中，以缸浸五七日，酸便好吃。如夏日逐日看，才酸便用，如过酸，则不中使"的做法，沿袭至今。

醋的药用性也为汉代人所普遍习知。如东汉张仲景《金匮要略》记载醋能"散瘀血，治黄疸、黄汗"。东汉刘熙《释名》："醋，措也，能措置食毒也。"对于缺医少药的广大下层民众来说，利用各种手头、身边可以不花钱或极少破费就能采用的治病方法无疑是他们最现实的选择。

3. 豉

黄河下游地区的"豉"是一种大众化的食品，西汉史游的《急救篇》已经将"芜荑盐豉醯酢酱"记录为百姓日常食生活的必需品，而且排列位置仅次于盐，居于醯、酢、酱诸品类之先，其种类有干豆豉、水豆豉、咸豆豉、淡豆豉、黄豆豆豉、黑豆豆豉等，可见其流行程度。中国人利用豉的历史，应当不会晚于用菽制醯的时间。但是，明确可见的文字记载则要晚到战国末期。《楚辞》记载的楚地传统食品中有"大苦咸酸"的品目，东汉著名学人王逸注云："大苦，豉也。"宋人洪兴祖补注云："《本草》：豉味苦，故逸以大苦为豉。"如此看来，豉的历史一定比战国时期更早。西汉长沙国丞相轪侯利仓的妻子辛追大约死于公元前168年至公元前160年，她在长沙马王堆墓中的殉葬品就有酱、豉、豆豉姜。

六、制曲酿酒技术的进步

《四民月令》六月篇中写到制曲："*是月二十日可捣择小麦……，至二十八日溲，寝卧之，至七月七日，当以作曲，必躬亲洁敬，以供祭祀，一岁之用，随家丰约，多少无常。*"注释中："寝卧"或"卧寝"是指：把调好的原料放进曲房，培养曲菌，也简称为"卧"；接着罨（yǎn）曲，是在培养阶段放入曲房保温培养，上面用草帘覆盖，有时下面也用洗干净的木板衬垫，以便曲坯正常发酵（有益微生物的生长繁殖）这一步工艺，被书中称为"卧"曲。曲胚垫草和覆盖的目的，是为求保持合适的温度与通入空气。然后关闭房门，防止曲中的水分蒸发造成曲胚过干，否则就会降低曲的质量，同时也为了防止室外的虫鼠进入曲房，造成污染。

汉代制作酒曲与酿酒是分开进行的。比如《四民月令》正月篇："*命典馈酿春酒，必躬亲洁净*"，"*以供夏至，初伏之祀*"。但是，酿春酒所用的酒曲，则是在前一年的农历六月至七月间制作的[1]，酿成春酒的用途则是"以供夏至，初伏之祀"。而在十月篇中则："*上辛，命典馈渍曲；曲泽，酿冬酒。必躬亲洁敬，以供冬至，臘*（là，古'腊'字）*正，祖荐韭卵之祀。*"可以知道，汉代制作酒曲的时间是七月至八月，酿春酒在正月开始，酿冬酒则在十月上辛（上半月的辛日）开始浸渍酒曲，接着开始酿制冬酒。当然农家庄园酿酒除去用于祭祖之外，平日饮用和待客之用的酒也为自酿。

---

[1] 崔寔著，缪启愉辑释，万国鼎审订：《四民月令辑释》，农业出版社，1981年，第68～76页。

第三节　食制和食俗

一、用餐习俗的确立与延伸

1. 三餐制

汉代是中国三餐制习俗确立与巩固时期。汉代初年，一日两餐与一日三餐制并行。此后，我国大部分地区都以早、午、晚三餐制为主，古称"三食"。这是被人们普遍承认的规范饮食制度，既利于生活，也利于生产。孔子在《论语·乡党》中曾说："不时，不食。"也就是说不到该吃饭的时候不吃。两汉时期三餐饭的具体时间是怎样安排的呢？郑玄对孔子此言《注》曰："不时，非朝夕日中时。"一日之中三时食，指朝食、夕食、日中食。郑玄与孔子皆为黄河下游地区人士，郑玄为北海高密（今山东省高密市）人，属于齐地；孔子鲁国陬邑（今山东曲阜市南辛镇）人，属于鲁地。从文化学角度来分析，两位成长于黄河下游地区的学者对于餐制的分析都是有其文化背景和文化依据的，说明春秋时期黄河下游地区的中上层社会，按照食礼来说是需要按时吃饭的，而到了秦汉时期，黄河下游地区即开始形成了三餐制。

汉代农家的早餐是在天刚亮的时候。《礼记·内则》曰：早餐之前，"男女未冠笄者……昧爽而朝，问何食饮矣。若已食则退，若未食则佐长者视具。"就是说每日晨，一般未成年的男女要去向父母去请安，问候饮食起居并服侍长辈饮食，然后进早餐，早餐后多数农民都要去劳动。午餐又称为昼食，也就是中午之食。《说文》："饷，昼食也。""餔，日加申时食。"午餐的时间多在正午时刻，黄河下游地区称为"晌午饭""吃晌"。据说，现在对午饭的这种称谓，还是自汉代流传下来的。[①]晚餐也称飧饭。清人王筠在《说文解字句读》中说："日加某者，古语也。"申时一般是指下午的3点到5点之间，由于古人习惯早睡早起，所以古代人晚饭时间也比现代人安排得早些。

---

① 黎虎：《汉唐饮食文化史》，北京师范大学出版社，1998年，第254～255页。

贫困农户为了节约用粮，常在农闲时期恢复两餐制。以上餐制是一般民众的习惯，但王公贵族则不受此限。汉代的皇帝和王侯多实行一日四餐制，且酒宴不断。由此可知，饮食餐制的实况，亦因饮食者的地位和经济能力而不同。

2. 分餐制

夏商周之前，氏族公社实行共有共食制时，食物和生产资料是共有的，每日两餐，当食物烹调好了之后，总是按人数平分，这是最原始的分食制。自夏商周以来，先民们习惯于席地而跪坐，凭俎案而食，人各一份。那时的俎案，制式都非常矮小，这是与就食者的坐姿相适应的。

秦汉时期，分食制也得到传统的延伸。山东苍山城前村出土的汉墓画像石，画有一老妇坐在矮榻上，前置几案，两侧男仆女侍跪进酒食，左侧有一男仆，持刀为老妇切烤肉。河南新密打虎亭一号汉代画像石墓的"筵客图"上，主宾均盘坐在席上，面前各置长几，各有自己的餐具和食物，仍是分食的制度。[1]据考证，从战国到汉代的墓葬中，出土了不少食案，以木料制成的为多，常常装饰有漂亮的漆绘图案。汉代盛送食物使用一种案盘，或圆或方，也有实物出土，也有画像石描绘出的图像。盛托食物的盘，如果加上三足或四足，便是案。正如颜师古注《急就篇》所说："无足曰盘，有足曰案，以陈举食也。"古代还有夫妻相敬如宾，妻子向丈夫送饭时"举案齐眉"的故事。汉代除一人一案外，一般都是席地而坐，一人一份饭菜。[2]分食制的实行主要是因为使用食案进食，所以饮食方式的进步，确实是能够改变饮食的习惯，从而丰富其饮食文化。秦汉时期是中国古代由分食制向合食（会食）制转变的最佳契机。[3]

两汉餐具比较丰富。现代发现有铜、银和陶、瓷器。但仍以陶制为主。从出土的汉代陶制食器来看，泥质灰陶所占比例最大。烧制技术，一般火候较高，质

---

① 杨爱国：《汉画像石和画像砖——不为观赏的画作》，四川教育出版社，1998年，第199～200页。
② 王仁湘：《饮食与中国文化》，人民出版社，1994年，第282页。
③ 王仁湘：《饮食与中国文化》，人民出版社，1994年，第285页。

图4-9　汉代双系青釉陶壶

地坚硬。陶器样式众多，从壶、罐、瓮、碗、盘、盒、瓢、勺到案、炉、灶等，几乎囊括饮食生活的所有器皿。汉代铜质食具也有出土，西汉时期流行一种有较大容量的铜勺，如江苏铜山小龟山汉墓[1]、山东莱西岱墅等地的汉墓中都有发现，[2]其形状一般都较大，长度很多在18～30厘米。这类铜勺用途显然不同于一般餐匙，不会是直接用于进食的，可能是筵席上用于分食的器具。两汉之际饮食在膳食中用箸已经很普遍，出土的秦汉箸中，以汉代的竹箸为多，山东出土的汉代画像、石砖上，都有膳食用箸的图像。[3]

二、饮食礼俗趋于完备

1. 月令食俗

东汉崔寔著的《四民月令》是东汉后期最重要的一部农书，该书反映了东汉

---

① 南京博物院：《铜山小龟山西汉崖洞墓》，《文物》，1980年2期。
② 烟台地区文管组等：《山东莱西县岱墅西汉木椁墓》，《文物》，1980年2期。
③ 湖南博物馆：《长沙五里牌古墓葬清理简报》，《文物》，1960年第3期。

时黄河下游地区的农业和民食情况。笔者选择《四民月令》中各月农事、祭祀、交际、饮食活动中有关饮食特点、食礼、食俗的内容要点，介绍汉代黄河下游地区农家庄园的四季饮食生活与饮食文化。

一月："正月之旦，是谓正日。躬率妻孥，洁祀祖祢……及祀日，进酒降神毕，乃家室尊，无小无女……，各上椒酒于其家长，称觞举寿，欣欣如也。"正月初一是最为重要的祭祀日，由家长带领妻儿老小，向祖先进酒降神。此后，全家无论尊卑和男女老少，都要列次序坐在最高辈长者面前，然后由晚辈们分别依次向长辈敬献椒柏酒，举杯敬祝长辈吉祥长寿，全家其乐融融。其中，正月元旦日敬献椒柏酒，花椒象征着玉衡星精，祝长辈和祖辈长寿。

二月："祀太社之日，荐韭卵于祖祢。前期齐、馔、扫涤，如正祀焉。其夕又案家薄馔饲具，厥明于冢上荐之……"二月在农村的太社按日子进行祭祀，应劭《风俗通义》卷八中说："社者，土地之主，土地广博，不可遍敬，故封土以为社而祀之，报功也。"后世的土地庙，就是当时的"里社"，前称"里社""祀太社之日"（后世称的"社日"，即是立春后在二月内的第五个戊日，为春社），向祖先献祭鸡蛋、韭菜，提前准备祀馔。当日晚上，又在祖坟前列供桌上供，第二天天明去坟上祭祀，如果这一天不是祭祖的好日子，或有其他急事，则可以请巫师另选日上坟祭祖。

三月："是月也，冬谷或尽，椹麦未熟，乃顺阳布德，振瞻匮令，务先九族，自亲者始。无或蕴财，忍人之穷。"在《四民月令》中，作者劝人积德行善，这个月份正是秋冬积存的粮食可能快要吃完，而桑椹和冬麦尚未成熟之际，粮贮多的人应当多以仁德之心去怜恤缺粮受饥之人。先关照本家的九族亲戚，由亲缘近者开始帮助缺粮人家。不要为了自己家积攒钱粮，而忍心看别人受穷挨饿。反映了那时春荒造成农历二三月挨饿是普遍的事。同时也说明由于本地区广种桑树，每年"桑椹红"正是穷人春粮尽之日，桑椹正可疗饥救急，由此可见一斑。

四月："是月也，可作枣糒，以御宾客。"

汉代黄河下游地区桑蚕为农家重要副业。每年桑蚕吐丝做茧、缫丝之后，农家都有大量的弃蛹，可知汉代蚕蛹可能早已成为普遍的季节性农家副产佳肴。在《齐民要术》卷三《杂说》篇中引《四民月令》四月篇，其原文作："是月也，可作弃蛹，以御宾客。"但校释作者在注释中说："弃蛹"应是"枣糗"的误写，并因此将《四民月令校释》乃至转引《四民月令》的《齐民要术》相应处均作如是改动。但笔者以为此处改动有误，其理由有五点：

其一，《四民月令》四月篇中指出：四月"蚕入簇，茧既入簇，趣缲剖绵"，说明农历四月正值切开蚕茧取得蚕丝的加工季节，养蚕人家必然都会获得大量的蚕蛹，崔寔将其称之为"弃蛹"，是比之于蚕茧壳为缲丝的原料——主要的收获目的而言是恰当的，但是蚕蛹毕竟是大量的副产可食之物。况且味美可食，如何能任意弃之呢？

其二，蚕农人家，多在农村，家境多不宽裕，未必在平时招待得起许多宾客，所以，一旦当自己养蚕而获得许多蚕蛹又一时吃不完时，而这个季节蚕蛹又易于腐败（当时可能尚未掌握腌渍制作方法），或因缲丝工作忙而无暇顾及，于是就会去请一些友人亲戚来，饱餐一顿烹调鲜美的蚕蛹，并同时表示感谢友邻们平时对于自己家事的帮助之情，这种举动，于古于今均在情理中。既然写入《四民月令》，就说明养蚕户的这种应季饮食活动，在当时已经形成了一种食俗。

其三，当时的广大农民限于家计，平时多以粮菜为餐，在他们日常饮食结构中，动物类食品所占比例极少，蚕蛹虽然不算高贵食品，但是其中富含蛋白质和脂肪，经过烹调，毕竟比菜粥美味得多，用以"御宾客"也是说得过去的菜肴。时至今日，在黄河下游地区各地，蚕蛹在酒席上仍然很受欢迎。试想在食物并不十分充足的两千年之前，农民是绝对不会将蚕蛹轻易地抛弃而不食用的。

其四，该书校释者认为御宾客用"弃蛹"似乎不妥，而将"弃蛹"改为"枣糗"，笔者认为缺少根据又不符合情理。因为在农历四月，黄河中下游地区已值初夏，是各种菜蔬均很丰富的季节，招待宾客时却要摆上"熟的米屑掺有干枣泥"的"枣糗"冲熟成粥来招待客人，确实不合时宜。

其五，在《四民月令》的"五月"篇中有："麦既入，多作糗，以供入出之粮。"这句"入出之粮"的含义作何解释？校释者并未就"入出之粮"一句解释清楚。据笔者理解，糒"以供入出之粮"是供家人外出时，在旅途上吃的干粮。并非专为"以御宾客"之用途。

综上所述，笔者认为《四民月令》中原来的写法："是月也，可作弃蛹，以御宾客。"合乎逻辑，也符合当时养蚕户的实际能力和条件，可能是如实地记载了当时已经普遍流行的实际食俗。《四民月令》辑释中改写"弃蛹"为"枣糒"，并将其用"以御宾客"是不合逻辑的，今顺便在书中提出讨论，敬请学界教正。柞蚕既已大面积饲养，在取柞蚕丝之后，则必然也会得到大批柞蚕蛹副产品。柞蚕蛹因其味美且富含营养，既可以油煎，也可以入锅炒食，还可煮食，调以葱盐即成美味。在汉代或此前，可能早已为本地区饲养柞蚕的农民开始食用。蝗灾年，农民捕食蝗虫蒸食可以充饥，食用昆虫的习惯是各民族都有的，不少民族把食虫习惯延续至现代。

五月："夏至之日，荐麦鱼于祖祢。厥明祠冢。前期一日馔具，齐、扫涤如荐韭卵。"说明汉代在夏至这天也有以麦鱼献给祖辈的习俗。一大早去祖先坟前祭祀，提前备馔，祭供鸡蛋韭菜。"麦即入，多作糒，以供入出之粮。"新麦收到家，可趁鲜多作糒（熟的麦饭曝晒使干，可以开水冲泡或煮粥），以供家人出入之用。实是劝告大家应当多多贮备防饥。

六月："初伏。荐麦瓜于祖祢。齐、馔、扫涤、如荐麦鱼。"在头伏的热天，应以麦粥和新熟之瓜祭祀祖先，要人齐、备馔、打扫尘土，如五月向祖坟祭供麦鱼一样。大暑（三伏天）中后期正是瓠和瓜成熟之时，可以及时收储。

七月："七月四日，命置曲室，具箔槌，取净艾。六日馔，治五谷磨具。七日遂作曲。……作干糗，采葸耳。"面临高温到来，作者劝农民"多作糗"是指利用天然太阳好，快点准备多些"干粮"以备不时之需。

八月："是月也，以祀太社之日，荐黍、猪于祖祢。厥明祀冢如荐麦鱼"。八月在祭祀太社的日子里，要向祖宗祭黍米饭和猪肉，一大早去祖坟祭祀，祭献面鱼。这个月可以向外卖出麦种，以出售麦种的钱，多买些新收获下来且较为便宜的黍。"可开葵，收豆藿"是说在八月葵菜、豆叶正繁茂时，应抓紧大量地收获晒干和贮藏，以保障冬春饥荒时用。

九月："存问九族孤寡、老、病不能自存者分厚彻重，以救其寒。"九月入秋了，冷天也快要到了，提醒各位园主，应及时去看望本家九族亲故中的鳏寡孤独、老弱多病者和穷苦亲戚邻里。拿出自己富余的衣物、粮米来救其饥寒。这体现出当时黄河下游地区淳朴的社会民风。

十月：《齐民要术》卷三《杂说篇》指出："凡籴五谷、菜子，皆须初熟日籴，将种时粜，收利必倍。凡冬籴豆、谷，至夏秋初雨潦之时粜之，价亦倍矣，盖自然之数。"这可作为《四民月令》各月粜、籴经营的注脚。十月秋收已毕。购买五谷种子和菜子，都必须在刚成熟的时候买入，而在即将播种的时候卖出，所获的利益可以成倍。如果是在冬季购入（五谷种子和菜子）、夏季卖出，则也获倍利。

十一月："冬至之日，荐黍羔，先荐玄冥于井，以及祖祢……如荐黍豚。其进酒尊长，及修谒剌贺君师，耆老，如正日。乃以渐馈黍、稷、稻、粮诸供膳祀之具。买白犬养之，以供祖祢。""玄冥"指古代神祇，水神、冬神、北方之神等。冬至要以黍米糕、猪肉和酒送给尊长，拜谒看望师长和地方耆老。此后开始准备供腊月祭祀用的黍、稷、稻、粱等供馔，买白犬养肥以供祭祖之用。

十二月："腊日，荐稻，前期五日杀猪，三日杀羊，前除二日，齐、馔、扫、涤、组、逐膳，五祀。其明日，是谓小新岁，进酒降神；其进酒尊长，及修剌贺君、师、耆老，如正日。其明日又祀是谓蒸祭。后三日祀冢。事毕，乃请召宗族、婚姻、宾旅讲好和礼，以笃恩纪；修农息役，惠必下浃"。

以上活动，是秦汉时期黄河下游地区春节备年的日程活动安排。缪启愉先生指出，人们从"腊日"（腊月初八日）就开始备年的各种活动。冬至前一天为腊除[1]，要求全家长幼齐吃斋，制作过年的食馔，进行室内外清扫洗涤工作、腊月祭祖和五祀等活动。上述祭祀准备工作都办完之后，就要宴请本庄园主的宗族姻

---

[1] 崔寔著，缪启愉辑释，万国鼎审订：《四民月令辑释》，农业出版社，1981年，第114页。

亲和荫附本庄园中的"旅居"客户们，在酒宴上互相问好行礼，感谢彼此的恩泽与互助之情，使大家感情融洽和睦起来。这段时间停止一切农事和使役。

各月令中的绝大部分饮食活动，都较真实生动地反映出当时当地，各月份的农事活动、民俗礼仪、食俗节庆，祭祀交际中有关的食事、食礼、食俗情况。从中我们可以看到秦汉时期黄河下游农村庄园的有关食文化的内容。

2. 饮酒习俗

秦汉时期由于粮食丰足，使得酿酒业比较发达。《汉书·食货志下》记载"百礼之会，非酒不行"，说明酒在秦汉时期是筵席上必备的饮品，黄河下游地区亦是如此。与此同时，秦汉时期黄河下游地区的酿酒技术有了进一步提高。考证得知，汉代已由过去曲、蘖共用的酿酒法，改为只用曲不用蘖；二是制曲开始使用多种原料制曲，并事先进行原料分级；三是曲的品种迅速地增加。汉初扬雄所著的《方言》一书中，即有收录"曲"十多种。

据记载，汉代酿酒技术已由制作散曲，改进为使用饼状曲，我们按照现代发酵工艺科学揭示了其原理。这种方法使用的曲饼、曲坯，其饼内外的通气性条件不同，其气生菌丝在饼外部旺盛生长，并逐渐生于坯内，并分泌了各种酶类于其中，来水解淀粉产生糖，水解蛋白质产生氨基酸，而其内部相对缺氧的环境，则可为酵母和其他微嗜氧微生物（比如乳酸细菌）的生存繁衍提供了条件。这样，使曲坯中产生了更为丰富的酶类和有机物质，为下步酿造出优质酒提供了口感、气味和具有营养意义的物质基础，使曲的质量提高。据《汉书·食货志》载，汉代用曲的出酒量为"酿用糙米二斛，曲一斛，得酒六斛六斗"。说明汉代加曲量已达原料的一半，这种用曲量已接近后世绍酒的用曲量。秦汉时期酿制粮食酒的过程经历蒸粮－调曲种－滤酒－调酒－勾兑－入瓮等各工艺程序，且有陈酿酒瓮的做法，陈酿时酒窖中的大瓮为埋入地下的半地上状态。①

---

① 李林发：《山东画像石研究》，齐鲁书社，1982年。

第五章 魏晋南北朝时期

中国饮食文化史

黄河下游地区卷

　　魏晋南北朝是自曹丕建魏始（公元220年）至隋灭陈（公元589年）为止的约四个世纪的历史时期。这一时期是政治大动乱和民族大融合时期。黄河下游地区饮食文化既承袭了中原两汉的民族风格，同时也受到各地区和各民族饮食风格的交互影响。[①]在该历史时期，黄河下游地区的食物原料、烹饪手段、食用方式都有了进一步的发展与丰富，并没有因为战争频繁和政治动荡而出现衰退迹象，反而在民族大融合的趋势下为饮食文化注入了新的内涵，深刻影响和改变了黄河下游地区的饮食文化，并为隋唐时期饮食文化的繁荣奠定了基础。

第一节　民生民食状况

一、农业政策的改革

　　东汉末年，黄河下游地区涵盖了当时的青州、兖州以及徐州的部分地区，这里既是黄巾起义的主要战场，亦是各方诸侯争夺的战略要地，社会经济因战

---

① 姚伟钧：《三国魏晋南北朝的饮食文化》，《中南民族学院学报》，1994年第2期。

争而遭到严重破坏，加之自然灾害的发生，使得粮食产量急剧下降，谷价飙升，《三国志·魏书·武帝纪》载，兴平元年（公元194年）"冬十月，太祖至东阿。是岁谷一斛五十余万钱，人相食。乃罢吏兵新募者。"《注》引《魏书》曰："自遭荒乱，率乏粮谷。诸军并起，无终岁之计，饥则寇略，饱则弃馀，瓦解流离，无敌自破者不可胜数。"由此可见，当地百姓食不果腹，军队也只能靠食野菜、桑椹、蒲蠃度日。《三国志》中亦载曹操在东阿纵兵抢掠百姓粮食充军粮，才凑集了三天的军粮。多重因素并发，大饥荒不可避免。百姓为了生计，不得不越海或是南下避战乱、求温饱，今山东地区的户口数量急剧减少，至西晋太康初年仅有2494125户，户数比东汉时期减少73.3%。[①]《三国志·武帝纪》记载，建安元年（公元196年），曹操镇压黄巾军后始行屯田制，来解决兵源、粮食匮乏的问题，将大量无主农田、耕牛、农具分发给青、颍无地农民、流民百万余口，当年即"得谷百万斛"。次年，曹操将屯田制推广到黄河下游地区，"州郡例置官田，所在积谷"，这为曹操统一北方奠定了坚实的物质基础。

至北魏前期，因暴政引起各地反抗，孝文帝继位后施行政治改革，逐步缓和了民族矛盾，使人民休养生息，政治稳定，经济也有所发展。孝文帝实行的改革政策包括：迁都、改官制、禁胡服、禁胡语、改姓氏、禁止鲜卑同姓通婚、礼乐刑罚改革、实行三长制、均田制等。以上措施，使北魏由奴隶制社会快速地向封建社会转变，从而有效地缓和了社会和民族矛盾，加快了社会发展。北魏政府曾着重帮助青州、齐州恢复冶铁、冶铜工业，来推动农业生产力，并努力恢复山东海盐生产，当时仅青州就有盐灶546处，很快恢复了对本地区和内地的食盐供应。从贾思勰的《齐民要术》中，可看出北魏休养生息和重农发展政策的作用，如恢复撂荒地的垦殖、兴修水利设施、推广良种等措施，促进黄河下游地区的农业生产恢复发展。

改革使社会渐趋稳定，生产积极性逐步提高，人口开始增加，经济得以恢

---

① 安作璋主编：《山东通史·魏晋南北朝卷》，山东人民出版社，1994年，第20～30页。

复。据《通典·食货典·历代盛衰户口》可知，到北魏孝明帝正光年间，全国编户达到500余万户，比西晋太康年间人口数目增加了一倍多。另外，魏晋南北朝时期在黄河下游地区也存在着侨郡现象，其地理位置大约为黄河以南，鲁中低山丘陵西部、北部外围地区。这里开发较早，土田肥美，粮食产量较高，所谓："青齐沃壤，号曰东秦，地方二千，户余十万,四塞之固，负海之饶，可谓用武之国。"侨流们在侨居地享有政治上和经济上的优越待遇，扩大占有土地和依附人口，甚至压倒了当地豪强。①这些侨流对增加人口、开发经济、改善民食、促进饮食文化的交融，也有一定的积极作用。

二、自然灾害的影响

三国魏至北朝的三百多年中，黄河下游地区有史载的较严重的灾害就有30次，其中水灾15次、旱灾8次、蝗灾7次。灾害比较集中的地区主要分布在青州、徐州、齐州、兖州、临沂。旱灾常与蝗灾并发，往往引起饥荒。

《魏书·食货志》载："晋末，天下大乱，生民道尽，或死于干戈，或毙于饥馑，其幸而自存者盖十五焉。"至北魏开国"太祖定中原，接丧乱之弊，兵革并起，民废农业。方事虽殷，然经略之先，以食为本……既定中山，分徒吏民及徒何种人、工伎巧十万余家以充京都，各给耕牛，计口授田"。道武帝作为北魏开国皇帝在开拓疆域之时仍不忘"以食为本"，一方面出于军事的考虑，另一方面也说明少数民族的皇帝已然接受农耕民族的文化，遵循长治久安必兴农业的规律。之后，太宗（明元帝）年间出现饥馑，"太宗永兴中，频有水旱。……于是分简尤贫者，就食山东"。高宗（文成帝）"诏使者察诸州郡垦殖田亩、饮食衣服、闾里虚实、盗贼劫掠、贫富强劣而罚之。"显祖（献文帝）时"岁频大旱"又"遂因民贫富，为租输三等九品之制。千里内纳粟，千里外纳米。上三器

---

① 胡阿祥：《晋宋时期山东侨州、郡、县考志》,《中国历史地理论丛》第3辑，1989年，第135～148页。

户入京师，中三品入他州要仓，下三品入本州。"高祖（孝文帝）九年下诏"均给天下民田"始完善三长制以促农业，"又别立农官，取州郡户十分之一，以为屯民。""十二年，诏郡臣求安民之术。"数年后"则谷积而民足矣。"但至肃宗（孝明帝）正光之后"四方多事，加以水旱，国用不足……百姓怨苦，民不堪命。"敬宗（孝庄帝）时，"承丧乱之后，仓廪虚罄，遂班入粟之制。"孝静时"九州霜旱，民饥流散。四年春，诏所在开仓赈恤之，死者甚众"。

可见，北魏时期历代皇帝都对灾荒时期有应急反应，然而还是无法避免有饿死人的现象。《齐民要术》恰好就是在如此的历史大背景之下出现的一部综合性农书，但仅仅将此书界定为农史是不够的，这本书还记载了诸多关于食料以及食物加工的技术方法，体现了农史与饮食史的结合。于是，该书成为研究魏晋南北朝时期黄河下游地区饮食文化的重要典籍。

三、一部重要的典籍——《齐民要术》

《齐民要术》成书于公元6世纪30年代到40年代之间，作者贾思勰，时为"后魏高阳太守"，青州齐郡益都（今山东省寿光县）人。《齐民要术》的内容主要涵盖黄河中下游地区，以今山东地区为重心，还对今山西、河南、河北等地区以及江南和"漠北寒乡"的农业进行了记载和引述。贾思勰以其踏实严谨的治学之风，引用、整理、思考、实践、验证、总结前人资料并加以提高。正如《齐民要术·自序》所言："今采捃经传，爰及歌谣，询之老成，验之行事，起自农耕，终于醯、醢，资生之业，靡不毕书。"又以"鄙意晓示家童，未敢闻之有识，故丁宁周至，言提其耳，每事指斥，不尚浮辞。"来表达其写作的意图和态度，文辞朴实、浅显、翔实、明了。

该书是这一时期非常重要的农学典籍，亦是中国现存最早、最完整地保存下来的古代农学著作。书中对食物原料、食物加工的整理与分析，体现了该时期的饮食文化，从中我们可以更深层次地挖掘该时期黄河下游地区的人们（或不同民

图5-1 《齐民要术》书样

图5-2 贾思勰像

族）生活在什么条件下，吃什么，怎么吃等一系列问题。《齐民要术》大量记载了食料以及食物的加工方法，其中一些食物和加工方法至今依然为我们所食用与使用，这充分说明了本书的重要价值，也体现了黄河下游地区饮食文化的历史悠久，有属于自身十分完善的饮食文化系统。

《齐民要术》系统地记述了当时黄河下游地区所栽培的几十种农作物品种及其特点，其中粮食作物有谷、黍、粱、稷、秫（shú）、大豆、小豆、大麦、小麦、水稻、旱稻等；纤维作物有棉、麻等；染料作物有红花、蓝草、紫草等；油料作物有胡麻、芝麻等；饲料作物有苜蓿等。此外，专门对多种蔬菜、果树的品种特点和栽培技术进行了翔实的总结，这一时期黄河下游地区的果蔬在数量和品种上比前代有了明显的提升。

第二节 饮食资源的发展

一、粮食作物的种类和丰富的制作方式

1. 水稻的种植情况与食物形态

稻是我国栽培历史最早的重要粮食作物之一，在《齐民要术》中记载的稻有水稻和旱稻。三国时期，郑浑为"沛郡太守，郡居下湿，水涝为患，百姓饥乏。浑于萧、相二县兴陂堨，开稻田，郡人皆不以为便。浑以为终有经久之利，遂躬率百姓兴功，一冬皆成。比年大收，顷亩岁增，租入倍常，郡中赖其利，刻石颂之，号曰'郑陂'"①。三国末年，邓艾建议："陈、蔡之间，土下田良，可省许昌左右诸稻田，并水东下。令淮北二万人、淮南三万人分休，且佃且守。水丰，常收三倍于西，计除众费，岁完五百万斛以为军资。六七年间，可积三千万斛于淮上，此则十万之众五年食也。"②可见黄河下游地区是当时北方种植水稻的重要地区之一。

公元6世纪是魏晋南北朝末期，从战国开始的农耕技术到了这个时期已臻于完善，农田水利灌溉工程的改善与精耕细作技术的进步，特别是北方在旱作栽培上的进步，在不挤占传统北方作物的土地上，开发地势低洼的荒地而引水种稻，从而促进中原文明的发展。③轮作制的使用促进了水稻种植技术更趋系统。"稻，无所缘，唯岁易为良。"④"岁易"不仅可以保持土地肥力，减少因过度种植而产生问题，故《齐民要术·水稻》曰："既非易岁，草、稗俱生，芟亦不死，故须

① 房玄龄：《晋书·食货志》，中华书局，1974年，第784页；另见郦道元著，陈桥驿校证：《水经注校证·睢水》，中华书局，2007年，第571页。
② 房玄龄：《晋书·食货志》，中华书局，1974年，第785页。
③ 裴安平：《稻作与史前社会演变的关系新探》，裴安平、张文绪：《史前稻作研究文集》，科学出版社，2009年，第340～344页。
④ 贾思勰著，缪启愉校释：《齐民要术校释》，农业出版社，1982年，第100页。

栽而薅之。"

另外，《齐民要术》写到的插秧、中耕、收获部分也都十分讲究：插秧必"美田欲稀，薄田欲稠"，中耕须"曝根令坚"，收获则"霜降获之"，藏稻则"必须用箪"，这就说明当时水稻种植从土地选择、土地使用、插秧时间、插秧方法、中耕植保、收获时间以及保存方法上已经形成一套非常完备和系统的方法。水稻耕作技术的发展，促进了产量的提高，当时已达"亩收十石"，但据现代研究成果计算，差不多应该为亩产三石左右。北齐武成帝河清三年（公元564年）定："一夫受露田八十亩，妇四十亩……垦租二石，义租五斗。"[1]同时期，北周定："有室者，田百四十亩，丁者田百亩……其赋之法，有室者，岁不过绢一匹，绵八两，粟五斛。"[2]但至北魏分裂之后，战乱不断，北齐和北周的平均亩产量相当，但比较北魏时期肯定有所下降。据梁方仲先生计算，武定年间（公元543—550年）的东魏总户数为2007966户，人口7591654口，[3]对应稻作产区面积的人口来说应该不少于500万人，但是资料记载表明，原来种稻的主要地区青州、兖州地区人口相加还不到50万，显然稻作产量正在下降。

水稻有如下的食物形态

水稻是黄河下游地区的主要农作物，人们把水稻制作成了多种形式的食物，如饭食、粥食以及作其他食品的辅料等。

（1）饭食　饭的初义是指一切煮熟的谷物和豆类，[4]而这里我们单纯是指用稻米作为原料成饭而食的方式，这种方式是魏晋南北朝时期黄河下游地区人们食用稻的主要方式，具体有：

赤米饭，《齐民要术·飧饭》："治旱稻赤米令饭白法：莫问冬夏，常以热汤浸米，一食久，然后以手挼之。汤冷，泻去，即以冷水淘汰，挼取白乃止。饭

① 魏徵：《隋书·食货志》，中华书局，1973年，第677页。
② 魏徵：《隋书·食货志》，中华书局，1973年，第679页。
③ 梁方仲：《中国历代户口、田地、田赋统计》，《梁方仲文集》，中华书局，2008年，第81页。
④ 游修龄、曾雄生：《中国稻作文化史》，上海人民出版社，2010年，第395页。

色洁白，无异清流之米。"这说明当时北中国种植水稻亦种旱稻，然似乎旱稻的品种没有水稻来得精细，"赤米"变白，证明"清流之米"乃为水稻所产之米的色泽。

糯，众所周知，北方种植的水稻当为粳米，游修龄先生曾经提及南方的籼米物种逐步北上演变为较为适口的粳米，①故有贾思勰引《食经》："作粳米糗糒法：取粳米，汰洒，作饭，曝令燥。捣细，磨，粗细作两种折。粳米枣糒法：炊饭熟烂，曝令干，细筛。用枣蒸熟，迮取膏，溲糒。率一升糒，用枣一升。"②这两种饭食方法说明北方习惯食用以粳米为原料的干饭，俗称"糒"。但是这样的干饭与我们现代意义上的饭是不同的，根据史料看，要经过淘米－蒸煮－曝干－捣碎－研磨（加入辅料，如枣）等几个加工过程，可见当时的糒是真正意义上的"干"饭。北魏正光二年（公元521年），肃宗（孝明帝）因蠕蠕王阿那瑰归国，一次性赠送大批财货，其中就有："新干饭一百石，麦䴬（chǎo）八石，榛䴬五石……粟二十万石。"③此文献说明"糒"既可作为贵重的赏赐之物，亦因其可长期贮存而作为长途旅行食物。同时，游修龄先生提出的"糒"可作为行军打仗时所携带的干粮，④这个意义非常重大。因为作为军旅生活，饭食一般比较简单也比较乏味，如能将具有适口性佳且制作相对方便的粳米制成的糒作为主要军粮，这对于改善士兵的伙食，提升军队士气和战斗力是非常有利的。

稻米饭，《齐民要术·饧餔》引《食次》："白茧糖法：熟炊秫稻米饭，及热于杵臼净者舂之为粢，须令极熟，勿令有米粒。"其中"秫稻米"即是"糯米"。从这条资料中可以说明两点：第一，黄河下游地区在这一历史时期有食用糯米的食俗，吃法与今日的粢饭团几乎相同。第二，现代早些年前糯米饭裹糖而食应与

① 游修龄：《对河姆渡遗址第四文化层出土稻谷和骨耜的几点看法》，《稻作史论集》，中国农业科技出版社，1993年，第6页。
② 贾思勰著，缪启愉校释：《齐民要术校释》，农业出版社，1982年，第525页。
③ 魏收：《魏书·蠕蠕传》，中华书局，1974年，第2300页。
④ 游修龄、曾雄生：《中国稻作文化史》，上海人民出版社，2010年，第395页。

"白茧糖"有一定的联系，只是魏晋时期是将其春捣后进行加工的一种糖食。①

稗米饭，《齐民要术·种谷》引《氾胜之书》云："**稗中有米，熟时捣取米，炊食之，不减粱米。又可酿作酒。**"《农政全书·树艺》："**稗多收，能水旱，可救俭岁。**"《孟子·告子上》："**五谷者，种之美者也。苟为不熟，不如荑稗。**"说明稗米饭是当时老百姓度荒年的食物来源，一是用来备用口粮的不足，二是节省家用，可见种植稗很可能就是为了饥年备荒。贾思勰在《齐民要术》中将其附在种谷之后，可见此饭食在黄河下游地区是十分常见的，将其记载作为备荒食物以示后人。

（2）粥食　粥是在黄河下游地区陶器时代就存在的一种食用方式，其煮米时间比饭长，含水量大于饭，可以产生与饭完全不同的口味和营养。《齐民要术》中没有稻米粥的记录，只在《飧饭》中详解了"折粟米法"，并说"弱炊作酪粥者，美于粳米"。"粳米"就是水稻的一个品种，说明当时应该存在稻米粥，但不经常出现，粥有节米、驱寒、宜脾胃、易消化、益养生等作用，常见于士家大族。

（3）加工辅料与调味料　黄河下游地区的人们辛勤劳作、秉持勤俭节约的优良传统，从利用糒制作过程中掉落的碎屑——糁中可见一斑。糁非主食，但它却能成为加工其他食品的辅料。比如《齐民要术·作鱼鲊》中介绍做鱼鲊要先"炊秔（jīng）米饭为糁"，而且提醒"饭欲刚，不宜弱；弱则烂鲊"。秔，即为粳的另写法，故完全可以推断当时制糒所产生的糁作为鱼鲊的外皮，就如同现今的炸鱼排外层的面包粉一样，并且含有一定的水分，显然"糁"是"糒"制作过程中出现的"副产品"，亦能证明糒制作过程中有"脱水"的过程。《齐民要术》中还介绍了一种叫"八和齑"的调味品（也是小菜），其配料比例为："蒜一、姜二、橘三、白梅四、熟栗黄五、粳米饭六、盐七、酢八。"这里粳米饭的原料就是水稻，加粳米饭的目的是"取其甜美耳"以作鱼脍。这一方面说明粳米饭味美，其次同样说明稻的珍贵，而且按照"八和齑"这样的调味品来说，不是普通民众所

---

① 杨坚：《〈齐民要术〉中的饭食浅议》，《南宁职业技术学院学报》，2007年第2期，第13页。

能制作的，当为具有一定社会地位且讲究饮食的官宦、士绅阶层所食用。

2. 小麦的种植情况与食物形态

小麦是我国重要的粮食作物，最迟在春秋时已经成为黄河流域乃至长江流域等广大地区先民们的重要食物来源。[1]在魏晋南北朝时期，特别是从4世纪初开始，麦的栽培已经从黄河流域向河西走廊一带延伸。[2]《齐民要术·大小麦》："小麦宜下田。八月上戊社前为上时（掷者，用子一升半也）。中戊前为中时（用子二升）。下戊前为下时（用子二升半）。"说明当时已经认识到小麦的播种时间和播种量之间成反比，就是播种时间越晚，播种量越增加。另据《齐民要术》记载，当时除了大麦、小麦外，还有青稞麦、荞麦、瞿麦等品种。其中瞿麦是一种燕麦，做饼食味美。可见小麦在魏晋南北朝时期的黄河下游地区已被广泛种植，其耕作技术水平也已较为系统和先进，加之小麦的种植条件和培育条件没有水稻高，需水量小，故种植范围广泛，产量较为可观。小麦随之进入了果腹阶层的餐桌，也为隋唐时期开始逐步取代粟而成为黄河下游地区的主食奠定了基础。

小麦有如下的食物形态。

（1）饼食　饼食即是以小麦粉制成的各种饼类，如下品种即是。

白饼，《齐民要术·饼法》："（引）《食经》曰：'作白饼法：面一石。白米七八升，作粥，以白酒六七升酵中，着火上。酒鱼眼沸，绞去滓，以和面。面起可作。"赵荣光教授曾提出，这里所说的"白饼"就是不加任何作料的白面饼，而"白酒"就是甜酒酿。[3]那么根据这样来分析，白饼加上白酒，味道应该有糯、香、甜的感觉，并且具有饱腹感。

烧饼，《齐民要术·饼法》："作烧饼法：面一斗。羊肉二斤，葱白一合，豉

---

① 赵荣光：《中国饮食文化史》，上海人民出版社，2006年，第222页。

② 唐启宇：《中国作物栽培史稿》，农业出版社，1986年，第58页。

③ 赵荣光：《两汉期粮食加工、面食发酵技术概说》，《中国饮食史论》，黑龙江科学技术出版社，1990年，第231页。

图5-3　根据文献还原的古法烧饼

汁及盐，熬令熟，炙之。面当令起。"此"面"应为麦粉。从文献看出该烧饼是属于有肉馅的发面饼。

髓饼，《齐民要术·饼法》："髓饼法：以髓脂、蜜，合和面。厚四五分，广六七寸。便着胡饼炉中，令熟。勿令反复。饼肥美，可经久。"经分析发现，髓饼是在发面饼中加入其他原料进行烘烤的面食，并且是一次烤制而成，与现在的面包烤制方法比较接近，可以说是具有现代特点的早期面包。

另，有学者认为此文献中有"胡饼炉"一说，故由此推断在贾思勰生活的年代有胡饼存在，笔者对此有不同见解，提出来以供商榷。首先，"胡饼炉"的"胡"是否一定指示胡人尚不明确，亦可理解为胡麻饼，胡麻虽托名张骞"凿空"带回，然《汉书·西域传》以及西晋张华所撰《博物志》中并未提及有此物，今人美国学者劳费尔所著《中国伊朗编》中也未见"胡麻"一说，①当时学者刘熙在《释名·释饮食》中有云："胡饼，作之大漫汗也，亦言以胡麻着上也"。

其次，"胡饼炉"何样尚未发现有文献支撑。而贾思勰记载"胡饼炉"出现

---

① 劳费尔著，林筠因译：《中国伊朗编》，商务印书馆，1964年，第1～3页。

在"髓饼法"中，由此有两种推论：其一，贾思勰肯定见过胡饼炉，但并未真实见到过胡饼，应该为髓饼；其二，贾思勰见过胡饼及胡饼炉，可是有一点无法说通，就是为什么他不进行记载呢？我们认为髓饼即胡饼，因为"胡饼"食习既然至迟于东汉中叶便于黄河流域及广大中原地区逐渐普及开来，并于东汉末年为上自禁宫天子、下迄京畿百姓无人不食之食，那么按常理推测贾思勰绝没有不言之理。石勒的"避胡"政策改的只是"胡"名称谓，而非禁其物实，也就是说，"胡饼"之名虽不公开流行，但"胡饼"之实却是存在的。而继石勒政权之后的后赵政权，在不足两个世纪的黄河流域仍然普遍流行胡饼，则《齐民要术》更加没有理由不记"胡饼"之名。

（2）麦饭　史籍中有大量关于"麦饭"的记载。依据目前考古发掘研究和历史文献研究的初步认断，麦的食用方法，最早应当是煮粥啜食的。至汉代时，以麦粒煮饭是麦的基本食用方法之一，"饼饵、麦饭、甘豆羹"为百姓仰重的日常之食，《急就篇》颜师古《注》曰："麦饭，磨麦合皮而炊之也；甘豆羹，以洮米泔和小豆而煮之也；一曰以小豆为羹，不以醢酢，其味纯甘，故云甘豆羹也。麦饭豆羹皆野人农夫之食耳。"虽然早在汉代之前人们就已习食粢糕，且入汉以后粉食大兴，但"麦饭"的吃法仍在相当长的时间一直存在。究其原因在于长期形成的一种传统饮食方式不是短时间内能够改变的；其次麦饭可以减少加工损耗，小麦在转换成面粉中间，势必有粮食被损耗，而直接食用则会最大化地利用。在公元6世纪这样一个动荡的年代，百姓总是选择节省粮食的食用方式，《魏书·卢义僖传》："性清俭，不营财利。虽居显位，每至困乏，麦饭蔬食，忻然甘之。"可见麦饭蔬食是一种清俭生活方式的表达。

3. 粟、黍、豆类

魏晋时期，粟在黄河下游地区越发重要，根据《齐民要术》的记载，谷和禾已经成为粟的代名词，说明粟在人们的心目中地位是很高的。郭义恭《广志》中就记载有11个品种，而《齐民要术》中又增加了86个品种。北朝时期，粟还作为国家征收租的主要粮食作物，如《魏书·食货志》记载："其民调：一夫一妇帛一匹，粟二石。"

黍，这一历史时期，其地位已经远远不及粟，《齐民要术》中没有作为专门记载，仅仅从《广志》中记载了20个品种，而且没有直接的文献证据证明黄河下游地区有大规模种植的记载。

豆类，在魏晋南北朝时期依然还是普通百姓的重要食物，人们经常以豆糜、豆粥为口粮，特别是灾荒时期尤为突出。《齐民要术》当中有专门的记载。

4. 点心的出现

点心一般为正餐之外的辅助性食品，其特点为：

（1）其基本原料以米、面等五谷类为主。既包括以麦面粉为主的诸类粉制品，也包括以各类谷米等为主要原料所制的粒食类制品。也就是说，它既有各类面食品种，也有饭粥品种，还包括面、饭、粥的诸多变化品种。

（2）它是辅助性的食品，不是主食。通常是在正餐之外进食的"零食"，或为酒席进行宴程间隔中的随上"小吃"。[①]

（3）它是精巧的，一般是体积较小，制作精细，备用数量也较少（较正餐主食而言）。

有学者提出"点心"之称通行于宋代，但"点心"之名见于唐，"点心"之实则绝非始于唐。这个论点笔者十分赞同，因为在《齐民要术》当中被广泛记载以"饼"为名的点心，如"白饼""烧饼""髓饼""膏环""鸡鸭子饼""细环饼""截饼""餢飳""水引""馎饦""棋子面""粉饼""豚皮饼""索饼""馄饨"等可为点心之用的主食品种已经很多。

---

① 赵荣光：《中国饮食文化史》，上海人民出版社，2006年，第233～234页。

二、蔬果作物的种类及加工贮藏

1. 蔬菜

《齐民要术》中大量记载了蔬菜以及加工、保鲜技术，说明魏晋南北朝时期的黄河下游地区蔬菜品种的丰富，并出现有大规模的菜园生产。当时主要的蔬菜种类有如：

葵菜，葵菜当时为常见叶菜，既可鲜食、作汤菜，也可以腌渍、干制。当时在农历小暑种葵菜，农历九月霜降收获，收早易烂，收晚则葵菜口味涩。收下的葵菜放在阴凉处的支架上阴干，还可采下鲜菜后腌制成葵菹菜，以备冬日长期食用。

冬瓜，"十月，霜足收之（早收则烂）。削去皮子，于芥子酱中，或美豆酱中藏之，佳。"冬瓜在降重霜之后采下，削去冬瓜皮，可将其放于芥子酱或豆酱中腌制，味道好，又耐贮藏。

芜菁，《齐民要术·蔓菁》："蒸干芜菁根法：作汤净洗芜菁根，漉著一斛瓮子中，以苇荻塞瓮里以蔽口，合著釜上，系瓽带，以干牛粪燃火，竟夜蒸之，粗细均熟。谨谨著牙，真类鹿尾。蒸而卖者，则收米十石也。"可见蒸熟的芜菁根口感细腻、黏软，类似鹿尾，卖价很高，体现了该农产品的经济价值。

葵、菘、芜菁、蜀芥，都可以用来腌制咸菜。《齐民要术·作菹、藏生菜法》记载的腌渍菜技术如：用盐水来洗菜、腌渍中添加粥清（米汤）；需注意码菜顺序和方法；还应充分利用以往用过的旧盐水汁可以保持腌渍菜的色泽等，这是当时居民日常蔬菜腌渍的加工方法。

胡荽，《齐民要术》记载："汤中渫出之，著大瓮中，以暖盐水经宿浸之。明日，汲水净洗，出别器中，以盐、酢浸之，香美不苦。亦可洗吃，作粥清、麦麨末。"这样的腌渍方法是比较复杂的，需要经过开水焯过、温盐水泡、井水洗、盐醋泡等，才能制作出味道鲜美的胡荽，之所以需要这么多工序，主要是为了去除菜里的苦味。同时，将洗过的胡荽加入稀粥和麦余粉（打场之后未被彻底脱粒干净的麦穗头，经过石磨细细磨成的粉）作为酿制材料，可以共同用来酿制咸菜。

瓜，选黄瓜要用小而直者，不可用短而弯曲者。用盐搓表面后，晒至少半干（皱皮时即好），再用酒糟来腌制，可得糟瓜。这种方法已经近于现代江南腌制糟黄瓜的方法。

汤菹，将小白菜、芜菁洗净后，经开水略烫，然后趁热撒上盐、醋，按容器的大小切成小段，用醋与菜汁混合，但不要太酸。这种腌渍的小菜，也可盛于盘中，作为祭祀时的供品。

木耳，是一种现制现吃的调制小菜，制作方法：现采集木耳，用酸浆水洗过，加入芜荽、葱白，使木耳有香辣味；再加入豆豉汁和酱清（酱油）拌匀，则有酱和豉的鲜香滋味。最后加醋、姜末和花椒末，使这盘小菜具有香、辛、酸、咸等多种风味；而切细的木耳丝本身所具有的糯而滑的口感，让木耳凉拌菜成为一道独具特色风味、口感颇佳的小菜。

2. 水果

《齐民要术》中记载了大量的水果加工以及储藏方法，也证明了魏晋南北朝时期黄河下游地区水果品种的丰富。

梨菹法，这是一种用鲜梨经乳酸发酵制作酸梨、梨汁的方法。制作酸梨汁：将小梨置于瓶中用泥封口，自秋天到春天发酵，即得酸梨汁；另外还有一种制作酸果原汁（漤〈lǎn〉汁）的方法：将少量水果（比如梨）放于水中进行乳酸发酵，经过自秋至冬或春的发酵后，即可得漤汁。将梨取出去皮切成片加漤汁和少许蜂蜜，使之成甜酸味，再入坛以泥封口，即可制成甜酸可口的果片。该食品多用于祭祀，梨五六片加上一半的汁即可上供。

八和齑，这是一种用多种果蔬制作的凉拌什锦调味料，也是一种佐餐小菜。重量比例为：蒜一、姜二、橘三、白梅四、熟栗黄五、粳米饭六、盐七、酢八等。八种果、菜、调味品经过不同处理，再经舂捣制成。该食品反映了当时人们调味多元化的饮食嗜好。

枣，贾思勰指出："青州有乐氏枣，丰肌细核，多膏肥美，为天下第一。"山东自古为名枣产区，"青州乐氏枣"是战国时由燕国引入，因其品质好而成为当时天下最好的枣。枣的贮藏加工当时在本地区有许多经验，《齐民要术·种枣篇》："晒枣法：先治地令净（有草莱，令枣臭）。布椽于箔下，置枣于箔上，以把聚而复散之，一日中二十度乃佳。夜乃不聚（得霜露气，干速，成。阴雨之时，乃聚而盖之）。五六日后，别择取红软者，上高厨而曝之（厨上者已干，虽厚一尺亦不坏）。择去脟（pāng）烂者（脟者永不干，留之徒令污枣）。其未干者，晒曝如法。"

其篇还介绍了酒枣的做法："……毕日曝，取干，内屋中。率一石，以酒一升，漱著器中，密泥之。经数年不坏。"现代山东酒枣，品质优良，风味宜人，至今仍然保持着良好的产销形势。

桃醋，《齐民要术·种桃》中还记载了酿桃醋的方法。"桃烂自零者，收取，内之于瓮中，以物盖口。七日之后，即烂，漉去皮核，密封闭之。三七日醋成，香美可食。"这种发酵方法，实际上是依靠野生酵母先将桃中的糖分变成酒，而后又由于醋酸菌的作用将酒精氧化为醋，成醋后，滤去皮核封口再经陈酿而成桃醋。如此，保留了桃子的香气和滋味，与米醋相比，另有一番风味。

白李，《齐民要术·种李》中介绍了当时加工李干的方法："用夏李。色黄便摘取，于盐中按之。盐入汁出，然后晒令萎，手捻之令褊（biǎn）。复晒，更捻，极褊乃止。曝使干。饮酒时，以汤洗之，漉著蜜中，可下酒矣。"先加盐使李子脱水，然后带盐晒李子使其脱水变干，手加工揉捻，使其组织破碎，并使组织中的水分溢出，仍然再晒到全干后就可以久放。食用前用开水洗过，加入蜂蜜拌匀，可作下酒之肴。

板栗，《齐民要术·种栗》中介绍了板栗用湿土深埋保藏的方法："栗初熟出壳，即于屋里埋著湿土中。埋必须深，勿令冻彻。若路远者，以布囊盛之。停三日以上，及见风日者，则不复生矣。"

柿子，《齐民要术·种柿》转引《食经》藏柿法："柿熟时取之，以灰汁澡再三度，干令汁绝，著器中，经十日可食。"说明当时已经掌握了用灰汁浸泡来脱去涩味（去除丹宁）的技术。

桑椹，《齐民要术·种桑、柘》中有"桑椹熟时，收黑鲁（桑）椹（黄鲁椹不耐久）即日以水淘取子，晒燥，仍畦种。""椹熟时，多收，曝干之，凶年粟少，可以当食。"说明当时本地区植桑养蚕十分普遍，桑椹也有度荒年的救灾价值。

三、各种肉类的食品加工

1. 牛肉类食品的加工

牛作为"六畜"之一，在新石器时代黄河下游地区就已经出现，人类当初饲养牛除了用来耕作以外，亦是肉食的来源。在《齐民要术》中记录了大量牛肉食品和以牛肉为原料的调味品。明代李时珍《本草纲目》："水牛肉，消水除湿，头尾皆宜。"又"黄牛肉，气味甘温，无毒。""水牛肉，气味甘平，无毒。"所以传统中医认为牛肉有补气、养脾胃、健筋骨等的功效。当代营养学认为牛肉含有丰富的蛋白质、氨基酸，能提高人体的免疫力，特别是对生长发育、术后调理的帮助更大。

因受北方少数民族的影响，南北朝的黄河下游地区食牛的方法方式多样。

做成肉酱，《齐民要术·作酱法》："作卒成肉酱法：牛、羊、獐、鹿、兔、生鱼，皆得作。细锉肉一斗，好酒一斗，曲末五升，黄蒸末一升，白盐一升，盘上调和令均，捣使熟，还擘破如枣大。作浪中坑，火烧令赤，去灰，水浇，以草厚蔽之，令坩中才容酱瓶。大釜中汤煮空瓶，令极热，出，干。掬肉内瓶中，令去瓶口三寸许，碗盖瓶口，熟泥密封。内草中，下土厚七八寸。于上燃干牛粪火，通夜勿绝。明日周时，酱出，便熟。"此种做法做出之酱，"临食，细切葱白，着麻油炒葱令熟，以和肉酱，甜美异常也。"

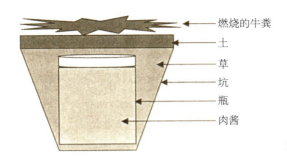

燃烧的牛粪
土
草
坑
瓶
肉酱

图5-4 "作卒成肉酱法"示意图

做成腊肉，《齐民要术·脯腊》："作五味脯法：正月、二月、九月、十月为佳。用牛……或作条，或作片，罢各自别槌牛羊骨令碎，熟者取汁，掠去浮沫，停之使清。取香美豉，用骨汁煮豉，色足味调，漉去滓。待冷，下：盐；细切葱白，捣令熟；椒、姜、橘皮，皆末之，以浸脯，手揉令彻。片脯三宿则出，条脯须尝看味彻乃出。皆细绳穿，于屋北檐下阴干。条脯浥浥时，数以手搦令坚实。脯成，置虚静库中，纸袋笼而悬之。腊月中作条者，名曰'瘃（zhú）脯'，堪度夏。每取时，先取其肥者。"此法应该是比较传统的制作腊肉的方式，腊肉除去口味上的追求之外，更是将肉食保存最长时间的方法，其做法与现今苏菜中靖江肉脯相近。

直接烤制，《齐民要术·炙法》："捧炙：大牛用脣（chún，脊肉），小犊用脚肉亦得。逼火偏炙一面，色白便割；割遍又炙一面。含浆滑美。若四面俱熟然后割，则涩恶不中食也。""肝炙：牛、羊、猪肝皆得。齐长寸半，广五分，亦以葱、盐、豉汁脯之。以羊络肚膁（sǎn）脂裹，横穿炙之。"又，"牛胘（牛百叶）炙：老牛胘，厚而脆。划穿，痛蹙令聚，逼火急炙，令上劈裂，然后割之，则脆而甚美。若挽令舒申，微火遥炙，则薄而且肕（rèn）。"文献表现出直接将牛肉及肝脏放在火上烤的吃法，在当时应该是少数民族带来的一种食用方式，其中还使用了葱、盐、豉这样明显具有汉族特色的调味料调味，可见汉民族和少数民族在饮食文化方面的融合。

2. 羊肉类食品的加工

魏晋南北朝时期黄河下游地区的农家已经普遍养羊，食用羊肉、羊乳的现象也十分常见，如贾思勰家就曾养羊二百口，在《齐民要术》中亦记载了羊肉和奶乳的加工方法。这是当时处于民族大融合背景之下的黄河下游地区，在中原文化与北方游牧民族南迁过程中产生的必然结果。

羊肉含有丰富的脂肪、蛋白质、钙、铁及纤维素等，对体质虚弱、胃寒、贫血的人有很好的补虚和保健功效。《本草纲目》记载："羊肉，气味苦甘，大热无毒。"羊作为北方少数民族的主要肉食来源，与中原文化融合后，食用方法多样，主要有以下几种。

制成羹、汤、腤，《齐民要术·羹臛法》："作羊蹄臛法：羊蹄七具，羊肉十五斤。葱三升，豉汁五升，米一升，口调其味，生姜十两，橘皮三叶也。"又"作胡羹法：用羊胁六斤，又肉四斤，水四升，煮；出胁，切之。葱豉一斤，胡荽一两，安石榴汁数合，口调其味。"又"作瓠叶羹法：用瓠叶五斤，羊肉三斤。葱二升，盐蚁五合，口调其味。"这三种羹都是以羊肉作为原料来进行烹饪的。

蒸制，"蒸羊法：缕切羊肉一斤，豉汁和之，葱白一升着上，合蒸。熟，出，可食之。""蒸"是利用水蒸气把食物烹熟的方式。这道菜是将羊肉加上豆豉汁、葱白后蒸熟，是具有明显农耕文明特点的烹饪方式。

图5-5　根据文献还原的"羊肝炙"

酸奶，《齐民要术·养羊》记载了较为系统科学的作酪法："牛羊乳皆得。别作、和作随人意。""牛产五日外，羊产十日外……然后取乳……生绢袋子滤熟乳，著瓦瓶子中卧之，新瓶即直用之，不烧。若旧瓶已曾卧酪者，每卧酪时，辄须灰火中烧瓶，令津出，回转烧之，皆使周匝热彻，好干，待冷乃用……滤乳讫，以先成甜酪为酵——大率熟乳一升，用酪半匙——著勺中……，以毡、絮之属，茹瓶令暖。良久，以单布盖之，明旦酪成。若去城中远，无熟酪作酵者，急揄醋飧，研熟以为酵——大率一斗乳，下一匙飧——搅令匀调，亦得成。以酪为酵者，酪以醋；甜酵伤多，酪以醋。"文中所述其实就是发酵酸奶的方法。制成的酸奶既可以立即食用，又可以用它来进一步加工成乳皮、干奶酪（蒙族称为奶豆腐）。从中可看出，当时十分重视原料奶质量和饮食卫生，比如：其一，晨起放牧后再挤奶，晚上使母畜与犊分开，白天放牧母犊同处等等，以便保证母畜的健康和奶的产量和质量。其二，注重奶的消毒，挤出的奶经煮四五开后，倒入发酵的容器中准备发酵。事先的准备工作：在热火灰中烫瓦瓶，其实质是事先对发酵容器进行彻底消毒，不干净的发酵容器是难以制作成好的奶酪（这里指酸奶）的。

《齐民要术》中还介绍了奶油等奶制品的作法，印证了黄河下游地区在魏晋南北朝时期开始接纳北方游牧民族的饮食文化，从饮食的角度凸显了当时民族大融合的历史背景。

3. 马肉类食品

在古代，马作为主要的交通工具以及战争中不可缺少的战略物资，历朝历代都十分重视马的饲养，《齐民要术》对养马着重进行了记述，但食用马肉的记录非常少，仅有用马乳做酪、用马驹肉做肉酱和用马肉做带骨肉酱的记载。《齐民要术·养羊》："作马酪酵法，用驴乳汁二三升，和马乳，不限多少。澄酪成，取下淀，团，曝干。后岁作酪，用此为酵也。"另，在"凡驴马牛羊收犊子、驹、羔法"一段中又说"羔有死者，皮好作裘褥，肉好作干腊，及作肉酱，味又甚美。"《齐民要术·作脾（zǐ）、奥、糟、苞》："作脾肉法驴马猪肉皆得。"可见，在黄河下游地区，食马肉也是庶民阶层补充肉食来源的重要途径。

四、酿酒及调味料制作技术趋于成熟

1. 酿酒

贾思勰在《齐民要术·造神曲并酒》中首次对制曲和酿酒技术做了记录和总结，原文释义如下：制曲是将麦、粟、黍、高粱等粮食原料按比例进行调湿、制熟；然后在曲房中保温发酵，使曲料中的霉菌和酵母迅速地萌动滋生；真菌和酵母等微生物分泌产生的糖化酶、蛋白酶类，可以促使粮食原料中的淀粉转化为糖，使蛋白质转化为氨基酸，为微生物的生长提供了丰富的营养物质。而后，酒曲中的酵母将原料中的糖分转化成为酒，并形成许多种类的风味物质，为成品酒增添风味。酒曲是成酒的"催化剂"，也是决定酒的质量和风味的重要因素。当时酒曲的糖化、发酵能力，比汉代有了明显提高。《齐民要术》中所记载的曲均为饼曲，饼曲替代散曲，是制曲史上的一大进步。

《齐民要术》中收集了40余种酿造酒的方法，诸如春酒，由笨曲和米酿制；桑落酒由笨曲和黍米酿制；白醪酒，用糯米和笨曲酿制等。它向人们展示了当时黄河下游地区已能用不同的制曲方法、不同的配料粮、不同的酿酒工艺和勾兑方法生产出风味、色泽、口感等都不相同的酒品。说明了魏晋时期黄河下游地区酿酒技术的成熟，也体现出酒文化的兴盛和尚酒之风的盛行，为隋唐时期酒文化的繁荣奠定了基础。

2. 制酱

酱在黄河流域地区是重要的佐食调味品。《齐民要术》中记载的酿造酱的方法非常丰富。酱的酿造关键是酱曲——"黄衣"或"黄蒸"的制作。不同的酱曲制造出不同种类的酱。酱曲中含有多种微生物，微生物会分泌产生各种酶类，主要是蛋白酶和淀粉酶。制酱的基本原料多为大豆，《齐民要术》中还介绍了酿制其他酱的方法，有肉酱、鱼酱、鱼子酱、虾酱等，大多是通过蒸熟的各种动物原料，再用豆酱的酱曲为引子进行酿造。

芥子酱，"作芥子酱法：先曝芥子令干；湿则用不密也。净淘沙，研令极熟。多作者，可碓捣，下绢筛，然后水和，更研之也。令悉着盆，合着扫帚上少时，沙其苦气——多停则令无复辛味矣，不停则太辛苦。抟作丸。大如李，或饼子，任在人意也。复曝干。然后盛以绢囊，沈之于美酱中，须则取食。"

芥酱，"《食经》作芥酱法：熟捣芥子，细筛取屑，着瓯里，蟹眼汤洗之。澄去上清，后洗之。如此三过，而去其苦。微火上搅之，少熇，覆瓯瓦上，以灰围瓯边。一宿即成。以薄酢解，厚薄任意。"

肉酱，"肉酱法：牛、羊、麞、鹿、兔肉皆得作。取良杀新肉，去脂，细剉（陈肉干者不任用。合脂令酱腻）。晒曲令燥，熟捣，绢筛。大率肉一斗，曲末五升，白盐两升半，黄蒸一升（曝干，熟捣，绢筛），盘上和令均调，内瓮子中（有骨者，和讫先捣，然后盛之。骨多髓，既肥腻，酱亦然也）。泥封，日曝。寒月作之。宜埋之于黍穰积中。二七日开看，酱出无曲气，便熟矣。买新杀雉煮之，令极烂，肉销尽，去骨取汁，待冷解酱（鸡汁亦得。勿用陈肉，令酱苦腻。无鸡、雉，好酒解之。还着日中）。"

鱼酱，"作鱼酱法：鲤鱼、鲭鱼第一好；鳢鱼亦中。鲚鱼、鲐鱼即全作，不用切。去鳞，净洗，拭令干，如脍法披破缕切之，去骨。大率成鱼一斗，用黄衣三升（一升全用，二升作末），白盐二升（黄盐则苦），干姜一升（末之），橘皮一合（缕切之），和令调均，内瓮子中，泥密封，日曝（勿令漏气）。熟以好酒解之。凡作鱼酱、肉酱，皆以十二月作之，则经夏无虫（余月亦得作，但喜生虫，不得度夏尔）。"又法："成脡鱼一斗，以曲五升，清酒二升，盐三升，橘皮二叶，合和，于瓶内封。一日可食。甚美。"

干鲚鱼酱，"干鲚鱼酱法：一名刀鱼。六月、七月，取干鲚鱼，盆中水浸，置屋里，一日三度易水。三日好净，漉，洗去鳞，全作勿切。率鱼一斗，曲末四升，黄蒸末一升——无蒸，用麦䕯末亦得——白盐二升半，于盘中和令均调，布置瓮子，泥封，勿令漏气。二七日便熟。味香美，与生者五殊异。"

虾酱，"作虾酱法：虾一斗，饭三升为糁，盐二升，水五升，和调。日中曝之。经春夏不败。"

麦酱，"《食经》作麦酱法：小麦一石，渍一宿，炊，卧之，令生黄衣。以水一石六斗，盐三升，煮作卤，澄取八斗，着瓮中。炊小麦投之，搅令调均。覆着日中，十日可食。"

榆子酱，"作榆子酱法：治榆子人一升，捣末，筛之。清酒一升，酱五升，合和。一月可食之。"

3. 做豉

豉的种类也很多，《齐民要术》中指出制豉时间以四五月份最好，七八月份次之。豆经煮熟后，自然发酵，然后加盐，三蒸三晒即成。

"作豉法"，"先做暖荫屋，坎地深三二尺。屋必以草盖，瓦则不佳。密泥塞屋牖（yǒu），无令风及虫鼠入也。开小户，仅得容人出入。厚作薰（gǎo）篱以闭户。四月、五月为上时，七月二十日后八月为中时；余月亦皆得作，然冬夏大寒大热，极难调适。大都每四时交会之际，节气未定，亦难得所。常以四孟月十日后作者，易成而好。大率常欲令温如人腋下为佳。若等不调，宁伤冷，不伤热：冷则穰覆则暖，热则臭败矣。"

家理食豉，"作家理食豉法：随作多少，精择豆，浸一宿，旦炊之，与炊米同。若作一石豉，炊一石豆。熟，取生茅卧之，如左女曲形。二七日，豆生黄衣，簸去之，更曝令燥。后以水浸令湿，手抟之，使汁出——从指歧间出——为佳，以着瓮器中。掘地作埳，令足容瓮器。烧埳中令热，内瓮着埳中。以桑叶盖豉上，厚三寸许，以物盖瓮头，令密涂之。十许日成，出，曝之，令浥浥然。又蒸熟，又曝。如此三遍，成矣。"

麦豉，"作麦豉法：七月、八月中作之，余月则不佳。晒治小麦，细磨为面，以水拌而蒸之。气馏好熟，乃下，掸之令冷，手按令碎。布置覆盖，一如麦䴷（huàn）、黄蒸法。七日衣足，亦勿簸扬，以盐汤周边洒润之。更蒸，气馏极熟，乃下，掸去热气，及暖内瓮中，盆盖，于襄粪中燠（yù）之。二七日，色黑，气香、味美，便熟。抟作小饼，如神曲形，绳穿为贯，屋里悬之。纸袋盛笼，以防青蝇、尘垢之污。用时，全饼着汤中煮之，色足漉出。削去皮粕，还举。一饼得数遍煮用。热、香、美，乃胜豆豉。打破，汤浸研用亦得；然汁浊，不如全煮汁清也。"

油豉，"油豉：豉三合，油一升，酢五升，姜、橘皮、葱、胡芹、盐，合和，蒸。蒸熟，更以油五升，就气上洒之。讫，即合甑覆泻瓮中。"

4. 酿醋

醋古代称为"酢""醯"或"苦酒"。早在先秦时期就有酿醋的方法，但首次系统记述作醋方法的是《齐民要术》。书中记载了33种作醋法，大都是用麦和小米饭为原料，即用酒曲使小米饭进行发酵，再借助醋酸菌的生物氧化，将酒精氧化成醋，称为曲法制醋。比如，"做大酢法：七月七日取水作之。大率麦䴷一斗，勿扬簸；水三斗；粟米熟饭三斗，摊令冷。任瓮大小，依法加之，以满为限。先下麦䴷，次下水，次下饭，直置勿搅之。以绵幂瓮口，拔刀横瓮上。一七日，旦，着井花水一椀。三七日，旦，又着一椀，便熟。常置一瓠瓢于瓮，以挹酢；若用湿器、咸器内瓮中，则败酢味也。"当时的酿醋工艺，实际上已经采用了醋酸菌的人工接种培养。如在《制酢法第七十一》写到"秫米酢法"："入五月，则多收粟米饭醋浆，以拟和酿，不用水也。浆以极醋为佳。"其中"以拟和酿"实为醋酸菌的人工接种。这种工艺，是北魏时期的酿造师傅对酿醋事业的一大贡献。他们在酿醋过程中，还观察到醋的生成和"衣"的关系，所谓"衣"就是醪液表面形成的微生物菌膜。醋酸发酵成熟后醋酸菌衰老，衣就沉到底部。书中记载翔实、生动，成为酿醋工艺参考性指标之一，种类也十分丰富，比如有用粟米、秫米、黍米、大麦、大豆、小豆等谷物酿醋，以及水果、蜂蜜等原料制作成醋。

5. 榨油

从《齐民要术》中我们可以看到魏晋南北朝时期的黄河下游地区，至少已经能利用芝麻（胡麻）、荏子、麻子（大麻）、蔓菁四种植物来榨油，并在日常烹饪中使用。这就说明，当时人们烹饪方法和日常口味上的变化，改变了之前只利用动物脂肪取油的状况。从现代营养学的角度来看，食用植物油比动物油来得更为健康，也进一步说明黄河下游地区植物油利用的悠久历史。

五、食物贮藏方法

魏晋南北朝时期，黄河下游地区的谷物加工有了长足的进步。一是沿用至今的冬春米技术，以保持米粒的完整和防止霉菌的侵害；二是出现了用磨车、舂车舂米，提升了谷物的出米率。

除了谷物外，腌制食物与干制食物也有了长足的进步。腌制主要利用糟、酒、梅、蜜、盐、灰等，比如越瓜、梅瓜等。值得注意的是，这一时期已经出现了用盐来腌制的咸鸭蛋，《齐民要术·养鹅鸭第六十》中的"作杬子法"就有明确记载，因其制作过程中要加入杬木皮，故取此名。另外，还有一种用灰来加工柿子的方法也已经出现，《齐民要术·种柿第四十》中记载了"藏柿法"，而此法更多是针对涩柿而进行的，脱涩之后其味道就比较容易入口，这一方法流传至今。

干制肉品主要是用于脯、腊两种。比如"度夏白脯法"[1]，为了防止肉酸败变质，于是将肉切成片之后用冷水浸泡，浸出血水，配制好加入花椒末的、用于调味的盐水；再将肉片放入腌制两天后，阴干至半湿半干状态时，用木棒轻打，令

---

[1] 贾思勰著，缪启愉校释：《齐民要术校释》，农业出版社，第459页。

其坚实，敲打肉片可促进肉组织中的盐溶性蛋白质成分与腌制液充分地融合，实现肉中盐水均匀化的工艺作用，使熟制后的肉品质地、口感风味更为均匀一致，这是黄河下游地区在当时比较流行的食物加工方法。此外，还有五味腊法、白李法。这些方法的出现，大大提升了肉类食物保存的时间。食料加工的技术的进步，间接地促进了食物原料市场的出现。

第三节　饮食生活的特点

一、食料充裕

魏晋时期黄河下游地区的农作物基本上是以粟、小麦为代表的种植业为主，辅之以水稻、黍、高粱等，一直到明代亦是如此，明代宋应星《天工开物》记载："四海之内，燕、秦、晋、豫、齐、鲁诸道，烝民粒食，小麦居半，而黍稷稻粱仅居半。西极川、云，东至闽、浙、吴、楚腹焉，方圆六千里中，种小麦者二十而一，磨面以为捻头、环饵、馒首、汤料之需，而饔飧不及焉。种余麦五十分而一，间阎作苦以充朝膳，而贵介不与焉。"同时，这一历史时期，北方少数民族南下定居于黄河下游地区，使畜牧业发展迅速，羊逐渐成为肉食和乳品的主要来源。逐渐形成了当时黄河下游地区人们农业与畜牧业相结合的饮食文化生活。

《齐民要术》记载了当时的粮食作物有黍稷、粱秫、大豆、麻、麻子、小麦、大麦、水稻等；蔬类有瓜、瓠、芋、蔓菁、茄、葱、韭、芥、胡荽、兰香、姜、荷、芹等；果品有枣、桃、李、梅、栗、柿、奈、石榴、木瓜等，物产十分丰富。在当时"食医同源"的传统饮食背景下，有些植物性食品既是食材，也是本草药材，包括陆生植物和水生植物。畜牧业养殖的动物有牛、马、羊、驴、骡、猪、鸡、鹅、鸭、鱼共十种。

二、食物加工方法不断丰富

魏晋南北朝时期的黄河下游地区在烹饪方法上已经比较丰富，除了脯、菹、蒸、煮、炒等方法外，还融合了少数民族常用的饮食加工方法"炙"等，丰富了饮食文化的内涵。

炙。"炙"，《广韵》："炙，炙肉。"另从字形上亦能看出该烹饪方法应是将肉放在火上烤。《晋书·五行上》："泰始之后，中国相尚用胡床貊盘，及为羌煮貊炙，贵人富室，必畜其器，吉享嘉会，皆以为先。"又，《晋书·王尼传》："尼时以给府养马，辅之等入，遂坐马厩下，与尼炙羊饮酒，醉饱而去。"以上文献记载为西晋之时，可见在那时甚至更早的时候"炙"的方法已经在中土流行。

文中记载的"胡床"类似现在的轻便折叠椅。胡床的坐法与中国传统跪坐法完全不同，它是臀部坐在胡床上，两脚垂下踏地。《魏书·杨播传》记载："吾兄弟，若在家，必同盘而食。"这是加工方式的融合促进了一种进食方式的变革。

脍。脍是黄河下游地区广泛使用的一种烹饪方式，即是切细的生肉。用以祭祀。《齐民要术》中记载了诸多"脍"的用法，"鱼酱法"中的"如脍"，"八和齑"

图5-6 "进食炙肉图"砖画，甘肃嘉峪关魏晋墓出土

图 5 - 7　北 魏
（左）、北齐（右）石棺
线刻图的饮食场面

中"金齑玉脍""脍齑""脍鱼""肉脍不用梅"多次出现，大部分都是以鱼作为原料。这种吃法亦得到少数民族贵族的青睐。《北史·僭伪附庸》："（慕容）熙妻当季夏思冻鱼脍，仲冬须生地黄，切责不得，加有司大辟。"慕容熙与北魏同属鲜卑民族，其势力范围包括黄河下游地区，说明当时黄河下游地区的贵族阶层追寻宫廷食风，希望夏天吃到冻鱼脍这种具有季节性的食物。

三、食品原料市场繁荣

魏晋时期黄河下游地区的城市发展非常迅速，在西晋时期过万户的郡城只有9处，而到了北朝后期就达到了18处以上，诸如泰山（今山东泰安东南）、鲁县（今山东曲阜）、高平（今山东邹城西南）、临淄（今山东淄博）、平寿（今山东潍坊南）、东阳（今山东青州）、兖州（今山东兖州）等。[1]中心城市的发展繁荣了饮食市场，逐渐形成了粮食交易、肉食屠贩、盐业市场等贸易活动。

---

① 安作璋主编：《山东通史·魏晋南北朝卷》，人民出版社，2009年，第140页。

粮食交易市场繁荣。《齐民要术·杂说》："凡籴五谷、菜子，皆须初熟日籴，将种时粜，收利必倍。凡冬籴豆、谷，至夏秋初雨潦之时粜之，价亦倍矣。盖自然之数。"另载二月"可粜粟、黍、大、小豆、麻、麦子等"，三月"可粜粟"，四月"可粜穬（kuàng）及大麦"，五月"可粜大、小豆、胡麻。粜穬、大、小麦"，七月"粜大、小豆。粜麦"，八月"粜麦。粜黍"，十月"粜粟、豆、麻子"，十一月"粜秔稻、粟、豆、麻子"。一年之内大部分时间都可以进行粮食作物的买卖。

此外，魏晋南北朝时期的黄河下游地区，屠贩成为专门的行业，促进了肉食买卖市场的发展。《齐民要术·养羊》："余昔有羊二百口……人家八月收获之始，多无庸暇，宜卖羊雇人，所费既少，所存者大。"说明当时黄河下游地区屠贩商业的兴盛。《齐民要术》还记载了鱼市、菜市以及专卖果品、调料的市场，同时饼肆、食肆、熟食店的数量也不少。

四、食育理念的萌芽

养生思想在中国历史悠久，作为中国古代文明摇篮的黄河下游地区更是如此，并且逐步发展成为食疗理念。这一理念与近代形成于日本的食育思想颇为相近，即对食品相关知识进行教育，树立正确的饮食习惯以及由此产生的人生观念。在《齐民要术》中也记载了食物来源、健康饮食、烹饪方法等方面的内容，反映了当时的食疗饮食观念。

体现了"不违农时，天人合一"的思想。《齐民要术·大小麦》："种瞿麦法：以伏为时亩收十石。浑蒸，曝干，舂去皮，米全不碎。炊作饣食，甚滑。细磨，下绢筛，作饼，亦滑美。"其中甚为详细地将麦收割之后制成饼的过程，以及味道"滑美"记录了下来。又引《杂阴阳书》曰："大麦生于杏。二百日秀，秀后五十日成。麦生于亥，壮于卯，长于辰，老于巳，死于午，恶于戌，忌于子、丑。小麦生于桃。二百一十日秀，秀后六十日成。忌与大麦同。虫食杏者麦贵。"将大麦生长周期、种植时辰、种植禁忌等各方面详加记录。这对农业种植提供了指导和帮助。与之相辅的是《齐民要术·种谷》："（引）《孟子》曰：'不违农时，谷不可胜食。'"提出不违背农时的观点，体现食物与自然协调、"天人合一"的观念。

《齐民要术》中的食育理念最为重要的就是引古籍来说明食物属性，体现了"医食同源"的思想。食物属性包括养生、药理等部分。如《齐民要术·插梨》："（引）《吴氏本草》曰：'金创，乳妇，不可食梨。梨多食则损人，非补益之物。产妇蓐中，及疾病未愈，食梨多者，无不致病。'"这里明确提出了梨的食物属性——产妇与病人忌梨。另，《齐民要术·养鱼·莼》："（引）《本草》云，莼有'治痟渴、热痹'"的功效。又云："冷，补下气。杂鳢鱼作羹，亦逐水而性滑。谓之淳菜，或谓之水芹。服食之家，不可多啖。""'莲、菱、芡中米，上品药。食之，安中补藏，养神强志，除百病，益精气，耳目聪明，轻身耐老。多蒸曝，蜜和饵之，长生神仙。'多种，俭岁资此，足度荒年。"根据《素问·四时刺逆从论》载："热痹为热毒流注关节，或内有蕴热，复感风寒湿邪，与热相搏而致的痹症，又称脉痹。"《齐民要术》明确记载了"莼"对于"热痹"有治疗效果，并且指出"莲、菱、芡中米"为"上品药"，兼有保健作用，显然贾思勰已经关注到食物对于治疗人体疾病以及延年益寿的作用，表明作者十分赞同"药食同源"理论，并在此基础上将认识提升到"足度荒年"的荒政理念。

食育理念的萌芽补充了黄河下游地区饮食文化的内容，这一理念让人们都能知悉食物的相克法则，让食物不仅成为满足基本口腹欲之物，也上升到安全、健康的层面上来。这说明，魏晋南北朝时期黄河下游地区的士人阶层，开始了从满足果腹之最基本需求上升到提高生命质量的概念，在处理人与食物之间的关系上强调对立统一，这无疑是饮食史上的一个进步，并对后世产生重要影响，为隋唐五代时期黄河下游地区食疗的盛行奠定了基础。

第六章　隋唐五代时期

中国饮食文化史

黄河下游地区卷

隋唐五代时期延续了魏晋时期的民族大融合，在不同民族、不同地域间不断交往的背景下，水利建设和农业生产技术得以发展，饮食的生产生活也有所改变，其中黄河下游地区的主食，由以粟为主向以小麦为主转变最为明显。同时，食品发酵技术与食工具的改进，以及士族的衰弱、市民阶层的兴起，为北宋时期黄河下游地区市井饮食文化的发展奠定了基础。

第一节　社会经济的发展

一、隋代经济概况

　　黄河下游地区是中国古代社会重要的农耕区，至隋代已成为当时全国农业经济的重要指标地区之一。开皇年间，隋文帝实行休养生息政策，颁布均田制，鼓励农耕，农民和复员的士兵都获得了一定的土地与耕种器具，社会逐渐稳定，经济开始恢复，黄河下游地区出现了"户口滋盛，中外仓库，无不盈积"①的繁荣景象。然而，隋炀帝登基后，罔顾国力，不恤百姓，滥用民力，横征暴

---

① 魏徵：《隋书·食货志》，中华书局，1973年。

敛，南巡北征，使社会经济遭到严重破坏，导致天下大乱，群雄并起，隋朝随之很快灭亡。

但是，隋炀帝开凿大运河对黄河下游地区的发展起到了推动与促进作用。人们利用大运河沿岸的地势进行水利建设，提升了农业灌溉水平，促进了农业生产。大运河的开通使黄河下游地区成为国内沟通南北的内陆交通大动脉，扼守南北，将海河、黄河、淮河、长江、钱塘江连接起来，方便了南来北往的人员交流，极大地促进了商贸流通，有益于不同地域之间的文化交融。沿大运河干线上的商贸经济型城市不断兴起，不但传播了黄河下游地区的饮食文化，还广泛吸收了来自全国各地不同的饮食文化，造就了黄河下游地区多元化的大运河沿岸饮食文化。

二、唐代经济概况

陈寅恪先生曾指出："唐代之史可分前后两期，前期结束南北朝相承之旧局面；后期开启赵宋以降之新局面，关于政治社会经济者如此，关于文化学术者亦莫不如此。"[1]作为唐代重要的农耕区以及税赋与兵丁来源的黄河下游地区亦是如此，其饮食文化在唐代亦可分为前后两个时期。唐玄宗以前因政治清明，社会稳定，推行了均田制，鼓励农耕，使经济得以迅速恢复，手工业积极发展，商贸、文化呈现繁荣景象。黄河下游地区在这一历史时期发展得最快，形成了许多独特的饮食习俗、饮食习惯等饮食文化现象。

唐代前期，提倡以农为本，大力发展农业经济。以唐太宗为例，他认为国家应当以人为本，而人以衣食为本，主张"民以食为天"，认识到农业兴衰关乎国家和百姓的存亡。同时，吸取隋亡的教训，体恤民力，轻徭薄赋，保护耕牛，提高了农民的生产积极性。在一定程度上，也对全国（包括黄河下游地区）将牛肉作为肉食性来源的饮食习惯起到抑制作用。这些政策使得遭到破坏的农业得到

---

[1] 陈寅恪：《论韩愈》，《历史研究》，1954年第2期，第113～114页。

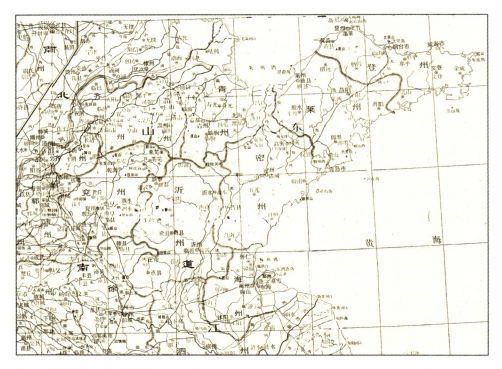

图6-1　唐代黄河下游地区政区图

恢复，粮食产量大大增加，黄河下游地区的濮州、济州、博州成为重要的产粮地区。到了唐玄宗天宝年间，黄河下游地区成为全国产粮的重镇，供首都的漕粮超过江南多数省份的贡献。可以说，黄河下游地区在唐代达到了它在中国古代的鼎盛状态，黄河下游地区的饮食文化也得到了进一步发展。

安史之乱后，黄河下游地区是主要的藩镇割据地区，战争不断，加上自然灾害，使得黄河下游地区的经济再次受到打击。《入唐求法巡礼行记》中记载了唐武宗会昌年间，日本圆仁和尚经过山东时"从楚州、海州至登州，野旷路狭，草木高涂，蚊虻如雨，村栅迢远，稀见人家。所过之处，见草之动，方知有行人。所经州县治所，恰似野中土堆。山村县民所吃食物粗硬，难以下咽，吃即胸痛。山村风俗，常年唯吃冷菜，有上客到来，也只与空饼冷菜，以为上馔"。

三、饮食著作

《酉阳杂俎》一书为唐代山东临淄人段成式所撰。本书共二十卷，续集十卷。虽然后世评价此书"其书多诡怪不经之谈，荒渺无稽之物"[①]，不过其中关于饮食的记载却颇为翔实，是研究唐代黄河下游地区饮食状况的重要典籍。此书详细记载了食物原料、酒名、饮食掌故、菜肴等情况，更为可贵的是提供了唐代中国与朝鲜之间农作物交流的史实。

《四时纂要》一书为唐末韩鄂撰写，根据余嘉锡先生考证，其人为唐玄宗时期宰相韩休的第三子韩洪之曾孙。这部书虽然是农书，但是却记载了诸多农副产品的加工和制作，特别是对酿酒、制酱、植物淀粉加工、乳制品的记载颇为详细。此书在承袭《齐民要术》关于农业与饮食原文记载的基础上，还添加了唐代时期食品加工技术的情况。

除此之外，还有一些文献涉及黄河下游地区的饮食文化，诸如《入唐求法巡礼行记》《食疗本草》《千金食治》等，都为我们研究黄河下游地区的饮食文化历史提供了文献依据。

第二节 食料与食物加工

一、粟麦并重、稻米为辅兼及果蔬的饮食结构

隋代到中唐前期，农业生产技术进步，粟麦两熟轮作复种制普及，粮食产量提升很快。当时黄河下游地区的粮食作物种类有粟、黍、麦、稷、稻、菽、高粱等，日常主食以粟、麦并重，稻为辅；副食以果、菜、肉、鱼为主，构成了当时

---

① 纪昀等：《钦定四库全书总目》卷一四二《子部五十三·小说家类存目一》，中华书局，1997年。

的饮食结构模式。同时也常用米谷磨成米粉制作糕糜为辅食。中唐以后，随着麦类作物的种植面积不断扩大、亩产量不断提高，在人们饮食生活中的重要性与日俱增，居民的主食开始出现以麦取代粟的现象。据《元和郡县图志·河北道》记载，棣州（今山东惠民）所产小麦质量上乘，作为贡品向中央缴纳。但是，小麦的粒食适口性较差，故多将其制成面食。由于产量提高，压低了小麦的价格，遂使小麦逐步取代粟在主食中的地位。隋唐时期的黄河下游地区以粟、麦为主食原料的饮食类型主要有：粟米饭、麦饭、粳饭、豆饭，以及粟米粥、麦粥、稻米粥、豆粥。

粟米饭是当时普通百姓的主食，《新唐书·窦建德传》记载了隋末农民起义领袖窦建德的饮食习惯，"建德性约素，不喜食肉，饭脱粟加蔬具"。他是今山东武城漳南镇人，起义后其割据的地方亦大致在此范围。另，在圆仁到登州地区所见"山村县人……爱吃盐茶粟饭"[1]。可见当时的黄河下游地区吃粟米饭是很普遍的。

麦饭是小麦作为粒食的食用方式。《新唐书·徐敬业传》中记载，当徐敬业起兵讨伐武则天时，其军师魏思温在豫东鼓动士兵说："郑汴徐亳，士皆豪杰，不愿武后居上，蒸麦为饭，以待吾师。"该史料在一定程度上说明麦饭普遍被食用的现象。这一时期磨和罗筛的广泛使用，便于将麦磨碎成细粉状，加之官营和私营的水磨广泛使用，提高了磨面的效率，面食逐渐取代了"粒食"。

豆粥的原料大豆，在隋唐时期的黄河下游地区仍是重要的杂粮之一。荒年时，豆叶与野菜、树叶掺和食用，常为充饥和家常菜的原料。因豆粥（羹）、豆糜味道鲜美，营养丰富、成本低廉，故上至贵族下至平民，仍经常普遍食用。如《旧唐书·韦贯之传》记载，唐代贫士韦贯之，就终日"啖豆粥自给"，并且将其作为官员节俭的表现。

唐代"胡食"风气在黄河下游地区颇为兴盛，流行诸如胡饼、饼、截饼、煎

---

① 圆仁著，顾承甫、何泉达点校：《入唐求法巡礼行记》卷二，上海古籍出版社，1986年，第86页。

饼、烧饼、小食子、汤饼、蒸饼、馄饨等品种。其中相传在隋唐时期形成的"五福"饼是一大类带馅的烙饼，由五种原料馅心制成的烧饼，至今仍然在黄河下游地区广为流行。此外，还有蒸饼，即馒头等。《太平御览·饮酒》记，五胡十六国时期，后赵的石虎"好食蒸饼，常以干枣、胡桃瓤为心，蒸之，使拆裂方食"。所言"拆裂"，证明蒸饼用的是发酵面团，使面食产生膨松、开裂的现象，故《佩文韵府》中记："《倦游杂录》：'唐人呼馒头为笼饼，亦名汤饼，亦有热于炉而食者，呼为炉饼。'"

二、蔬果作物种类繁多

1. 蔬菜

隋唐时期，黄河下游地区的蔬菜种类繁多，多延续南北朝时期的品种，达到30多种，其中较多食用的有：

葵菜，又称冬葵、冬寒菜。它是隋唐时期黄河下游地区食用最普遍、最重要的蔬菜，其以"味尤甘滑"而受到人们的喜爱。故古诗《十五从军行》中有"烹谷持作饭，采葵持作羹"的诗句，《北齐书·卢叔武传》中也有"粟飧葵菜"的记载。

蔓菁，俗称大头菜，其根、叶都近似萝卜和大头芥，是黄河下游地区重要的蔬菜，杜甫有"冬菁饭之半"的诗句。隋唐时期黄河下游地区蔓菁种植非常广泛，因园艺要求比葵粗放，所以种植面积较大。高产时，一顷地可收叶三十车，根二百车，或种子二百石。叶和根都可以食用，全身无废弃之物。蔓菁可替补主食，蒸食是蔓菁当时的主要吃法之一。

芋，今称芋头、芋艿、毛芋。《说文》："齐人呼芋为'莒'。"此外，还有芋魁、芋渠等名称。芋在我国也是一种古老的作物。在山东各地都有栽培的莱阳孤芋为海内名品。芋艿的吃法，一是煨炖；二是蒸煮，唐人韦庄有诗曰："水甑朝蒸紫芋香。"①第三种吃法可作"菹芋",即用盐腌制,又可作"芋子酸藿",是用芋头与猪羊肉做成的羹。

韭菜,是我国最早驯化的、栽培最久的蔬菜之一。唐代黄河下游寻常人家,多将韭菜作腌渍菜供下饭之用,深受社会各阶层的欢迎。

萝卜,至唐代已为人们常见常食了,其食法有腌制、烹煮、配菜等。人们还发现了其食疗价值并加以利用,孟诜(shēn)《食疗草本》说萝卜可"利五脏,轻身,令人白净肌细"。成书于唐代的《四声本草》载:"(萝卜)捣烂制面作馄饨食之最佳,酥煎食之下气。"

另外,隋唐时期对外交流频繁,经丝绸之路传入的很多物产也开始在黄河下游地区种植,比如菠菜、莴苣等。莴苣在《清异录》中有明确记载:"高国使者来汉,隋人求得菜种,酬之甚厚,故因名千金菜。今莴苣也。"编撰于清代的《山东通志》中将莴苣作为黄河下游地区重要的蔬菜。据此推断莴苣进入黄河下游地区的时间不会早于隋代;菠菜是耐寒作物,非常适合在黄河下游地区种植,其原产地为伊朗。据《册府元龟》记载,贞观二十一年(公元647年)由尼波罗(今尼泊尔)传来,初称"菠薐菜",后称菠菜,唐代始栽培,逐渐在北方各地普遍栽培。苏轼在其《春菜》中描写"菠菜"为"北方苦寒今未已,雪底菠薐如铁甲"。

2. 水果

隋唐时期,黄河下游地区的水果品种有枣、桃、李、杏、梨、栗、柿、榛、葡萄、木瓜、安石榴等多达20种。其中葡萄种植技术已臻成熟,且葡萄质量上乘,《酉阳杂俎》:"贝丘(今鲁西清河县)之南有葡萄谷,谷中蒲(葡)萄,可就其所食之。"当地人称其为"王母葡萄"。唐人刘禹锡、韩愈的《葡萄歌》,对当时葡萄的栽种、管理、收获、加工等都有细致的描写。杜甫"一县蒲(葡)萄熟"之句,反映葡萄种植已很普遍。

---

① 《全唐诗》卷六百九十七,上海古籍出版社,1986年。

瓜类，《齐民要术》引《广志》曰："瓜州大瓜，大如斛，出凉州。"厌次（今山东惠民）、阳城（今河南淮阳）从南北朝乃至唐代，均有"寒瓜"之称。李白路过沧州访友时曾吃过寒瓜，并有诗云："……他筵不下箸，此席忘朝饥，酸枣垂北郭，寒瓜蔓东篱。"[1]

另外，较为出名的水果还有青州乐氏枣，种植在今黄河下游地区的乐陵、惠民、广饶、无棣一带，并且根据《齐民要术》的记载，当时已经拥有多样食枣的方法，诸如酿汁、制脯、酒枣等。

三、饮茶酿酒之俗兴盛

1. 茶

黄河下游地区自隋唐五代时期开始有饮茶之俗。唐人封演在其《封氏闻见记·饮茶》中记录"南人好饮之，北人初不饮……学禅务于不寐，又不夕食，皆恃其饮茶。人自怀挟，到处煮饮，从此转相仿效，遂成风俗。起自邹、齐、沧、棣，渐至于京邑。城市多开店铺，煎茶卖之，不问道俗，投钱取饮。""穷日尽昼，殆成风俗。"从中我们可以看到这一时期的黄河下游地区饮茶之风已很普遍。

2. 酒

隋唐时期黄河下游地区的酿酒生产方式和技术，在承继了魏晋时期的方法基础上还做了许多改良，使得酿酒技术更趋成熟。当时的酒基本上分为米酒、果酒和配制酒。米酒多以谷物（黍）酿制；果酒多以水果（葡萄）酿制；配制酒则是以米酒为基质酒，采用浸泡、掺兑、蒸煮等方法渗入动植物药材或香料的有效成

---

[1] 李白：《李太白全集》卷二十，巴蜀书社，1986年。

分酿造而成的。①与《齐民要术》相比较，成书于唐末或五代初期的《四时纂要》显示了当时黄河下游地区酿酒技术的进步。

两书所记制曲原料和操作技术相同。然而，《四时纂要》中有加入捣苍耳汁等作为配方，介绍剉胡叶（即胡菜，也就是苍耳）煮汁冷后溲料与桑叶、苍耳、艾、茱萸（或野蓼）叶合煮取汁，令如酒色以和曲。

另外，《齐民要术》记载制曲酿酒的各个技术环节、应用条件，写得很详细。比如制曲与碎曲工艺中提到制曲原料要仔细混拌均匀，"治曲必使由表里（指上下两面）、四畔、孔内，悉皆净削，然后细剉，令如枣栗。曝使及干。一斗曲，用水二斗五升。"但在《四时纂要》书中，由于是按照月令介绍，未能详细介绍制曲与碎曲末的方法细节。在浸曲与用水比例上两个时代技术环节有较大差别。在《齐民要术》中记载为一斗曲用水斗五升（注意：用水量仅为曲的二分之一）。《四时纂要》则改为腊日取水一石，置不津器中，浸曲末二斗。后者浸曲的用水量是曲末量的五倍，配料浸水量差别很大。

从以上酿酒技术可以看出唐以前的粮食酒的制酒工艺都是酿造酒，酿成酒之后，仅采取滤酒（或压榨）来分离糟渣。到唐代开始出现了蒸馏酒，蒸馏酒的出现是酿酒技术的一大飞跃，也是世界酿酒史上的一个划时代的进步。唐时山东酿酒业已大有名望，凡东行之人提及鲁酒，无不闻香下马，知味停车。李白客居山东时对鲁酒爱不释手，多次以诗赞誉："鲁酒白玉壶，送行驻金羁。""鲁酒若琥珀，汶鱼紫锦鳞。山东豪吏有俊气，手携此物赠远人。"这些诗文当中数李白的《客中作》最负盛名："兰陵美酒郁金香，玉碗盛来琥珀光，但使主人能醉客，不知何处是他乡。"已成千古佳句。另外，李白《鲁郡尧祠送吴五之琅琊》有"送行奠桂酒"②一句，说明了黄河下游地区还有用米酒浸泡桂花酿制的桂酒。《酉阳杂俎》中记载："北方有葡萄酒，梨酒、枣酒……"黄河下游地区是葡萄、梨、

---

① 俞为洁：《中国食料史》，上海古籍出版社，2011年，第246页。

② 《全唐诗》卷一七五，上海古籍出版社，1986年。

枣主产区之一，所以可判断黄河下游地区的果酒在当时是非常流行的。除此之外，唐王朝实行榷酒政策之后，对酿酒业增收赋税。太和元年（公元827年）郓、曹、濮三州的两税榷酒业，上交榷酒税钱就达十万贯之多。[①]由此可见黄河下游地区酿酒业的兴盛。

四、调味品制作大发展

1. 酱

隋唐时期制酱技术的飞跃，是黄河下游地区酱文化发展过程中具有重要标志性意义的历史阶段。在此之前的黄河下游地区酱文化的发展，经历了先秦时期和秦汉魏晋南北朝时期两个初级阶段：先是以醢、醯两大类肴品兼调味品为主的起步时期，之后是以大豆、小麦为主要原料的普及时期。

唐代以来，"百姓所食之酱除自家所制者外，如豆酱、肉酱、豆豉、麸豉等有名目者更不可胜计"[②]。《四时纂要》中所记载的"十日酱法"："豆黄一斗，净淘三遍，宿浸，漉出，烂蒸。顷下，以面二斗五升相和拌，令面悉裹却豆黄。又再蒸，冷面熟，摊却大气，候如人体，以谷叶布地上，置豆黄于其上，摊，又以谷叶布复之，不得令大厚。三四日，衣上黄色遍，即曝干收之。要合酱，每斗面豆黄，用水一斗盐五升并作盐汤，如人体，澄滤，和豆黄入瓮内，密封。七日后搅之，取汉椒三两，绢袋盛，安瓮中。又入熟冷油一斤，酒一斤，十日便熟。味如肉酱。其椒三两月后取出，晒干，调鼎尤佳。"这样酿制豆酱的方法比《齐民要术》记录的酿造法有了显著的进步，并且将酱料的豆与曲料的面粉和起来一起罨黄（即催生米曲霉等霉菌，使原料发生糖化水解），合并两个步骤为一个。晒干后收起来，随时可加水调盐晒制成酱，方法简便，是制

---

① 王钦若：《册府元龟·邦计部·济军》，中华书局，2009年。
② 韩鄂：《四时纂要·十日酱法》，农业出版社，1981年。

酱技术的一大进步。这也是后世家庭做酱常用的方法。制酱油的原料"黄子"，实际是一种豆麦一次合酿的曲。

2. 豉

《四时纂要》中记载制作豆豉、咸豉、麸豉的工艺方法和原料配方，至今仍然为黄河下游地区的百姓所使用。另外，利用麦麸作豉，就现存文献看，这是最早的记载。"**麸豉：麦麸不限多少，以水匀拌，蒸熟，摊（凉冷）如人体（温），蒿艾罨取黄上遍，出，摊洒令干。即以水拌令浥浥，却入缸瓮中，实捺，安于庭中，倒合在地，以灰围之。七日外，取出摊晒。若颜色未深，又拌，以前法，入瓮中，色好为度。色好黑后，又蒸令熟，及热入瓮中，筑，泥却。一冬取吃，温暖胜豆豉。**"这种方法要比北朝时有显著进步。麸皮含有丰富的蛋白质、淀粉、维生素、矿物质等营养。由于麸皮本身比较疏松，在湿料蒸熟后，也要尽量使醅料保持疏松透气，若此，酵母发酵会更好，醅料分解更彻底，产生的风味物质更多，豆豉的质量会更好些。

此外，技术进步还体现在：晒豉后添水要用凉开水，以防生水未经杀菌而混有杂菌，容易造成豆豉发酵失败。而豉"汁则煎而别贮之"的提出，强调了务必将制成的豉汁经过煎煮开锅（先对豉汁中杂菌杀灭）后，再单独保藏的新技术，以防霉变。这一处理豉汁的新方法，体现了黄河下游地区人们已经总结出对于调味豉汁、豆酱清的保藏经验。

3. 醋

《四时纂要》中记载了多种做醋的方法：

其一，败酒作醋法，利用"春酒停贮失味，不中饮者"作为原料加水含种在太阳下曝之，"雨即盖，晴即去盖，或生衣，勿搅动，待衣沉，则香美成醋"。上述利用久贮失味或酿酒失味的"坏酒"作为原料，或加水、米饭后发酵，使酒精被醋酸菌氧化而成醋。实践中，依靠观察"成衣"——醋酸菌形成的漂浮于液体表面的气生菌落。由其中所含有大量的醋酸细菌，氧化酒精生成醋酸。书中并提出"勿搅动，待衣沉，则香美成醋"的发酵醋的管理原则。

其二，暴米醋，"糙米一斗，炒令黄"，用开水泡透后蒸熟，加入水中"加曲末一升，搅和。下洁净瓮器，稍热为妙。夏一月，冬两月。"成醋。

4. 盐

《隋书·食货志》："掌盐，掌四盐之政令：一曰散盐，煮海以成之；二曰盬（gǔ）盐，引池以化之；三曰井盐，物地以出之；四曰饴盐，于戎以取之。凡盬盐、形盐每地为之禁，百姓取之，皆税焉。"盐主要有三大类：海盐、池盐、井盐。散盐，唐五代时称为末盐，广义末盐包括煮井、煮碱在内；盬盐，即池盐和颗盐。颗、末盐是唐代主要的两大类盐，主要分布于河北、河南、淮南、江南、岭南五道，即今之河北、山东、江苏、浙江、福建、广东、海南等省。可分为北方、江淮、岭南三大海盐产区。根据《新唐书·地理志》和《元和郡县图志》记载，隋唐时期的黄河下游地区在沧州清池、盐山，棣州蒲台、渤海，密州诸城、莒县，莱州胶水、即墨、昌阳，青州千乘，登州牟平等地都设有盐场。[①]

隋唐时期，国盐的经营办法是于各产地设立"榷场"，在郓、青、兖等重要的州治设置"榷盐院"，全国诸州府设置"茶盐店"收税。所谓"诸道盐院粜盐付商人"，按"斗"计价。"郓、青、兖"三州都处于黄河下游地区，可见黄河下游地区是隋唐时期重要的产盐之地。

五、食品加工技术的进步

1. 粮食加工业的发展

小麦磨粉水动力设备的出现，是唐代粮食加工业的一大进步。在《旧唐书·高力士传》中记载：宦官高力士，在沣河边修建了大规模的水力磨坊，由水

---

① 中国盐业总公司：《中国盐业史·古代编》，人民出版社，1997年，第81～82页。

力推动五具磨连动，一天可加工麦三百斛。说明当时的小麦磨粉加工业已经掌握利用流水为动力，而且规模较大。而黄河下游地区丰富的水利资源，为推广该技术提供了便利条件。

南北朝至唐代，在面粉加工中，罗器具和筛分面粉的工艺方法也得到了不断地改进，当时罗的品种已经分为绢罗筛和细绢罗筛，小麦制粉也已经采用了重磨和重罗，可以生产出更加洁白细腻的面粉和米粉来，从而促进了唐代面点制作技术的发展。唐代大城市中已经出现了由畜力推磨的粮食加工作坊，和专营米面贸易的场所——"麸门""卖麸家"等。据石碑刻中保存的史料看，当时在幽州等黄河中游城市，已出现了由面食加工者组成的磨行；据此推测在盛产小麦和以面食为主食的黄河下游的城市中，可能也已经出现了这类行业。①

2. 燃料及炊餐具的发展

隋唐时期，烹饪用燃料有了新的进步。据魏徵《隋书·王劭传》记载，当时温酒及炙肉使用石炭、柴火、竹火、草火、麻荄秸火等燃料，气味各有不同。魏晋时称煤为石炭或石墨，唐诗中亦屡有"石炭"字样出现，可见隋唐时代，煤、炭已被用在烹饪中了。又如白居易名诗《卖炭翁》中，介绍了老农夫在山中烧炭和受宦官豪夺的情景。可见当时的煤炭和木炭已经用作取暖和烹饪了。

先秦时期，黄河下游地区居民即已使用餐箸（筷子）。至汉而唐，黄河下游地区箸的应用日渐普遍，而箸的质地和形制向多样化方向发展，出现木箸、竹箸、漆箸等，因木箸容易腐朽，不易保存下来，墓葬中出土发现的多为铜箸和银箸。唐代王公贵族使用的有象牙、犀角和玉制的箸，其中犀箸最为稀有贵重，多被皇室使用。古人认为犀角具有验毒、解毒的作用，《抱朴子》中有犀角解毒作用的记载："以其角为叉导，毒药为汤，以此叉导搅之，皆生白沫涌起，则了无复毒势也。以搅无毒物，则无沫起也。"

---

① 邱庞同：《中国面点史》，青岛出版社，1995年，第35页。

唐代的食勺，除广泛使用的瓷勺外，还有银勺、铜勺等。唐代的食案常用于上菜饭和送茶，分有足和无足两种。唐代的储存容器仍沿用前代种类，其形制也有许多新的发展，比如瓮，主要用于盛酒、盛水、腌菜，有的有盖，有的无盖。瓮的质地仍以陶制为主，在王公贵族家中，除有瓷坛、瓷瓮外，还有金瓮、金盘作为富贵吉祥的象征，一般是由帝王赐予功臣的。盆在唐代的使用也十分普遍，在制作酱、汤、鱼酢、汤饼等食品时，都会使用盆作为临时储存容器。

第三节　饮食业与食俗

一、饮食市场的繁荣

1. 专业化分工的食品原料市场

隋唐时期，黄河下游地区的食品原料市场已经有了较专业化的分工，各自形成了专业市场。

粮行：当时，进入市场交易的粮食种类有：粟米、大米、黍米、小麦、大麦、面粉等种类。而山东各地的城镇中，各地商贾到黄河下游地区收购粮食者络绎不绝。仅南兖州一带，每年收购粮食的收入即达二百五十万钱。唐代山东"莱州城外，西南处置市，糙米一斗五十文，粳米一斗九十文"。[①]粮食流通的活跃促进了经济的发展。

屠宰行：唐代屠宰业兴旺，《全唐文》中记载，在都城长安屠宰行从业者就达八万余人。屠宰从业人员世代相承者屡见不鲜。这样的习俗在一定程度上影响了黄河下游地区的饮食文化。

---

① 圆仁著，顾承甫、何泉达点校：《入唐求法巡礼行记》卷二，上海古籍出版社，1986年，第86页。

肉行：隋唐时期黄河下游地区承袭魏晋南北朝时期的饮食习俗，在城镇当中有了专门处理生肉食的屠肆。

鱼市：黄河下游地区濒临大海，渔业十分发达。唐代时期，黄河下游的齐州有淡水鱼，如唐人张鷟《朝野佥载》中就记载"齐州有万顷陂，鱼鳖水族，无所不有"；齐州下辖长清县（今山东济南长清区）㴖沟泊"东西三十里，南北二十五里，水族生焉，数州取给"[1]的记载，这些都是属于淡水鱼。其实也是由于当时的捕捞业和贩运业的蓬勃发展，才促进了鱼市的繁荣。唐代鱼市有早市也有夜市，如"城边鱼市人早行，水烟漠漠多棹声"，这首张籍的《泗水行》中有对黄河下游地区鱼市的描写，泗水就在今山东济宁境内。《太平广记·宝六》记，"开元末，登州渔者负担行海边，遥见近水烟雾朦胧，人众填杂，若市里者"，说明唐代时期山东近海海产品的丰富，诸如昆布，"昆布今亦出登、莱诸州，功用乃用海藻相近也"。[2]另外，诸如密州、莱州地理傍海，故一直向朝廷进贡海蛤和文蛤。山东人段成式在其《酉阳杂俎》中亦提及青州盛产蟹，被视为唐代豪门筵席中的珍味。

菜市：唐代的蔬菜商品化生产与流通有较大规模发展，促进了菜市兴旺和各地蔬菜品种的交流，如青州地区引入了蜀椒在当地栽培上市。除栽培蔬菜外，也有野菜出售。

果品市：唐代各地的果品市场都非常活跃。比如《文苑英华·梨橘判》中记，黄河下游地区所生产的梨、枣等，经船运往苏州、杭州；而苏州所产柑橘，则经运河运到这里。当时黄河下游各个州县的果品市场都比较活跃，不仅有早市、夜市，还组织了果子行来协调产销。

调料市：本地区调料市场繁荣，调料有油、盐、酱、醋、花椒、八角等。有民办，也有官营。《太平广记·征应》记载："齐州有一富家翁，郡人呼为刘十郎，以鬻醋油为业。"

---

① 李吉甫：《元和郡县图志·河南道·齐州》，中华书局，2005年。
② 尚志钧：《本草拾遗辑释》，安徽科学技术出版社，2003年，第302页。

盐业：黄河下游地区是隋唐时期重要的产盐之地，鲊、菹等能保存肉类不变质，调味都需要盐。隋唐以来，对于山东海盐的需求十分巨大，故杜佑《通典·州郡》记载："青州古齐，号称强国，凭负山海，擅利盐铁。"

食用油脂业：食用油脂是唐代饮食中的重要烹饪原料。卖油郎挑担游走于市井之中零售给各个居户。当时就常有人掺廉价油脂到优良质地的油中，以求贱卖，反映了当时油脂市场竞争剧烈。

2. 食肆酒楼的兴旺

糕饼肆：饼是唐代黄河下游地区的大众化主食，在饮食市场行业中，饼肆是出现较早、开设较广、类型多样的一种食肆。唐代的饼食，花色品种繁多，还有不少专业的特色饼肆，与前代相比更为丰富多彩。在众多饼肆中，胡人开设饼肆的现象非常普遍，为前代所不曾有。这是唐代中外交流、民族交流空前繁荣的反映。当时，不仅是城市居民、过往客商光顾饼肆，就连寺庙里的僧侣也常去光顾。

茶肆：因茶叶商品贸易活跃，利润丰厚，唐代茶叶市场发展很快，政府开征茶税。此后，茶肆业也随之发展起来，《封氏闻见记》有记，"起自邹、齐、沧、棣，渐至京邑城市多开店铺，煎茶卖之，不问道俗，投钱取饮"。在城市和交通要道都开设有茶肆供应茶水。茶肆除卖茶水以外，有的店专门售卖"浆"和"饮子"。如蜜浆、果浆、各种米汤、豆汁、淡酒、白水等。其中，饮子是一类用中草药熬制成的饮料，在唐代广为流行，市场上有专卖引子的肆。据五代王仁裕《玉堂闲话》载："有一家于西市卖饮子：用寻常之药，不过数味，亦不先切脉、无问何疾苦，百文售一服，千种之疾，入口而愈。"说是一种百病皆宜的保健汤药。店主并不懂得方脉医道，他们"常于宽宅中，置大锅镬，日夜锉研煎煮，给之不暇，人无远近，皆来取之"。《唐国史补》记饮子商人王彦伯曰："热者饮此，寒者饮此，风者饮此，气者饮此。"看来这种饮子实际上就是一种药茶。[①]

---

① 王发渭等：《家庭药茶》，金盾出版社，1993年，第1～6页。

酒肆：隋唐时期，国内外商贸发达，实现了空前的繁荣，黄河下游地区大运河主干沿岸的城镇码头和各州郡治所中，有大量酒肆店铺。市场非常热闹，许多新兴的街市和商行非常活跃，并形成了夜市。这一时期，黄河下游地区酒肆的经营方式独具特色：多用妇女经营卖酒。由妇女卖酒的店铺，在黄河下游地区的城镇中比比皆是。《太平广记·女仙》："酒母，阙下酒妇。"为了招徕顾客，一般都由年轻美貌的女子当垆，使生意更加红火。商业的发展和酒肆的繁荣，推动了酒肆交易方式的多样化。比如：现钱买卖、以物换酒、赊贷消费等。当时不论城市还是乡村，交通大道还是河堤津渡，南方还是北方，一年四季到处都能看到五彩缤纷的酒旗在迎风招展的景观。《太平广记·才名》中记载，在山东任城，李白"于任城县构酒楼，日与同志荒宴其上，少有醒时。邑人皆以白重名，望其重而加敬焉。"可以说黄河下游地区得大运河之便，是酒肆兴旺的重要原因。

二、食制的变化

唐代进一步确立了三餐制，桌椅就餐、合餐制逐渐成为黄河下游地区汉民族新的饮食方式。

唐以前实行分食制，自唐代开始合餐制逐渐形成。合餐制是自魏晋南北朝到隋唐时代，历经长时间磨合，居民们才逐渐适应的。现代食文化学者研究认为："分餐制与合餐制都是历史产物，以后又出现了实质为分餐的合餐制，也是历史发展的产物。"[1]

隋唐五代时期三餐食制有如下安排：

早饭：称为朝食。安排在清晨，天刚亮的时候，年轻人起床后需先向父母长辈问候起居，而后吃"朝食"。唐代杜甫名诗《石壕吏》云："急应河阳役，犹得备晨炊"，反映了应役农民工起早贪晚，早备晨炊的情况。

---

[1] 王仁湘：《饮食与中国文化》，人民出版社，1994年，第293页。

午餐：称为昼食。现今的黄河下游地区还流行将中餐称为"晌午饭"。许慎在《说文解字》中，称"飧，昼食也"，就是中午饭。《太平御览》引《说文》注："餍，中食也。餔，日加申时食也。"唐白居易《咏闲》诗云："朝眠因客起，午饭伴僧斋"，反映当时午餐的重要性。

晚餐：唐代称为餔食，也称飧食。《说文解字》云："餔"，"日加申时食也。"申时为下午三至五点钟。唐代皇族贵戚的饮食制常为一日用膳四次：旦食、昼食、餔食、暮食。《白虎通义·礼乐》：天子"平旦食，少阳之始也；昼食，太阳之始也；餔食，少阴之始也；暮食，太阴之始也。"

三、月令节令食俗的丰富

唐代黄河下游地区节令食文化内容丰富，据唐代韩鄂撰《四时纂要》可看到黄河中下游一带当时的饮食习俗。在这些节令食俗中，今天看来可能有不尽科学之处，这也是历史的局限性使然，我们仅作为一种历史事实来客观记述。唐代的月令食俗主要有：

1. 元月食俗

早在西晋时期黄河下游地区的人们就十分重视春节团聚。《晋书·良吏》载：临淄令"新岁人情所重，岂不欲暂见家邪？"唐时就开始定元月一日为立春节，后称春节。元月一日午夜时分的子时为岁首，也是三元之日（岁之元、时之元、月之元）。它是唐代最盛大的节日，也是中华民族春节的肇始。当时元月的节庆食俗活动要一直持续到初七。元日（正月初一）："爆竹于庭前以辟，进屠苏酒。"子时放爆竹，之后进屠苏酒，半夜吃年夜饭全家欢聚。"又岁旦服赤小豆二七粒，面东以齑汁下，积一年不病，阖家悉令服之。又岁旦投麻子二七粒，小豆二七粒于井中，辟瘟。又上椒酒，五辛盘于家长以献寿。"这段是说天明时全家每人要吃下14粒小豆，饮腌酸菜汁面向东方喝下去，以保全年无病。正月初一的早晨，要向自家的水井里投入麻子、小豆，传说是可以使水井干净，杜绝传染病。"初七日可斋戒，早起，男吞赤小豆一七粒，女吞二七粒，一年不病"。正月十五日（上元节）：上元日这一天进行斋戒（吃素食）。正月全月也宜于吃素斋，持戒。这一天民间喝豆粥，晚上吃油炸点心（圆形有馅，类似今元宵形）。

2. 二月食俗

二月仲春季节主张的饮食禁忌有："是月勿食蓼，伤肾。勿食兔，伤神。勿食鸡子，令人恶心"。此月份可采食野生百合制成的百合粉；"百合面：取根曝晒，捣作面，系晒。甚益人。"吃法如同藕粉，认为有滋补作用。

3. 三月食俗

是月主要有清明寒食习俗的记载。早在魏晋时期中的文献就屡有记载，《晋书·石勒载记》和《魏书·高祖纪》中都有禁断寒食的规定："清明前二日（寒食），夜鸡鸣时，取炊汤浇井口及饭瓮四面，辟马蚿，百虫。"即在清明前两天的后半夜鸡鸣叫时，将烧开的水倒在井口和饭瓮的四面，用以驱赶马蚿和各种昆虫。清明前蛰虫复苏，用开水泼烫有一定的驱虫作用，为的是使饮用水及饭食不被虫污染。寒食节这天忌动烟火，农家吃饧，有的也吃油炸的寒具（麻花一类），以及吃煮鸡蛋、盐醋拌青菜等食物。

4. 四月食俗

《四时纂要》载，四月"食忌：勿食雉，令人气逆。勿食鲜鱼，害人。勿食蒜，伤气损神。"四月也是"青黄不接"之月，常有春饥荒，书中提出"是谓乏月。冬谷即尽，宿麦未登，宜赈乏绝，救饥穷。九族不能自活者，救之。……"春荒之年，青黄不接，应在有余力时帮助穷困人家和自己亲戚九族中无法养活自己的人家。

5. 五月食俗

传统节日中，端午节是仅次于春节的重要节日。古代认为五月日恶，五月初五称重五之日，因而端午节要辟邪。"（五月初五）端午日'采艾收之治百病，又以艾蒜为人，安门上，辟瘟'。""杂忌：此月君子斋戒，节嗜欲。薄滋味，勿食肥浓，勿食煮饼"。除上述活动外，还有饮雄黄酒或菖蒲酒辟邪的习俗。唐代还有食粽子的习俗，有百索粽子、九子粽子等。唐玄宗《端午三殿宴群臣探得神字》赞美粽子"四时花竞巧，九子粽争新。方殿归华节，园宫宴雅臣"。

6. 六月食俗

"食忌：是月勿食生葵，宿疾尤不可食。食露葵者，犬噬，终身不差。勿食诸脾，勿饮泽水，令人病氅（chǎng）症。""伏日进汤饼"。据唐代孟诜的《食疗本草》："……六月食生葵，令饮食不消化，发宿疾。"是说吃有露水的葵菜会被狗咬，最早见于晋代张华的《博物志》中："人食落葵，为狗所啮，作疮则不差，或致死。"同时，六月是制酒曲、制酱曲的好季节。

7. 七月食俗

"食忌：此月勿食茱，是月蠋（zhú）虫著上，人不见。勿食生蜜，令人发霍乱"。七月是一年中气温最高的月份，吃生菜、生蜜或其他生的未经蒸煮、烹炒的食物，都易患肠胃病。"七日乞巧，是夕于家庭内设筵席。"农历七月初七，民间有"乞巧"节，有在家里的庭院中设家宴观星的食俗和拜织女星求贵子的习俗，最早见于晋代周处的《风土记》。

8. 八月食俗

"食忌：此月勿食姜蒜，损寿减智。勿食鸡子，伤神。""作诸粉，藕不限多少，净洗，捣取浓汁、生布滤澄，取粉。""芡、莲、凫茈、荸荠、泽泻、茯苓、薯药、葛、蕨薐、百合、并皆去黑，逐色各捣，水浸，澄取为粉"；"以上当服，补益去疾，不可名言，又不妨备厨馔，悉宜留意。"这里介绍的是唐代已广为应用的以各种富含淀粉的植物根、块、茎制取淀粉的方法。其中，除可作为补品食用外，还可以作为烹饪中的"芡粉"。八月十五为仲秋节，唐代仲秋尝月饼已盛行。

9. 九月食俗

唐代对枸杞子的保健、抗衰老作用已有所知。"收枸杞子，九月收子，浸酒饮，不老，不白。"枸杞虽原产西北，但在黄河中下游也有栽培。农历九月初九日为重阳节，唐人在这一日，有登高远眺举行野宴的习俗。

10. 十月食忌

"食忌：勿食猪肉，发宿疾。勿食椒，损心。"

11. 十一月食忌

"食忌：是月勿食龟、鳖，令人水病。勿食陈脯。勿食鸳鸯，令人恶心。勿食生菜，患同九月。"

12. 十二月食俗

农历十二月（腊月），有制作"澹脯""白脯""兔脯""干腊肉"等风干与腌肉品的习俗，也有"造腊酒""造酱"、造"鱼酱"之俗，是很忙碌的一个月份。

四、颇具特色的宗教食俗

隋唐时期，黄河下游地区佛教与道教盛行，因有信仰教规所限，故形成了各自独特的宗教饮食习俗。其始于汉代，成形于南北朝时期，盛行于隋唐时期。宗教食俗还具有黄河下游地区的地域特色，是该地区饮食文化的重要组成部分。

1. 佛教食俗

隋唐时期的黄河下游地区佛教兴盛，唐代名僧山东临淄人善导，在密州（今山东诸城）拜明胜为师，出家为僧，被尊为净土宗的实际创立者。有记载的佛教寺院有78座，分布在黄河下游齐州、青州、兖州、曹州等10州之地。[①]其中，青

---

① 安作璋主编：《山东通史·隋唐五代卷》，人民出版社，2009年，第279~282页。

州、齐州是佛教石窟摩崖造像的流行地区。诸如青铜山大佛寺石刻造像，青州云门山石窟，青州驼山石窟等都开凿于隋唐时期。初创于前秦永兴年间（公元357—358年）的齐州（今山东济南）灵岩寺是隋唐时期黄河下游地区非常鼎盛的寺庙，贞观初年玄奘曾在此译经；唐高宗时期，高宗与武则天封禅泰山时，亦驻跸于此。[①]

当时黄河下游地区的佛教饮食习俗自有一套讲究。比如：佛教信众讲究制作素菜、素食、素席、素馔；并在烹饪选用材料、烹制方法上，要求具有独特的色、香、味、形。黄河下游地区传统素菜看在东汉初年佛教传入中国之前就已经出现并有所发展。随着佛教的传入，扩大了素食的影响力。东汉佛教传入时，佛教戒律中并无不许吃肉一条。僧侣托钵化缘，沿门求食，遇肉吃肉，遇素吃素，只要吃的是"三净肉"就行。三净肉：指不自己杀生、不叫他人杀生、未亲眼看见杀生的肉，都可以吃。赵朴初曾指出："比丘（指受过具足戒之僧男）戒律中，并没有不许吃肉的规定。"[②]从历史上看，汉族佛教僧人吃素的风气，是因梁武帝的提倡而普及起来的（赵朴初先生言）。唐代僧人实行分食制，同样的饭菜，每人一份，每天早斋和午斋前，都要按规定念经后方可进食。僧人一般早餐食粥，午餐食饭，只有病僧才能吃晚饭，称为"药食"。隋唐僧人有耕种的习惯，由于劳动体力消耗较大，所以多数寺庙开了过午不食的戒，不过名称仍为"药食"。

喝茶也是佛教日常饮食中不可缺少的。佛教认为茶有三得：其一坐禅时，可以通夜不眠；其二满腹时，可帮助消化；其三茶为不发之药。隋唐时，佛教禅宗派兴起后，佛教徒重视坐禅。长时间的坐禅，会令人产生疲倦，精神不易集中，同时吃饱易困，所以必须减食或不吃晚饭。而茶叶具有提神醒脑、抑制性欲、消除疲劳的作用，有助于坐禅，因而受到广大僧徒的欢迎，成为最理想的饮料。唐开元年间，"泰山灵岩寺有降魔师，大兴禅教，学禅务于不寐，又不夕食，皆序

① 秦永洲：《山东社会风俗史》，山东人民出版社，2011年，第326页。
② 赵朴初：《佛教常识答问》，江苏古籍出版社，1988年，第102页。

其饮茶，人自怀挟，到处煮饮。从此转相仿效，遂成风俗"。

2. 道教的信仰食俗

黄河下游地区的天师道在东汉末期就已广为流传。至北魏时期，在清河东武城人（今山东武城）崔浩的推广之下进一步奠定了该地区道教的初期规模。隋唐时期有记载的道观就有22座，[①]可见道教之兴盛。道教以追求长生为宗旨，道教的一些养生食俗与人的健康、兴衰繁衍有着密切的关系。

其一，道教主张少食，进而达到辟谷的境界。所谓辟谷，也称断谷、绝谷、休粮、却粒等，即不进饮食。辟谷者往往不吃五谷，而用特殊的食物代替，有大枣、茯苓、巨胜、蜂蜜、石芝、木芝、草芝、肉芝、菌芝等，称为"服饵"。

其二，道教主张人体应保持清新洁净，少吃荤腥多食气。认为人禀天地之气而生，气存人存，而谷物和荤腥都会破坏气的清新洁净。道教把食物分为许多等级，认为最败清净之气的是荤腥及"五辛"，尤忌吃肉、鱼等荤腥以及葱、蒜、韭、芥等辛辣刺激性食物，"不可多食鲜肥之物，令人气强，难以禁闭"。

其三，讲究"天人合一"，按照四季变化调配饮食。唐代名医亦是道士的孙思邈，他在《千金要方·养性序》中认为：真正的良医，要善于掌握各种食物的性能，也就是要从中医药理学的角度来把握食物的"气"（寒、热、温、凉、平）和"味"（酸、苦、甘、辛、咸），主张随四季的变化和人体的状况而及时调配，"以资血气，遣疾患"。他在提倡节制饮食的同时，还反对追求饮食过分肥腻、厚脂、美味，主张滋味清淡；"以免伤害胃肠，而使人短寿"。

其四，主张药食同源。药食同源的出现说明唐代出现了食疗理念。所谓食疗就是通过选择适宜的饮食，养成良好的饮食习惯来防病治病、调养身体的一种治疗方法。食疗理念在唐代基本都是道家的方士所倡导的。孙思邈为中国历史上有名的医生，同时他也是一位道士。

[①] 安作璋主编：《山东通史·隋唐五代卷》，人民出版社，2009年，第304页。

孙思邈通过其《备急千金要方》首次提出食物即药物，药补不如食补的养生理论，其书中第二十六卷的"千金食治"是我国现存最早的食疗专篇。他主张"食能排邪而安脏腑，悦神爽志，以资血气，若用食平疴释情遣疾者，可谓良工"。他主张治病首先宜用饮食调理，其次再采取药食治疗。因为药物难免附带毒性，治病过程也往往会损伤病人肌体。

除此以外，还有孟诜的《食疗本草》，"食疗"的术语就出自此书，另外《四时纂要》中亦有食疗的概念。隋唐时期，黄河下游地区盛行食疗的原料有薯蓣、牛蒡、术、黄菁、决明、百合、枸杞、牛膝、黄芪、大枣、茯苓等。到了唐朝末年，根据《食医心鉴》的记载，出现了复合方剂，诸如治疗心腹疼痛的桃仁粥，治痔疮的杏仁粥。食疗理念的出现，是饮食养生的一大进步。因原料安全、口味好，且易于烹制，实用性和适用性广泛，食疗逐渐发展成大众化的养生保健方式和理论，一直流传至今。

五、饮食文化交流

胡食之风在唐代达到了鼎盛。"胡"古代通常泛指北方和西方的民族，它是隋唐时期饮食文化的重要组成部分，黄河下游地区亦然。以当时最主要的胡食之一——胡饼为例，日本僧人圆仁在其《入唐求法巡礼行记》卷三中记录有"立春节，赐胡饼、寺粥。时行胡饼，俗家皆然"。另外，随着胡人大量进入黄河下游地区，即有不少胡人在经营酒店业。"胡姬貌如花，当垆笑春风。""落花踏尽游何处，笑入胡姬酒肆中。""胡姬招素手，延客醉金樽。"等诗句都是李白对胡人酒肆的描写，胡食、胡姬成为当时一道令人悦目的文化景观。

另外，隋唐时期黄河下游地区是中国本土与朝鲜半岛交通的重要中转站，对朝鲜半岛的饮食有着辐射作用。比如登州文登县（今山东文登）青宁乡赤山村是新罗人的一个定居点，生活在这里的新罗人在保持本国传统的同时，亦接受了唐文化的洗礼。《入唐求法巡礼行记》记载，赤山村的法花院，常住僧众约30人（均为新罗人）。虽然现在没有直接的文献记录其饮食的状况，但是却有这些新罗人开始过冬至节、春节的记载。可以推断，其饮食势必受到黄河下游地区饮食文化的影响。

综上所述，隋唐五代时期是黄河下游地区饮食文化发展的鼎盛时期，食料、烹调、进食方式、饮食行业、对外交流都有了新的发展。这一时期，农业生产工具的改进、水利事业的发展、生产技术的提高都为饮食文化的兴盛提供了物质基础。

第七章 北宋金元时期

中国饮食文化史

黄河下游地区卷

北宋金元时期，黄河下游地区经历了北宋时期的安定之后，大部分时间都在饱受战乱之苦，社会动荡不安。然而，这一历史时期，黄河下游地区饮食文化还是随着城市经济的发展融入了新的文化元素，以市井饮食文化为显著特征。金元时期，北方民族南下入主中原，这是继魏晋南北朝时期以后规模最大的一次民族融合。在这个过程中，黄河下游地区的饮食文化进一步发展。

第一节　宋元农业和手工业的发展

一、利农新政推动了农业的发展

北宋初年，为巩固政权、恢复社会经济，宋政府采取了一系列促进生产发展的措施，比如招抚流民、鼓励生产，轻徭薄赋、开垦荒地，创新农具、兴建水利，引进和推广优良品种等。如在黄河下游地区加快了冬麦和水稻的推广，《东坡全集》中记："时山东旱蝗，青州独多麦"；徐州"地宜菽麦，一熟而饱数岁。"《宋史·食货志》载，太宗淳化间，诏令江北诸州"就水广种粳稻"，使社会经济开始恢复。经过近百年的努力，至神宗熙宁年间，黄河水灌溉盐碱土地将近3万顷，排涝垦田4000余顷，甚至鲁西南低洼积水之地也得到垦辟。同时，农具的改进促进了农业、养殖业和畜牧业的发展，庄季裕《鸡肋编》记："河朔山东养蚕之利，逾于稼穑"，"单州成武一邑桑柘，春荫蔽野。"①《续资治通鉴长编》载："齐、淄等州民多马，禹城一县养马三千，壮马据三分之一。"又载，仁宗康定元年，朝廷一次由京东路地区括马5万余头，当时"京东路齐、淄、青、郓、密、潍六州产马最多"。

据统计，到了元丰初年，黄河下游地区的山东境内当年新垦田25828460亩、官田89091亩、民田24937559亩，约达当时全国耕地的5.6%。②另外，据宋徽宗崇宁（公元1002—1007年）年间统计，黄河下游地区的京东路户数达157.5万户，占全国户数的7.6%。人口达787.5万人，约占全国总人口的8.1%。③这些数据说明了，北宋政府实行恢复农业生产的政策，对黄河下游地区的社会经济恢复成效显著。

金统治时期，黄河下游地区的农业生产遭到破坏，金人强占农田改为牧场，农耕文化与游牧文化之间的矛盾加剧。直到金熙宗年间才开始实行农业恢复政策，金世宗登基之后，农田水利建设才逐渐恢复。《金史·食货志》载："比年邳、沂近河，布种豆麦，无水则凿井灌之，计600余顷，比之陆田所收数倍。"

《元史·食货志》载，元统一全国之后，忽必烈实行以农为本的国策，下旨称："国以民为本，民以衣食为本，衣食以农桑为本。"并下令禁止蒙古贵族占毁农田为牧地、围猎地，限制其占有的"驱口"（农奴）数；还要将多占的牧地佃租给农民，收其租赋。《元史》称，山东"地利毕兴，五年之间，政绩为天下劝农使之最"。赵孟頫《松雪斋文集》记，"长清、禹城一带田野耕辟，野无旷土"；胡祇遹《紫山大全集·论农桑水利》中亦有"登州地区，农民垦辟有方，邻近州郡皆仿效该州"的记载。济南为元初生产秩序较稳定的地区，时河南民众多北徙至济南，使黄河下游地区的屯田数显著增加，加快了农业生产的恢复。与

---

① 安作璋：《山东通史·宋元卷·典志》，山东人民出版社，1994年，第129～130页。

② 孙祚民：《山东通史·宋金元卷》，山东人民出版社，1992年，第245～246页。

③ 李焘：《续资治通鉴长编》卷二，中华书局，2008年。

此同时，元代还设立了司农司，负责农桑水利事务，各地设劝农使，督促当地的农业生产，对恢复农业发展起到积极的推动作用。《王祯农书·农桑通诀·锄治篇》中记："村落之间，多结为锄社，以十家为率，先锄一家之田，本家供其饮食，其余次之，旬日之间，各家田皆锄治。自相率领，乐事趋功，无有偷情。间有病患之家，共力助之。故田无荒薉，岁皆丰熟。"加之元代前期无大灾害，民食较充足，保证了食料来源的供给。

二、饮食器具制作技术的创新

宋金元时期的手工业水平超过了隋唐五代时期，冶炼技术的提高，促进了农具和食具的发展。当时的食具种类有瓷器、金器、银器等。瓷器在宋元时期是黄河下游地区的主要饮食器具，考古发现，当时该地区的陶瓷窑场有20多处。其中，宋代瓷器产区主要分布在淄博、泰安、青州、枣庄、德州等地，以青州白瓷最为有名；金代主要分布在淄博、枣庄。当时已经普遍使用煤炭作为燃料，釉色仍以白釉为主；元代承袭了金代窑场，但其规模已经超越了前代。

食具从用途上分有盛食器、进食器、饮酒器、饮茶器，具体类型有碗、盘、杯、碟、壶、瓶等。其中宋代淄博所产的瓷器中，碗占了很大比重。这些瓷器大部分以白瓷为主，其次为黑瓷、酱瓷、黄瓷。这是在继承了唐代技术基础上，进行了改良和创新，运用了釉色的手法，比如青釉、黄釉、白釉等，造型优美，图案美观，装饰技法有刻花、剔花、加彩等，图案有荷花、水波、浪花、花卉、鱼纹等。

值得一提的是，宋元时期的黄河下游地区还是重要的金银产地。《元史·食货志》记载，益都、登州栖霞县、淄博、莱州这些地方产金银。这些金银也被用于食具的制作中，如现代考古在山东莒县出土了荷叶形银盏、莲蓬形银盏等物。经研究表明，这些食具在当时已经被大量地运用在人生礼俗、岁时节庆、人际交往、宗教祭祀中，表现了其丰富的社会功能和文化交流的特性。

三、两部重要的饮食书籍

1. 《农桑辑要》

《农桑辑要》刻印发行于元世祖至元十年（公元1273年），为元代大司农主持众官员编撰而成，为元代统治者重要的"经国要务"之书，其内容大部分引用前代农书，引用最多的就是《齐民要术》，其次是《四时纂要》；还有其他各种散佚的农书，比如《山居要术》《博物录》等，此书对黄河流域农业生产具有指导意义。主要内容包括：土地开垦利用、农作物耕作栽培、栽桑和养蚕部、瓜菜果实部、孳畜部和岁用杂事等。该书记载了宋元时期新近引入的作物，诸如木棉、西瓜、枸杞、胡萝卜、人苋、莙荙（dá）菜、楂（zhā，山楂）、甘蔗等的栽培方法和甘蔗榨糖等技术，对认识宋元时期的饮食具有重要的价值。

2. 《王祯农书》

《王祯农书》是我国第一部由地方主管农事的官员编写的、有关农业技术与理论的专著。[1]作者王祯，字伯善，东平（今山东东平）人。该书分为农桑通诀、百谷谱和农器图谱三部分；其中详细介绍了北方主要农作物的栽培技术和农畜产

图7-1 《元刻农桑辑要校释》与《王祯农书》

---

[1] 王祯著，王毓瑚校：《王祯农书》，农业出版社，1981年，第211页。

品贮藏、利用技术，诸如葵菜、芹菜、芸薹菜、芥菜、食用菌、蒜、韭菜、葱等蔬菜的栽培技术，共记载蔬菜39种；特别难能可贵的是还论述了灾年度荒的方法，帮助百姓度过荒年。

《王祯农书》比《齐民要术》更完整、更系统，书中的"百谷谱"是一部农作物栽培学的总论，这是首次将人类植物性食物生产进行系统分类，也是第一次将农具图谱列入农书中，其篇幅约占全书篇幅的80%。所以，它是现存最早的、系统描绘当时通用农具结构图谱的著作。如以出土的宋代泰山大犁铧实物与文献互相印证，我们则不难想象，元代的黄河下游地区农田水利工程规模之浩大与工具之先进。

第二节　北宋时期的食物品种与食俗

一、粮食制品种类多样

北宋时期，黄河下游地区主要的粮食作物是粟、黍、水稻、小麦、大豆、小豆。特别是水稻的种植面积在这一历史时期有了大范围的扩展，其北境到达了鲁北的博州、棣州、德州、滨州等地，齐州（济南）、沂州、高密、日照地区的水稻种植颇具规模，亩产量达到2.38石，比唐朝增加了0.88石。农业的发展奠定了食物原料的基础，加之石磨设备的改进和水磨澄清米粉新工艺的产生，促进了北宋时期黄河下游地区饮食文化的发展。

1. 面制主食

宋代将多种面食统称"饼"，如"火烧而食者呼为烧饼，水瀹而食者呼为汤饼，笼蒸而食者呼为蒸饼。"①饼坯上带芝麻（胡麻）的烙饼称作胡饼。黄河下游

---

① 陈梦雷：《古今图书集成·食货典·饼部杂录》，中华书局，1934年。

地区属于冬麦区，传统面制主食仍为饼食。这一时期，吸收了各民族的面食特点，饼的种类更丰富，有：油饼、煎饼、糖饼、菜饼、茸割肉胡饼、宿蒸饼、髓饼、七色烧饼、焦葱饼、羊脂韭饼、辣菜饼、荷叶饼、芙蓉饼、开炉饼、糖薄脆等饼食品种。①

蒸制的包馅面食：即"笼蒸而食者呼为蒸饼"②，或称为"炊饼""笼饼""馒头"等。这些新面食多用发酵面团，经过制坯后蒸熟。宋代饼食中有多种馅料。如《水浒传》中描述："武松拍（掰）开一个（馒头），看了叫到：'这馒头是人肉的，狗肉的？'那妇人嘻嘻笑道：'客官休要取笑。清平世界，荡荡乾坤，那里的人肉馒头，狗肉的滋味？我家馒头，积祖是黄牛的。'"根据文献记载，当时馒头品种繁多，比如有太学馒头、糖肉馒头、羊肉馒头、鱼肉馒头、蟹肉馒头、辣馅馒头、糖馅馒头、菠菜果子馒头等。③这些被称作馒头的面食，其实就是包子。④以其馅料而名的有：薄皮春茧包子、细馅大包子、水晶包儿、笋肉包儿、虾鱼包儿、蟹肉包儿、虾肉包子、野味包子等。⑤

饆饠：在北宋时期的黄河下游地区颇为流行，这一食物承袭了唐代时期的特点，是胡汉饮食文化融合的重要代表食物。其样式为外包面皮，内装水果、蔬菜或肉类馅料，经烙、蒸、煎、煮而成。

煮制的包馅面食：有角（饺）子、馄饨等。角子的品种也有很多：按制熟途径分，有蒸饺儿、煮水饺儿、水晶角儿、煎角儿等；按馅料种类分，有羊肉馅饺子、猪肉馅饺子、韭菜鸡蛋饺子、鲅鱼馅饺子等。

馄饨：是包有少量馅的面片类食品，品种有许多，各地都有的馄饨食摊，馄饨制皮有独特工艺：用绿豆淀粉作为醭粉，将面团切成剂子，逐一擀成薄馄饨

① 方龄贵：《〈通制格条〉校注》，中华书局，2001年。
② 沈自南：《艺林汇考·饮食篇》卷三，中华书局，1988年。
③ 缪启愉校释：《元刻农桑辑要校释》，农业出版社，1988年。
④ 王祯著，王毓瑚校：《王祯农书》，农业出版社，1981年，第211页。
⑤ 吴存浩：《中国农业史》，警官教育出版社，1996年，第799页。

皮，包入馅后，捏牢包馅以外的面皮，煮熟后，味鲜皮薄，馄饨不碎。馄饨汤有鸡汤、肉汤、三鲜汤等多种，各用不同调料，风味各异。

汤饼类：是专指用水和成面团制成的面条、面片之类的面食。一般经水煮制熟。宋代的汤饼种类有：软羊面、桐皮面、桐皮熟脍面、三鲜面、炒膳面、丝鸡面、笋泼肉面、炒鸡面等。其中，不加肉类和荤油的称为素面，品种有：笋泼面、笋辣面、三鲜面、笋菜面、乳菜面等。

油炸面食类：比如馓子，是面制油炸食品。宋代又名环饼或寒具。面粉中适量加明矾，调制成软面团，坯料切片，手工制成两端相连的条状，拉成长条状，再入热油锅中炸熟，口感香、脆，是易保存的油炸面食。

2. 米制主食

粥食：北宋时期，黄河下游地区的人们多有喝粥的习俗。用粟米、秫米、豌豆、大米、大麦米为煮粥原料。其中以小米粥最为普遍。如若遇上灾年，贫困家庭也很难依靠小米粥维持温饱，常有"农夫蚕妇所食者糠秕而不足"[①]，大多是"杂蔬为糜"。[②]

元宵和汤圆：据宋朝林洪的《山家清供》记载，当时已出现元宵。元宵既可以煮食，也可以油炸。其制作的粉料和馅料多有特色。汤圆在宋代也已出现，被称作圆子、浮圆子等。当时工艺有用糯米加山药共同捣细制成水粉后再制成圆子的，因滋味、口感良好，多为节日增添欢乐。

粽子：北宋时期黄河下游地区的人们喜欢用泡好的糯米、大枣作馅，由竹叶等包扎，最后经水煮制熟。《中馈录》中也介绍了宋代北方粽子的制作方法，多用各种干果和红小豆等为馅，推出了许多新品种。有的地方用艾叶浸糯米、或用茭白叶包粽子，使粽子产生了特殊的风味。[③]

---

① 陈梦雷：《古今图书集成·食货典·宋代农政》，中华书局，1934年。
② 岳珂：《金陀萃编》卷四，中华书局，1999年。
③ 夔明：《馎饦考》，《中国烹饪》，1988年第7期。

糕类：北宋时期黄河下游地区的人们用米、糯米粉或其他粮食粉，经过配料、蒸制加工而成各色糕。品类很多，如糖糕、蜜糕、栗糕、麦糕、豆糕、花糕等。

二、蔬果生产制作技术进步

北宋时期，黄河下游地区新增加的蔬菜品种有芥子、菠薐、莴苣等，共计30种。蔬菜在宋人饮食中的地位已经非常重要，当时人称："蔬亚于谷"。这一时期，黄河下游地区的腌渍加工技术又有所发展，出现的新品种有辣萝卜、莴苣、笋、辣瓜儿等。当时流行素菜荤做，如"假煎肉"即是用"瓠与麸薄切，各和以料煎，麸以油浸煎，瓠以肉脂煎，加葱、椒、油、酒共炒"[①]。有的菜名也用荤腥命名素菜，如"素蒸鸭"就是"蒸葫芦一枚"。当时的素菜荤做，说明人们的饮食以素菜为主，也可能与宗教信仰有关。

另外，黄河下游地区的水果品种比较丰富，桃子品种有：冬桃、蟠桃、胭脂桃等；杏品种有金杏、银杏、水杏等；梨有水梨、鸭梨等；李子有御李、操李等；樱桃有紫樱桃、腊樱桃等；石榴有粉红石榴、千叶石榴等；林檎（苹果）品种有密林檎、花红林檎等。水果生产的不断发展，促进了加工储藏技术的提高，在苏轼的《东坡后集·豌豆大麦诗》中记载的当时水果加工品，有梨肉、枣圈、林檎旋等干果品，以及蜜冬瓜鱼儿等糖制品。

三、肉类和水产种类丰富

北宋时期，黄河下游地区流行吃羊肉。苏辙《栾城集·送余京同年兄通判岚州》一诗这样述说："我昔在济南，君时事淄青。连年食羊炙，便欲忘纯羹。"苏轼诗中有"十年京国厌肥羜（zhù）"之句，说明他身为四川人虽然不喜欢羊肉，但在京

---

① 邱庞同：《中国面点史》，青岛出版社，1995年，第75～76页。

城开封又不得不吃羊肉，只能抱怨了。至元代肉食则以牛、羊肉比例为高。

北宋时期，市售新鲜肉类、水产原料有兔、野鸡、野鸭、鸠、鸽、鹌鹑；鱼虾、螃蟹、蛤蜊等，种类丰富。在肉类、水产的烹饪中，普遍运用腌、腊、糟等制作方式；烹饪成菜肴的品种也很丰富，如有鹌子羹、虾蕈羹、鹅鸭签、炒蛤蜊、炒蟹、洗手蟹、姜虾、酒蟹、鸡签、炒兔、葱泼兔、煎鹌子等。[①]

四、茶酒饮料消费巨大

茶和酒是宋朝时最重要的饮料。由于赢利丰厚，一直由官府专卖。自唐至宋，饮茶的习俗愈加普遍，"茶之为民用，等于米盐，不可一日以无"[②]。在黄河下游地区也是如此，饮茶聊天已成民风，比如"东村订婚来送茶"，而田舍女的"翁媪"却"吃茶不肯嫁"。[③]农民为了春耕而"裹茶买饼去租牛"[④]"田客论主，而责其不请吃茶"[⑤]等，可见当时茶俗之盛。

北宋时期，黄河下游地区的酿酒和酒店业十分繁荣，酒消费的数量巨大。仅山东省各州县衙门，即设有酒务（官）130余位。酒类产品有黄酒、果酒、配制酒、白酒等四类。白酒和黄酒酿酒原料为谷物，《元史·食货志》载，"凡酝用粳、糯、粟、黍、麦等及曲法酒式，皆从水土所宜"。当时黄河以东地区是葡萄的主要产区，亦多以葡萄酿酒。宋代果酒有葡萄酒、蜂蜜酒、梨酒、枣酒等，以葡萄酒产量最多。南宋人吴炯《五总志》载："葡萄酒自古称奇，本朝平河东，其酿法始入中都。"宋时的配制酒多属滋补性药酒，如有酴（mí）酒、菊花酒、蝮蛇酒、地黄酒、枸杞酒等约近百种之多。

---

① 邱庞同：《中国面点史》，青岛出版社，1995年，第56页。
② 王安石：《临川文集》卷七十，吉林出版集团，2005年。
③ 邱庞同：《中国面点史》，青岛出版社，1995年，第59页。
④ 林洪：《山家清供》，中华书局，1985年。
⑤ 黎靖德：《朱子语类》卷一百二十三。转引自：吴存浩：《中国农业史》，警官教育出版社，1996年，第840～841页。

五、调味品地位提高

宋《梦粱录》中写道："盖人家每日不可缺者，柴米油盐酱醋茶。"可见当时日常饮食中调味品的地位已得到提高，且盐在调味品中居于首位。宋人陶穀《清异录》有云："酱，八珍主人也，醋，食总管也。"北宋沈括在《梦溪笔谈》中说："今之北方，人喜用麻油煎物，不问何物，皆用油煎。"可见食用油的重要性。

当时调味品的品种很多，根据《农桑衣食撮要》记载，黄河下游地区仅制作醋的方法就有四种：

做麦醋："大麦一石或三五斗，炒过。取一半细碎，取一半完全；先以细碎者浸一宿，次日蒸成饭，用楮叶盖，罯（ān）成黄子。七日后，以完全者浸一宿，炊成饭，以炊汤半镬，候温，将黄子同酿，密封盖（如不密封则生虫），过七日后则成醋。二七日后，出头醋，煮过收贮。二糟有味，再酿之。"

做老米醋："将陈仓秔米三斗或五斗淘净，水浸七日，每日换水一遍，七日后蒸熟。候饭冷，于席箔上摊开，以楮叶盖覆，发黄衣遍，晒干。临下时，簸净，每黄子一斗用水二斗。入瓮内，又用红曲一合温水泡下，将瓮口封闭。二十日看一遍，候白衣面坠下，或白衣不下，澄清以味酸为度。去白衣，将醋锅内熬一沸，又炒盐少许，候冷，用洁净瓶瓮收贮，以泥封之，可留一二年。"

做米醋："用秈谷三斗，每日换水浸七日，蒸熟，摊开，罯成黄子，曝晒干极。三伏内，以糙糯米一斗五升、水略浸蒸熟，候冷，以谷黄捣碎，拌和蒸熟糯米。缸底先用蓼子数茎，然后入缸内，用水五升，上又用蓼子数茎，以米糠盖之，密糊封闭一月。然后篘（chōu）出，用乌梅数个、盐少许同入瓶内，煮数沸，泥封收贮。切忌生水、湿器盛顿。"

做莲花醋："白面一斤，莲花三朵，捣细，水和成团，用纸包裹，挂于当风处。一月后取出。以糙米一斗，水浸一宿，蒸熟，用水一斗酿之。用纸七层密封定，每层写七日字，过七日揭去一层，至四十九日，然后开封，篘出，煎数沸，收之。如二糟有味，用滚水再酿，尽有日用。忌生水、湿器收贮。"

还有做豆豉的方法："大黑豆淘净煮熟，滤出，筛面拌匀，摊于席上放冷。用楮叶盦成黄子，候黄衣上遍，晒干，用瓜茄切片二件，每一斤用净盐一两，入生姜、橘皮、紫苏、莳萝、小椒、甘草，切碎同拌，一宿，次日将豆黄簸去黄衣，同入瓮内，用原汁匀拌上，上用箬叶盖覆，砖石压定，纸泥密封。晒半月后可开，取豆瓜茄晒干，暑蒸气透，再晒，收贮。"

北宋时期，黄河下游地区也将白糖、饴糖、蜂蜜作为调味品。程大昌曾说："凡饴谓之饧（táng），自关而东通语也，今人名为白糖者是也，以其杂米为之也。饴即饧之溶液，而可以入之食饮中者也。"[1]北宋时的粗制蔗糖是红黑色原糖，产于南方，在这个时期已经传入黄河下游地区，但产量少，其普及的程度尚不能与油盐酱醋相比。此外这个历史时期，黄河下游地区已经开始流行使用饴糖做工艺"糖人"，宋时文献记载已有所谓"戏剧糖果（糖人）"，品种有："行娇惜、宜娘子、秋千稠糖、葫芦"等。

六、食风食俗

北宋时期，黄河下游地区已有不少较大的城市，如登州、莱州、青州、高密、郓州、定陶、济州、沂州、兖州、曹州、德州等。这些城市，大都在海港或交通要道上，人口较为密集，多设有酒店、饮食店、面食铺、食摊等。

北宋时期，黄河下游地区的沿河道漕运码头和沿官道驿站，均有饮食供应制度。据史绳祖《学斋占毕》记载，凡官员因公外出、士人科举考试、外帮"来贡方物"，均由政府发给"赐缘路驿卷"，"以为传食之费"，按日在驿站支领一定的粮米、肉食或费用。比如低级武官、三班奉职，每日"驿卷肉半斤"。饮食服务业发展兴旺。

---

[1] 程大昌：《演繁露》卷四《饴饧》，中华书局，1991年。

一般人家有在饭前食用果品的习惯。富裕人家设酒筵待客时，常铺陈果品，为饭前开胃食物。宋代烹饪手段有煮、蒸、炒、煎、炸、脍、炙等加工手段。宋时对各种肴点常冠美名，甚至有的相沿至今，成为中华饮食文明的宝贵遗产。

北宋时期的少数民族饮食也融入了黄河下游地区的饮食文化。如立春日吃春盘、人日正月初七吃煎饼等。

另外，北宋时期黄河下游地区已经使用传热更好的铁制的锅、铛、鏊、甑、烤炉等设备。制作面食的食品店铺中有泥风炉、小缸灶、火箸、火夹、漏勺、铜匙箸、食托、烘盘、竹笊篱、蒸笼、甑箄、面桶等。还有制作花色点心糕饼的各种雕刻木模。烹饪工具的不断改进，对北宋时期黄河下游地区烹饪水平的提高和饮食种类的丰富起到重要作用。

第三节　元代的饮食状况

一、粮食制品种类增多

总体来说，黄河下游地区的粮食生产和作物种类在前代的基础上有所扩大，主要粮食作物有大麦、小麦、大豆、粟、水稻等。《王祯农书》中载，元代"大、小麦，北方所种极广。大麦可作粥饭，甚为出息。小麦磨面，可作饼饵。"黄河下游地区的蒙古族和其他少数民族也是米、面兼食。蒙古人把粥称为水饭。蒙古贵族常以米和药物、滋补品煮成药粥，如：丐马粥、汤粥、粱米淡粥、河西米汤粥等。除了淡粥外，其余米粥均以米和羊肉一同煮成。[①]面食与粒食继承并发展了宋代的饮食特色，元代蔬果的食用没有太大的改变，肉食以羊肉为主，偏重于游牧民族的饮食文化特色。

---

① 常棠：《澉水志》卷上《寺庙门》，商务印书馆，1939年。

1. 面制主食

元代面团发酵的技术有所进步。本地区居民在用老面团发酵面团时，已经普遍用碱水来中和面团发酵时的过多酸度，以改进面制品的气味、滋味和口感。点心面团的制备，新出现了用油和面粉来制作酥皮的方法；用开水烫面使面团变性来制做点心的酥皮；用油和水混合后调拌面粉制作粉皮；以及用冷盐水和面粉来制作西北饮食——凉粉等技术。①元代面制主食品种比前更为丰富。

荞麦面食：元代以前黄河下游的山区已有荞麦栽培，由于其早熟低产，种植面积和产量都不会很大。荞麦的使用方法："北方山后诸郡多种。治去皮壳，磨而为面，摊作煎饼，配蒜而食。或做汤饼，谓之'河漏'，滑细如粉，亚于麦面，风俗所尚，供为常食。"并调以醋、蒜、葱花和调味汤佐食。这是北方的食用方法。"然中土、南方农家亦种，但收晚。磨食，溲作饼儿，以补面食，饱而有力，实农家居冬之日馔也。"②荞麦由于其生育期短，多作为救灾复种作物。

"稍麦"（烧卖）：元代典籍中的"稍麦"，是一种包馅食品。用开水烫制面粉成面团，擀制成薄面皮，以肉馅为料，面皮包馅蒸煮，与汤料配合就食。"稍麦"顶部的面皮做成花蕊状，颜色发白。③

七宝卷煎饼：元代初时称卷煎饼④，经油煎而成熟。原是"回回食品"，因用料不同，故品种各有不同的名称。现代的油炸春卷，很可能就是在此基础上发展而成的。

"古剌赤"（多层夹饼）：是元代北方地区流行的回族（色目人）面食品种，用鸡蛋清、豆粉、酸奶搅拌均匀，在铫锅上摊上煎饼，在其上撒一层糖末、松仁、胡桃仁，再覆上一层煎饼，如上加辅料三至四层，即成。⑤

① 张博泉：《金史简编》，辽宁人民出版社，1984年，第413页。
② 王祯：《王祯农书》卷七《荞麦》，农业出版社，1963年。
③ 邱庞同：《中国面点史》，青岛出版社，1995年，第53页。
④ 张博泉：《金史简编》，辽宁人民出版社，1984年，第413页。
⑤ 张博泉：《金史简编》，辽宁人民出版社，1984年，第413页。

"秃秃麻食"（回族面皮兜）：系"手撇面"，是用手将面团按成一个个小面片，"下锅煮熟，捞出过汁，煎炒酸肉，任意食之"①。"搠罗脱因"，是将白面团制成铜钱样，煮熟后加羊肉、蘑菇、山药、胡萝卜等混合而成的浇头。因为由回民带入，故汉人称之为"回回食品"；"搠罗脱因"则是在北方生活的维吾尔族人的面食。以上几种面食中，在黄河中下游地区流传最广的是"秃秃麻食"。

春盘面：春盘面是按照北方汉族春盘之食俗，经由回族、蒙古人创造而成的一种时令面食，在黄河下游地区元代的蒙古贵族和色目人中流行。《饮膳正要》中记载了制作工艺：白面六斤制成细切面，羊肉（二角子）煮熟切成条。羊肚、羊肺各一个，煮熟切片。鸡蛋五个，打匀，入锅煎成薄饼，用刀切成小旗状。鲜姜四两，切成丝，韭黄半斤，蘑菇四两，苔子菜、蓼芽等煮成清汤，加胡椒一两，适量盐、醋调味作汤，以上诸味共浇面，配合春盘饼共食。这是黄河下游地区多民族饮食文化融合的一个典型例证。

馄饨：是元代黄河下游地区民间比较流行的食品，在元代，馄饨多以羊肉作馅，用回回豆、羊肉、草果煮汤。"圆边微薄，入馅蘸水合缝，下锅时将汤搅转逐个下"，"馅子荤素任意"。②

角子（饺子）：元代本地区角子品种从原料到馅料都有许多新意。蒙古贵族吃的角子品种很有特色，如：水晶角儿，是以豆粉作皮，以羊肉、羊脂、羊尾和以葱、陈皮、姜作馅，加盐、酱调味制作而成；驼峰角儿，以面粉加酥油或猪、羊油（各半）加冷水和盐来制面团，擀皮，以炒熟馅料（荤素皆可）包成角子后用模具压成一定形状，再入炉烤熟。

包子：包子是元代在本地区市场上最为常见的带馅主食品之一，在馅料方面有所改进，比如天花包子，以天花（即平菇，一种蘑菇）作馅，鱼肉包子，以鲤鱼、鳜鱼肉为馅，以及羊肉包子等。

---

① 邱庞同：《中国面点史》，青岛出版社，1995年，第44～56页。
② 邱庞同：《中国面点史》，青岛出版社，1995年，第44～56页。

馒头：元代的馒头都是有馅的。蒙古贵族常吃有仓馒头、鹿脂奶馒头、茄子馒头、剪花馒头等，所有的馅以羊肉、羊脂为主。民间的馒头有的用羊肉，有的用猪肉、鱼肉作馅，有平坐大馒头、平坐小馒头、捻尖馒头、捺花馒头等。馒头、包子都是将面发酵后"擀作皮包馅子"[1]。

调味的发面蒸饼：《饮膳正要》中记载其制法为："将白面十斤、小油一斤、小椒（一两炒去汗）、茴香（一两），隔宿用酵子、盐、碱，湿水一同和面，次日入面，接肥再和成面，每斤作两个入笼内蒸"。类似的还有经卷儿，也就是今天的花卷。

烧饼：品种有黑芝麻烧饼、牛奶子烧饼、黄烧饼、酥烧饼、硬烧饼等。

2. 饭类主食

大麦米饭粥：元代黄河下游地区裸大麦的食用方法和小麦不同，"大麦可作粥饭，甚为出息"。蒙古族居民的大麦粥则是"加羊肉等物煮熟而成的"[2]。元代贫苦农民的生活是"麦饭稀稀野菜羹"，这里所说的"麦饭"是大麦仁煮成的。

黍米饭粥：黍分白黍、赤黍，在黄河下游各地都有种植。因低产，故栽培面积较小。"所谓当暑而种，当暑而收。其茎穗低小（土人谓之秫子）可以酿酒，又可作糜粥，黏滑而甘，此黍之有补于艰食之地也"。赤粟"米黄而粘，白黍酿酒，亚于糯秫"。[3]

高粱米饭粥：高粱又称蜀黍，"其子作米可食，余及牛马，又可济荒"[4]。粮米常用来熬粥。

豆类粥饭：豆类也是粮食作物。元代黄河下游地区豆类作物如大豆、小豆、豌豆和绿豆等多种。"其大豆之黑着，食而充饥，可备凶年；丰年可供牛马料食。黄豆可作豆腐，可作酱料。白豆，粥、饭皆可拌食。三豆色异而用别，皆济世之

---

① 邱庞同：《中国面点史》，青岛出版社，1995年，第44～56页。
② 陈元靓：《岁时广记》卷二十九、卷三十，台湾商务印书馆，1986年。
③ 王祯：《王祯农书》卷七《蜀黍》，农业出版社，1963年。
④ 王祯：《王祯农书》卷七《蜀黍》，农业出版社，1963年。

谷也。""小豆有绿豆、赤豆、白豆、豇豆、䂀豆、皆小豆类也。"又曰"北方惟用绿豆最多，农家种植亦广。人俱作豆粥、豆饭，或作饵为炙，或磨而为粉，或作糗糒。其味甘而不热，颇解药毒，乃济世之良谷也，南方亦间种之"。豌豆在"百谷之中，实为先登。煮熟皆可便食，是用接新，代饭充饱。""可作饼饵食。此豆，五谷中最耐陈，不问凶丰，皆可食用，实济饥之宝也"。①总起来说，豆作为粮食，可以蒸煮，或熬成粥；也可和米拌煮成米粥。各种豆也可磨成面，和小麦面混合制作面食品。一些豆类可以作菜肴，黄豆可作豆腐、豆浆、豆酱、豆豉、豆芽，既可以作粥食，又可以制成肴品或调味品。

食疗粥饭：元代"食疗"之粥品种甚多，见于典籍的本地区民间的粥品有猪肾粥、荜拨粥、良姜粥、莲子粥、桃仁粥、麻子粥、马齿苋拌葱豉粥、苍耳子粥、栀子仁粥、蔓菁粥、竹叶粥、鲤鱼脑髓粥、雌鸡粥、雀儿粥、羊肉粥等。煮药粥用的多是粳米和糯米，民间也常用粟米。

二、不可或缺的蔬果作物

对于黄河下游地区的人们来说，无论富贵贫贱，饮食中都离不开菜蔬，"夫养生必以谷食，配谷必以蔬茹，此日用之常理，而贫富不可阙者"②。元代黄河下游地区常见蔬菜主要有萝卜、胡萝卜、茄子、黄瓜、瓠、冬瓜、芥、菠稜（赤根）、莴苣、苋菜、芋、韭、姜、葱、蒜、薤、菘（白菜）、葵菜、菌子（蘑菇）、山药、芥蓝、莙荙等。

菘（白菜）：这是黄河下游地区普遍种植且高产的蔬菜，为各个阶层所喜爱。

茄子：茄"今在在有之，又有青茄、白茄，白者为胜，亦名银茄。又一种白者，谓之渤海茄。……中土颇多，南方罕得"。茄被认为"最耐久，供膳之余，

---

① 王祯：《王祯农书》卷七《豌豆》，农业出版社，1963年。
② 王祯：《王祯农书》卷二《播种篇》，农业出版社，1963年。

糟腌豉腊，无不宜者”①。元代菜蔬谱中有香茄儿、糟茄儿、蒜茄儿、芥末茄儿、酱瓜茄、四色茄（用白茄）、油肉酿茄、油肉豉茄等，可见茄子在当时食用蔬菜中的重要地位。

菠薐：菠薐就是菠菜，又名赤根，是"四时可用之菜"。

萝卜："可广种，成功速而为利倍"，因而元代"在在有之"，"美者生熟皆可食，腌藏腊豉，以助时馔。凶年亦可济饥。功用甚，不可具述。"②

冬瓜：《本草图经》曰，"冬瓜今在处处园圃皆莳之"，"此瓜耐久，经霜乃熟，又可藏之弥年不坏。今人亦用为蜜煎，其犀用于茶果，则兼蔬果之用矣。"

黄瓜：《王祯农书》曰，"生熟皆可食，烹饪随宜，实夏秋之嘉蔬也。"

瓠（葫芦）：《王祯农书》曰，"有甘苦二种，甘者供食，苦惟充器耳……累然而生，食之无穷，最为佳蔬，烹饪无不宜者。"

韭：《王祯农书》曰，"至春其芽早出，长可二三寸，以为尝新韭。城府士庶之家，造为馔食，互相邀请，以为嘉味。剪而复生，久而不乏，故谓之'长生'。实蔬菜中易而多利，食而温补，贵贱之家，不可阙也。""至冬，移根藏于地屋荫中，培以马粪，暖而即长，高可尺许，不见风日，其叶黄嫩，谓之'韭黄'，比常韭易利数倍，北方甚珍之。"

姜：《王祯农书》曰，"姜辛而不荤，去邪辟膳，蔬茹中之拂士也，日用不可阙。"

蒜：《王祯农书》曰，"惟宜采鲜食之，经日则不美，惟蒜久而味不变，可以资生，可以致远"；"旅途尤为有功，炎风瘴雨之所不能加，食渴腊毒之所不能害"；"夏月食之，解暑，辟瘴气，北方食饼肉，不可无此。"当时人已经认识到了蒜的消毒功能。

葱：《王祯农书》曰，"葱之为物，中通外直，本茂而叶香，虽八珍之奇，五

---

① 洪皓：《松漠纪闻》卷下，上海古籍出版社，2007年。
② 范成大：《石湖居士诗集》卷十二《西瓜园》，上海古籍出版社，1981年。

味之异，非此莫能达其美。"

薤：今称藠（jiào）头。《救荒本草》曰，"本出鲁山平泽，今处处有之"（多用来作酱菜）。

菌子：中原呼菌为"蘑菇"，或谓之"天花"，即食用菌类。菌子野生，也可人工培植。《王祯农书·菌子》："中原呼菌为蘑菇，又为莪；又一一种谓之天花。桑树上生者，呼为桑莪，施之素食最佳。虽南北异名，而其用则一。""新采，趁生煮食，香美。曝干则为干香蕈。"即今日被称为平菇的蘑菇。

回回葱：回回葱即百合科胡蒜，元代的黄河下游地区是主要的栽培地。

山药：《居家必用事类全集》中载，"白面一斤，豆粉四两，水搅如稠煎饼面。入擂烂熟山药，同面一处搅匀。用匙拨入滚汤。候熟燥子汁食之。"

元代分布在黄河下游地区的果品主要有梨、桃、李、梅、樱桃、林檎、杏、枣、栗、柿、西瓜、葡萄、甜瓜等种类。花生是海外产物，分小粒、大粒两型。元代黄河下游地区小粒型花生已传入，当时被人收入果品的行列。水果类以生食为主，但也常进行加工。常用的方法是加砂糖、蜜或其他辅料制成各种饮料、果脯。不少果类作物如柰、林檎、枣、柿等，可以曝干成脯。

三、以羊为主的肉类饮食

蒙古贵族、官僚、奴隶主的肉食，以羊肉为主。驿站来往的官员正使的标准是每日米一升，面一斤，羊肉一斤，酒一升。[1]国学开学，"以羊若干，酒若干樽，烹宰以燕祭酒、司业、监丞、博士、助教、典籍等官。"[2]民间食用羊肉也很普遍。《老乞大谚解》中记富家子弟早上起来，"先吃些醒酒汤，或是些点心，然后打饼熬羊肉，或白煮着羊腰节胸子……"日常生活用煮熟的"干羊脚子"就饭。

---

[1] 忽思慧：《饮膳正要》卷一《聚珍异馔》，上海古籍出版社，1990年。
[2] 克里斯托福·道森：《出使蒙古记》，中国社会科学出版社，1982年。

《元典章》亦记有，举行宴会首先要买"二十只好肥羊，休买母的，休要羯的"。送生日礼物"到羊市里""买一个羊腔子……"。"羊腔子"是去掉头和内脏的羊身子。《居家必用事类全集·饮食类》中有："烧肉品""煮肉品""肉下酒""肉灌肠红丝品""肉下饭品""肉羹食品"等，共50余味，其中一半以上与羊肉有关，远比猪肉的菜品为多，也反映了黄河下游地区的时代特色。

元代黄河下游地区多食用羊肉的原因主要有：首先，大批蒙古人和色目人移入北方农业区，蒙古人和色目人的多数都习惯吃羊肉，使羊肉在肉食结构中的地位更加突出。其次，长期以来，中国医学普遍认为猪肉久食容易得病，如说猪肉"味苦，无毒，主闭血脉，弱筋骨，虚肥人，不可久食；动风、患金疮者尤甚"。①第三，元朝政府对屠宰牛、马严加限制。忽必烈曾下旨：凡耕佃备战，负重致远，军民所需牛、马为本。往往公私宰杀，以充庖厨货之物，良可惜也。今后官府上下公私饮食宴会并屠肆之家，并不得宰杀牛马，如有违犯者，决杖一百。只有因病倒死不及不堪使用的马、牛，在申报所在的官司后方许开剥。②这些条件促使人们多以羊肉为食。

元代黄河下游地区饲养供食用的家禽有鸡、鸭、鹅等。贵族膳食禽类有：攒鸡儿、芙蓉鸡、生地黄鸡、乌鸡汤、炙黄鸡、黄雌鸡、青鸭羹等。此外，鸡蛋在贵族菜肴中用途颇广。民间饮食中有烧鹅、白碟鸡、鸡汤、锅烧肉（鹅、鸭）、川（小）炒鸡、卤鹅鸭等。

黄河下游地区地理位置濒海，从古至今渔猎业十分发达，故沿海捕获海鱼主要有石首鱼（黄鱼）、比目鱼、鲈鱼、鲋鱼、鲳鱼、鲅鱼、带鱼等。此外，还有蟹、虾、海参、海蜇、鱿鱼、乌贼、牡蛎等海产品。海洋捕捞所得新鲜鱼类等，主要行销于沿海地区，少部分用盐腌制或经烈日曝晒干，行销到其他地区。内陆河湖中出产的淡水鱼类有鲤鱼、鲫鱼、鲢鱼等，也有蟹、虾和各种贝壳类动物。

---

① 忽思慧：《饮膳正要》，上海古籍出版社，1990年。

② 何应忠：《论两宋时期的医学发展》，《宋史研究论文集》，河南人民出版社，1984年。

鲫、鲤、鲢、鲭已经人工养殖，且数量较多，是常见的食品。鲤鱼汤、鲫鱼汤是黄河下游地区年节不可缺少的佳肴。

四、调味品种类更为丰富

元代烹饪用的调味品主要有盐、酱、醋、糖、酒等。盐有海盐、池盐、井盐之分。其中，海盐有晒制和煮制两种。元代《饮食须知》中记载："盐中多以矾、硝、灰石之类杂秽，须水澄复煎乃佳。河东天生及晒成者无毒，其煎炼者不洁，有毒。"可知当时已经注意到各种盐品的成分有别，开始了对盐进行精加工。

产盐地区主要分布在益都、济南、登州、莱州、莒州、高密等地。其生产规模、产量均在全国占有重要地位。当时全国每年盐产总量约为256万余引，山东年产约为31万余引，每引重量按400斤计算，约合1240万斤，约占全国盐产量的12%。[①]元代黄河下游地区的盐产比宋代增加近百倍，成为全国九大盐区中较为重要的四个区之一。为加强对制盐业的管理，元政府还专门设置了山东盐运司，治所济南，作为管理盐业的专门机构，负责掌管场灶的事务和食盐销售，榷办盐货，收取盐税。

酱类主要用豆或面粉制成，有豆酱、面酱之分。醋有酒醋、桃醋、葡萄醋、枣醋、米醋等，其中以米醋为上。到元代，开始制作颗粒状的砂糖，有黑、白之分。甜的调味品，除了砂糖之外还有蜜和饧。蜜是蜂蜜的加工品，饧则是用大麦芽和米加工制成的，黄河下游地区称其为灶糖，可制成脆管糖、麻糖等。

作为我国历史上的第一部营养学专著《饮膳正要》，是基于元代宫廷饮膳太医职责而提供给蒙古皇帝内廷饮食生活的参考书。书中所记膳品制作，大多依赖盐、酱、豉、醋、曲等调味，其中对酱类调味品有丰富的记录，生动地反映了元

---

① 马兴仁：《"突厥语大辞典"与中国清真饮食文化初探》，《首届中国饮食文化国际研讨会论文集》，第227页。

代黄河下游地区的酱文化。书中关于"盐""酱""醋""豉"等具体条目的记录，表明汉医理论完全被元代蒙古民族认可。同时，元代的黄河下游地区制作酱菜十分普遍，又因物料的地理、季候不同以及各民族习性差异而呈现出品种、工艺和风格、风味的诸多区别，使酱菜文化异彩纷呈。

元代多民族杂居，许多西北地区的调味品也进入了黄河下游地区，使膳食内容和风味比以前更为丰富。如调味料茴香、草果、荜澄茄（野辣椒）、"马思答吉"（一种香料）、"咱夫兰"（藏红花）、"哈昔呢"（一种香料）、"稳展"（阿魏）、"回回青"（一种色料）等的应用，使黄河下游地区饮食的风味种类大增。

食用油脂可以分为动物性油脂和植物性油脂两大类。宫廷和民间饮食中常用"羊脂"，即羊的肥肉。蒙古贵族富人广泛食用酥油，从牛乳中取浮凝熬而为酥，即酥油。前面说过，食用的家畜肉中猪肉占有重要地位，食用的动物油脂中猪油占较大比重；汉族居民仍以植物性油脂如豆油和菜籽油、麻油（芝麻油，也称香油）为食。

黄河下游地区在汉代已开始人工养蜂，那时多以采集和饲养野生蜂为主。据《宋史》记载，宋代开始有了家蜂和人工养蜂的记载。到元代，养蜂技术日臻完善，提供了大量的优质蜂蜜。元代，蜂蜜已成为重要的甜味剂，在糕点、粥食和菜肴烹调中广为使用。

五、多民族融合的饮料品种

1. 酒

元代的酒，除宋代已有的蒸馏酒、黄酒、果实酒外，还有马奶酒、葡萄酒和阿剌吉酒等。

"一方水土养一方人"，蒙古人从事游牧生活，因地制宜，以马奶发酵制成"忽迷思"（马奶酒），成为他们喜欢的饮料。为了供贵族们饮用，他们也用特有的办法酿造"哈剌忽迷思",即"黑忽迷思"。进入农业地区以后,蒙古人喜爱马奶酒的习惯一直保持下来。在官府和蒙古族贵族举行的宴会中,马奶酒是必备的饮料。受蒙古习俗的影响,汉族和其他少数民族也有不少人对马奶酒发生了兴趣,契丹人耶律楚材在《湛然居士集·寄贾抟霄乞马乳》一诗中说:"天马西来酿玉浆,革囊倾处酒微香";《谢马乳复用韵二首其二》:"顿解老饥能饱满,偏消烦渴变清凉"。元代后期诗人许有壬的《上京十咏》之一《马酒》,其中写到:"味似融甘露,香凝酿醴泉。新醅撞重白,绝品把清玄"。在另一首记述他来往于两都之间的诗篇中,他写道:"悬鞍有马酒,香泻革囊春"。①

黄河下游地区的果实酒有多种,最重要的是葡萄酒。元代中期宫廷饮食著作中说:"葡萄酒益气调中,耐气强志。酒有数等,有西番者,有哈剌火者,有平阳、太原者,其味都不及哈剌火者田地酒最佳"②。元代中期,周权写了首《葡萄酒》诗,诗中有"酒成快泻宫壶香,春风吹冻玻璃光"之句。但在汉族为主的黄河下游农业区,居民主要饮用的仍然是粮食烧酒。粮食烧酒的原料主要为糯米、秫米等,当时酿酒耗粮很多,元姚燧《牧庵集·神道碑》:"有多至三百石者,月已耗谷万石。百肆计之,不可胜算"③。认为酿酒消耗的粮食已超过百姓食用之粮食,危害甚大。

阿剌吉(araq)酒:元代在继承宋代蒸馏酒技术的基础上,制成了阿剌吉酒。阿剌吉是阿拉伯语,原意为汗或出汗。用阿剌吉为酒名,是形容蒸馏时容器上凝结酒精的形状。蒸馏器一般用上下相接的两个容器组成,下面的容器盛酒,加热以后,蒸气上升,上面的容器冷却酒精并冷凝成酒,"蒸而雨滴",加以收集,便成了阿剌吉酒。④

---

① 王祯著,王毓瑚校:《王祯农书·百谷谱集之一》,农业出版社,1981年。
② 吴存浩:《中国农业史》,农业出版社,1995年,第825页。
③ 忽思慧:《饮膳正要》,上海古籍出版社,1990年。
④ 无名氏:《居家必用事类全集》庚集《饮食类》,中国商业出版社,1986年。

2. 茶

宋代时，北方游牧民族饮奶茶已成习惯。元代时，饮茶已成为举国各地各民族各阶层的共同嗜好。黄河下游地区也和其他地区一样，饮茶风俗十分兴盛。蒙汉民族都有饮茶习惯，每年由南方沿运河将各种茶叶制品大量运来北方。这个时期，黄河下游地区的茶有"百姓花茶"，是将"木犀、茉莉、菊花、素馨等花"，放在茶盒上下"熏之"。

当时在黄河下游地区的城乡中遍布茶坊、茶楼、茶馆，方便各地茶客，"上下竞啜，农民尤甚，市井茶肆相属"。蒙古族入据中原后，其饮茶习惯更加兴盛，创造出以酥油入茶的饮用方式，诸如"兰膏茶"和"酥签茶"的制法。之后又流传到汉族和其他民族中，丰富了黄河下游地区的茶饮文化。

3. 其他饮料

元代，黄河下游地区吸收了蒙古族的饮食文化，诸如马奶、牛奶、羊奶、骆驼奶、酸奶等，家畜奶被普遍饮用。汉族居民饮用牛奶较多，羊乳次之。元代典籍评价："牛乳最宜老人，平时补血脉，益心长肌肉，令人身体健康强润泽，面目光悦，志不衰……此物胜肉远矣"[1]；"牛酥真异品，牛乳细烹熬。坚滑如凝蜡，冲融白泻膏"[2]。元代的黄河下游地区养山羊很多，其中乳羊也广有饲养，在羊乳中还可以提取酥油："三山五月尚清寒，新滴羊酥冻玉柈"[3]。

汉族人也对乳酪、羊（牛）酥发生兴趣。乳饼是用牛（羊）酥熬制而成的、呈坚硬状的奶制食品。宫廷食疗诸方中有乳饼面，系将乳饼切作豆子样，用面拌煮熟，空腹食之，治脾胃虚弱，赤白泄痢。宫廷食谱中的珍珠粉、台苗羹等都用乳饼为原料。有诗对乳饼赞曰："刀落云英薄，羹翻玉版鲜。老夫便豆乳，得此

倍欣然。"①元代乳酪、酥油、乳饼在元代就被记入汉族文人的著述中。

汤类是元代日常食品之一。有一类汤，主要由中药材与食物调和而成，也有一些是用蜜饯果品等制成的；或是混合碾成细末，或是熬煮成浆再加开水冲开饮用。总之，元代的汤饮名目众多，如葵桂浆、桂沉浆、荔枝膏（汤）、五味子汤、仙术汤、杏霜汤、山药汤、枣姜汤、四和汤、茴香汤等。汤作为饮料，始盛行于宋代，宋徐度《南窗纪谈》说："客至则设茶，欲去则设汤，不知起于何时。然上自官府下至闾里，莫之或废。"②至元代，汤与茶一样都是待客必备的饮料。

六、粮食加工和食具制作技术的进步

元代黄河下游地区的粮食加工技术有所进步。面粉加工设备已出现了畜力和水利推动磨面的磨房，并用罗来筛分面粉。元代农家进行粮食脱壳的工具有砻、辗（碾）等。若是将外壳分离的米粒、麦粒加工成粉状的面，则用磨、砻、辗（碾）。小型的磨多用人力，较大的用畜力或水力作为动力。其中，以畜力为动力的碾子，常"以牛、马、驴、骡拽之，每磨必二三匹马旋磨，日可二十余石"；水磨"日夜可碾三十余石"。稻米精加工的工具有杵臼与碓。杵臼用手握杵舂米，碓则是"杵臼之利，后世加巧，借身重以践碓，而利十倍"③，有简单的机器装置，以脚踏来带动石碓、木杵捣米。

陶瓷业是黄河下游地区传统的手工业，瓷器产地主要在淄博、枣庄等地，至元代大有发展。这些瓷窑中有官窑、民窑。所生产的瓷器种类繁多，主要器物有碗、罐、壶、盘、碟、杯、钵、盆等，其中以碗罐等生活用具的数量最多。这些

---

① 文物编辑委员会编：《山东枣庄古窑址调查》，《中国古代窑址调查发掘报告集》，文物出版社，1984年，第384页。
② 苏天爵：《元朝名臣事略》卷二《丞相淮安忠武王》，中华书局，1962年。
③ 忽思慧：《饮膳正要》卷二《食疗诸病》，中国商业出版社，1986年。

瓷器以白釉为主,次为黑釉、酱釉,黄釉的数量较少。白釉的白度很高,釉面光洁,胎骨白而精致,胎薄而匀,制作规整,装饰技法丰富多彩:有画花、剔花、篦花、白地黑花、加彩、黑釉粉杠、白釉黑边等种类。可以看出元代的黄河下游地区制瓷技术水平很高。

本地的城市家庭、饭店多用高丽榧子木刳成或旋成大小不等的托盘,多以漆木为主。"凡碗、碟、盏、盂、托大概俱有"。此外本地还用柳条枝、竹篾等编成"荆盘""竹盘"和"食饭盒"作为常用食器,食盒多为"作往复人情,随意买送。以此方盒不分远近送去。此盒可以蔽风沙,并可收拾。"本地区少数民族就餐时"多用木匙,少使筋,仍以大乌盆、木勺就地分坐而共食之。菜则生葱、韭蒜、酱"①。当时蒙古族等少数民族居民的餐具则以刀为主,也配合食叉使用。比如山东嘉祥石林村的一座墓中出土了一套元代的随葬餐叉、餐刀,叉长15.5厘米。这套刀叉还配有一件竹鞘,鞘间有隔梁,以便将刀叉分放,十分讲究,估计是蒙古贵族的陪葬餐具。

七、多民族融合的元代饮食文化

元是由汉、蒙、藏、女真、契丹、唐兀(党项)、回回、畏兀尔及其他几十个少数民族组成的多民族国家,从而加速了各民族间饮食文化的融合。从元代文献中可以发现,当时黄河下游地区的饮食文化出现了多元性特点,诸如记载有汉人茶饭、回回食品、女真食品、西天茶饭、畏兀尔茶饭等。元代蒙古族和其他附属的许多民族移居本地区后,这些民族喜食羊肉的风习,决定了羊肉在当时肉食结构中的突出地位。从元代记录宫廷饮食的典籍《饮膳正要》中可以看到,列入"聚珍异馔"门的菜肴,其中用羊肉为主料或辅料的就有70余种,占菜肴总数的80%左右。

---

① 熊梦祥:《析津志辑佚·风俗》,北京古籍出版社,1983年。

但是，元政府曾颁布不同民族居民食用畜肉的民族歧视法令。如至元九年（公元1272年）元政府下令："大都为头汉儿城子里，不许杀羊羔，违者重罚。"至元二十八年（公元1291年）又令："休杀羊羔儿吃者，杀来的人根底打一十七下，更要了他的羊羔儿者。"至元三十年（公元1294年）进一步令："今后母羊休杀者。"禁止汉族屠杀羊羔、母羊的法令，客观上加快了羊的繁殖。

黄河下游地区的汉族因与蒙古族、回族、畏兀尔族混居，饮食习俗逐渐也产生变化：一是受到蒙古族饮食的影响，食物结构有所改变，肉食以羊肉为主；其二是一日三餐制逐渐普遍化。宋代前期，尚有部分地方的农家在农闲时吃两餐，称为朝、餔两食。宋朝中后期，一日三餐逐渐增多。到了元代，则有了明确的早饭、午饭、晚饭的称谓，三餐制确立。同时，由于元朝的民族歧视和压迫政策，使汉族处于社会最底层，饮食水平也处于温饱线上下，日常饮食仅以果腹。

第八章　明朝时期

明代（公元1368—1644年）的黄河下游地区依托京杭大运河的区位优势进一步发展。大运河两岸商贾辐辏，城镇经济发展迅速，比如济宁、临沂等新兴城镇迅速成为黄河下游地区的经济重镇。濒海地区虽然在一定时期内遭受到倭寇的骚扰，食生产和食生活受到了一定的影响，但是其饮食文化在多元化交流状况下依然保持旺盛的生命力。明代黄河下游地区的饮食文化总体上趋于开放性发展，呈现欣欣向荣之势。

第一节　政府施政恢复农业生产

一、移民垦荒

明朝初期，山东饱受战乱摧残，经济极为衰败，农业受破坏最为严重。济南知府陈修和在洪武三年（公元1370年）向皇帝上书说："唐贞观中丞地有陂十三所，岁灌田数千顷，青、徐水利莫与为匹……，泉水散漫四郊，灌溉稻田无虑万顷，民受其利"，但经战乱"数罹伤残，人民转徙，河渠故道，岁久湮灭，……一遇旱干水溢，则征徭逋负，流亡继之矣。流亡者众，则田不受犁者愈多，榛莽弥望，常数十里无炊烟。"①政府遂采取一系列恢复、发展经济的措施：奖励垦荒、大兴屯田、兴修水利、鼓励种植经济作物。政策上：减免灾区租赋、对新垦地"永不加赋"、对重灾区开仓赈济、从人口稠密地区向人烟稀少、战争破坏严重地区移民等。山东农业和民生因此获得恢复。

洪武十三年（公元1380年）朱元璋下诏："陕西、河南、山东、北平等布政司，及凤阳、淮安、扬州、庐州等府民间田土，许尽力开垦，有司毋得起科。"②为垦荒，洪武皇帝两次将山西农民迁往山东，并在山东境内将东部和南部人口迁入北部地广人稀处。如据《明太祖实录》载，洪武二十五年（公元1392年），登州、莱州二府无地居民5635户迁到东昌府；洪武二十八年（公元1395年），青、兖、登、莱和济南五府，凡家有五丁以上的以及无田的农民1051户（4666人口）迁到东昌府编籍屯种。至洪武二十八年，由外地迁入东昌的民众达5.8万多户。为使屯田制迅速推广，洪武二十八年，政府两次派官员到湖广、江西诸县去购买了耕牛3.23万头，分给东昌府的屯田农民；对从山西来山东的农民，"户给钞二十锭以备农具"。洪武二十四年（公元1391年）："又令山东概管农民，务见丁著役，限定田亩，著令耕种。敢有荒芜田地流移者，全家迁发化外充军。"以上措施对山东农业恢复、人口增殖起到积极推进作用。到洪武二十六年（公元1393年），仅山东一地，已垦成熟耕地达72.4万余顷，在全国12个布政司中，仅次于湖广。③明初的"休养生息"政策，使本地区人口趋于稳定。山东总户数稳定在75万余，人口达到520余万。进入明中期以后，据《大明会典》及嘉靖《山东通志》记载，弘治年间山东户数77万，人口已达675万余；正德、嘉靖时期，山东的户数达85万左右，人口数超过750万；万历初，山东的户数已是137万余。移民垦荒政策取得了巨大成效，为饮食文化的发展提供了物质基础。

① 顾炎武：《天下郡国利病书》，上海科学技术文献出版社，2002年。
② 嘉靖：《河间府志·樊深撰·财赋志·户田》，上海古籍书店，1961年。
③《大明会典》卷一七《户部·田上》，台湾影印本，1976年。

图8-1 明代黄河下游地区政区图

二、备荒防灾

为防灾荒，保障百姓的日常饮食生活，明代共设置了几种储备粮库。为转运粮食设临清仓、德州仓作为"转运仓"，为中央政府所属。省设"常平仓"以供给官俸，州县设"预备仓"。还有民众间互相救赈的"社仓"。

1. 转运仓

洪武三年（公元1370年）建临清仓，二十四年（公元1391年）时储粮食已有16万石，供训练骑兵之用。会通河开通后，又设仓于德州，因临清仓也在会通河交通要道，故一并称为水磁仓，以资转运。宣德年中增造临清仓，容量达到200万石。

2. 预备仓

预备仓为备灾害或青黄不接之时救济灾民。洪武时选者民运枭米、规定治偷盗之罪者纳谷1500石，可以敕奖为义民。所纳之谷，放在预备仓。并规定，借赈饥米一石的，到半年后要以2石5斗还官。隆庆时，大郡已不过6000石，小邑止

1000石，到万历中，上州郡至3000石而止，小邑有的仅存100石。说明当时灾荒较多，普通百姓的饮食生活难以保障。

3. 社仓

明代于嘉靖八年（公元1529年）开始设置"社仓"，《明史·食货志》："弘治中，江西巡抚林俊尝请建常平及社仓。嘉靖八年乃令各抚、按设社仓。令民二三十家为一社，择家殷实而有行义者一人为社首，处事公平者一人为社正，能书算者一人为社副，每朔望会集，别户上中下，出米四斗至一斗有差，斗加耗五合，上户主其事。年饥，上户不足者量贷，稔岁还仓。中下户酌量赈给，不还仓。有司造册送抚、按，岁一察核。仓虚，罚社首出一岁之米。其法颇善，然其后无力行者。"以此来作为灾年的互救措施。但因种种原因行之不力，执行失力，不久废除。[①]

三、兴修水利

1. 黄河的治理

明嘉靖年间，黄河下游水患频发。治河专家潘季驯从嘉靖四十四年（公元1565年）至万历二十年（公元1592年）间，四次治理黄河，历时近十年，使黄河在较长的时期内保持了稳定。第一次，他与工部尚书兼总理河漕的朱衡密切配合，指挥9万多民工，共开新河140里，修复旧河53里、修筑大堤3万多丈、石堤30里。当治河快成功的时候，黄河突然发了一次大水，冲开了新修的大堤，漫入沛县，一些朝臣幸灾乐祸，纷纷弹劾朱、潘二人。但在潘季驯的督导下，河口很快堵塞了，治河一举成功。此为第二次。潘季驯二任河官时已深知堤防的重要性，三任时已形成"以河治河，以水攻沙"的思想并付诸实践，先在黄河两岸大筑遥堤，以防河水漫溢，北岸自徐州至清河县城18400余丈，南岸自徐州至宿迁

---

① 杨溥：《预备仓疏》，《中国历代奏议大全》，哈尔滨出版社，1998年，第888页。

县，共28500余丈；然后又修筑归仁大堤7600多丈，遏止黄河向南侵入淮河；又在洪泽湖筑高家堰，以便"蓄清刷黄"。经过这次大治理后，黄、淮河水归入正道。黄河上下千里，束水攻沙，连出海口的积沙也被冲入海中，黄淮之水可以畅流宣泄入海。[①]第四次，潘季驯在黄河两岸大筑遥堤、缕堤、月堤、格堤，共长34.7万丈，还修建堰闸24座、土石月堤护坝51处，堵塞决口，疏浚淤河30余万丈。这次治河取得了很大的成绩，使黄淮合力冲刷入海，运河畅通，数万艘船只往来转运。[②]潘季驯为治理黄河奉献终生，对明代黄河下游地区农业的恢复、民生、民食的保障做出巨大贡献。他的治河方略和理论，也为以后的治河专家们所借鉴。

2. 大运河的治理

大运河的会通河故道自济宁至临清段385里，是当时国内规模较大的水利工程。因水量不足，不能保证正常的运输，南粮北调仍然依靠海运和陆运为主。济宁州同知潘叔正于永乐九年（公元1411年），建议对会通河"浚而通之，非惟山东之民免转输之劳，实国家无穷之利也"[③]。明政府采纳他的建议，命工部尚书宋礼"发山东及徐州、应天、镇江民三十万"并力疏浚。经过宋礼对会通河的治理，大运河基本贯通。永乐十三年（公元1380年）明政府遂罢海运而专任河运。嘉靖四十四年（公元1565年），官方又对会通河南段进行了改造，开凿了南阳新河，减少了汛期黄河对运河的威胁；隆庆、万历年间，又开凿了夏镇（今微山县）到江苏的泇河，代替了这一段的黄河运道，更减轻了在黄河泛滥时，给鲁南造成的灾情。同时，有计划地在黄河下游地区组织清理了诸多的小河道、建筑了大量塘坝和小水库。这样，在一定程度上克服了水旱灾害的危害，这些数量诸多的水利工程对农业生产的发展，起到了显著的保障作用。

---

① 潘季驯：《两河经略疏》，《中国历代奏议大全》，哈尔滨出版社，第1317～1319页。
② 潘季驯：《申明鲜贡船只疏》，《中国历代奏议大全》，哈尔滨出版社，第1320～1321页。
③ 宣统《山东通志·田赋志·仓储》，刻本，1837年。

3. 疏浚大、小清河

大清河由河南流经山东的范县、寿张、东阿、长清、齐河、济南、历城、济阳、齐东、蒲台等地，由利津入海。小清河发源于济南，流经历城、章丘、邹平、新城、高苑、博兴，由乐安境内的高家港入海。明代的大小清河，是沟通山东沿渤海地区东西部交通的两条重要水运航道。明代前期，在大清河的西段、小清河的中段，因河道淤塞，常致水患。据《明经世文编·刘文和集·重修大小清河记》载："自永乐初，埋塞不通，水失其径，一值天雨，茫茫巨浸，坏民田庐，弗以数计。"成化十一年（公元1475年），山东巡抚牟俸，劝农参政唐某调发5.7万多民工，先后疏通了大清河和小清河部分河道500余里。大小清河疏浚后，实现了"大小清既通，水循故道，退出邹平等邑，膏腴可耕之田数万顷，民用大悦。"①

明前期，政府下工夫兴修水利，改善农业环境，有益于民生，改善了民食。到洪武末年，山东的农业生产已经显著改观。垦田面积已达72.4万亩，仅次于湖广、河南而居全国第三位。洪武二十六年（公元1393年）时，山东户籍达75.3894万户，525.5876万人，居全国各省第五位。生产与社会显著发展进步，民生民食得到改善。

四、鼓励耕种

明政府下达多种经营的奖励法规，鼓励种植高产作物和经济作物，使山东农产品生产迅速发展，许多农民专业从事经济作物生产，并有良好经济效益，其中以棉花发展最快。据《明太祖实录》载，洪武二十八年（公元1395年），仅东昌等三府屯田的棉花产量，就达二百四十八万斤。在扩大栽种高产作物政策的鼓励下，山东水稻发展较快，对山东民食有显著的改善作用。

---

① 顾炎武：《天下郡国利病书》卷三六，上海科学技术文献出版社，2002年。

1. 扩种稻谷，国库充盈

明代山东稻谷种植发展很快。扩种水稻，对调整山东民众的饮食结构，提高农业的抗灾力方面有显著作用。

《英宗实录》记载，正统七年、八年（公元1442年、1443年）山东济南府两年连奏："所属州县，仓粮多，库钞少，每遇起运辽东，赏军钞无从出办。今年存留粮米，乞令每一石折钞一百贯，储库备用"。正统十三年（公元1448年）九月户部奏："山东临清、德州仓，收储小麦数多，恐岁久朽烂。乞许附近人民借食，俟年来秋成抵还粟米。"景泰三年（公元1452年）七月，山东莱州府奏："本府所属存积粮多，无从支用。乞将今岁以后税粮，每麦一石二斗、米一石俱折阔白绵布一疋，收贮官库，以备沿海卫所并辽东支用。其见贮粮卖出存三年之积，余贷借贫民，俾其秋成还官，易故以新，可无腐败"。从以上记载中可看出明初重农措施成功，粮食丰足、国库充盈，已经开始出现仓储饱和的现象，这也为黄河下游地区饮食文化的发展提供了基础保障。

2. 发展蚕桑与纺织业

从魏晋开始，黄河下游地区的百姓就有养殖蚕桑的传统，这一传统不仅是为了能满足制造衣料，同时蚕桑的养殖对于下层百姓扩大肉食来源，丰富饮食生活起到重要的作用。明代山东放养柞蚕极为普遍，几乎遍及所有山区，成为农家重要的收入来源。利用柞蚕丝纺织出的丝织品，称为山茧或山绸，其色泽珠宝般光艳；其质地刚柔相间，具有冬暖夏凉、久而不敝的优点。由于柞蚕放养面积比桑蚕规模为大，生产成本低，故获利较高。而且柞蚕蛹肥硕，营养成分好，是当地民食营养的重要补充。

这一时期，黄河下游地区的棉花纺织也使山东农民收入增加。棉籽榨油尚可食，从而改善了农民的饮食生活。洪武以后，在黄河下游各地植棉面积都有发展。其中尤以东昌、兖州、济南三府所属州县的植棉最盛。

从明中期起，山东除植桑种棉发展纺织业以外，本地区因地制宜，也大力发展了各种经济作物。比如茜草、兰靛、红花等染料作物；梨、枣、桃、栗等果木栽培，[1]明显提高了农民收入，在改善民食的同时，也繁荣了地区经济。

第二节　食物原料更为丰富

明代瓜果蔬菜种类品种更为丰富。水果种类有：葡萄、苹果、石榴、柑橘、桃、梨、杏、枣等；干果有核桃、榛子、瓜子、花生、杏仁；水生蔬菜有莲藕、荸荠、藕、菰等。当时已出现使用石炭（煤）作为烹饪燃料。烹饪的设备和工具也比前更加精巧。郑和下西洋，从西亚和欧洲带回来原产于南美洲的高产作物番薯、马铃薯、玉米，相继在中国栽培。玉米从明代开始，已经在山东小面积栽培。运河商贸在漕运带动下，使本地区的粮食、干鲜果品、水产品、土特产品等商品化，很快进入了商贸流通。济南、济宁、临清、德州、章丘等城市的商品经济十分活跃，饭店酒家不可胜数，烹调技艺精湛。鲁菜之名，享誉京城。商品经济的发展对改善黄河下游地区的民生、民食起到了相当大的促进作用。

一、以面食为主的饮食生活

明代黄河下游地区的冬小麦已逐渐上升为粮食作物之首。因而，本地区主食仍以面食为主，米食为辅，而贫民则以小麦、杂粮搭配为食。

馒头：与前朝同，有以酵面作坯料，再以剪刀在馒头顶部剪出花样，并以胭脂染色的"剪花馒头"。其制作工艺记载于《饮膳正要》。还有以发面作皮，以羊、猪肉作馅的"平坐大馒头"、以黄雀肉作馅的"黄雀馒头"等。

饼类：本地区各种面制饼类广泛见于记载，如：黑子儿烧饼（黑芝麻烧饼）、

---

[1] 嘉靖《山东通志》卷七《风俗总论》，天一阁藏明代方志选刊。

牛奶烧饼（加牛奶和面）、肉油饼（动物油合面、包馅、入炉烤熟）、烧饼（加油合面）、煎饼（鏊锅上摊制而成，以荤素炒菜、炒鸡蛋、果仁、各类调料作菜以包入煎饼）。并有：七宝卷煎饼、金银卷煎饼等许多品种。

糕：由粳米粉、糯米粉、加多样辅料蒸成的糕，其品种有多种，如：松糕、生糖糕、米糕等。

火烧：也是油合面制坯，以酥面夹心为馅，经烤炉中烤制而成的一种烧饼。迎火面烤成金黄，再翻转烤另一面，最后刷香油出炉，焦脆香甜。

馄饨：明代黄河下游地区新增加的馄饨品种有"多肉馄饨"，还有以乳、鸡蛋作馄饨皮的新工艺问世。

角子（饺子）：明代在宋、元角儿的基础上，制皮、制馅技术和原材料都有进步，熟制方法也有水煮、笼蒸、油煎等多种方法。比如：香椿树角儿（用香椿芽作馅料的饺子，具有特殊的香味）、汤角儿（水角儿）、蜜透角儿（以胡桃仁、榛仁、松籽仁加糖制馅或糖豆沙为馅包成饺子，油煎熟拌糖蜜而成）；水明角儿（烫面作皮的角儿）。

包子：《金瓶梅词话》中载有包子，说明当时鲁西南地区包子已是常见的面制食品。

卷子：即花卷，发面团制成分层（用油抹加盐和调味料）坯料，蒸熟。在明代，本地区卷子的品种已不少。比如在《金瓶梅词话》中就记有玫瑰搽穰卷儿，《宋氏养生部》卷二有蒸卷的工艺解释。卷子有甜味、咸香味两种。

玉米面果馅蒸饼：见《金瓶梅词话》，说明在明末的黄河下游地区，玉米面已列为面食原料。蒸饼汉魏已有，为麦面之主食。明朝起，有了玉米面蒸饼。玉米高产，很快即成为本地区农家的主食。

艾窝窝：最早载于明代《金瓶梅词话》。"艾窝窝"是鲁西南的一种用糯米粉包糖馅经蒸制而成的甜食品，原是宫中食品，后来传入民间，在明代多是由小茶馆兼卖的一种小点心，也为富豪食用。后在民间则多以玉米杂粮等制成的窝窝头，掺入野菜和糠麸蒸制而成，作为度荒食品。

明代面条类食品：明代食肆广有现抻现下锅煮的抻面。据《宋氏养生部》记载，明代抻面的工艺技术已具备了现代抻面的雏形。增加的面条品种有：臊子肉面（也称打卤面）、鸡面（用浓鸡汤和面制成面条，蒸熟再加浇头即成）、齑面（是一种用腌渍菜做成浇头的水煮面条）、鸡子面（蛋黄、蛋清分别和面制成的面条）、炸酱面等。

馎饦：明代"紫馎饦"是用黑豆汁加黄豆粉、麦面粉制成的紫色水煮馎饦，见于《宋氏养生部》。

明代山东面食技艺已走进京华并受欢迎。明代北京有一"傅家面食行"，是山东面点师在北京开的面食店，其面点技艺拔尖。礼部侍郎程敏政曾写《傅家面食行》一诗称赞："傅家面食天下工，制法来自东山东。美如甘酥色莹雪，一块入口心神融。旁人未许窥炙釜，素手每自开蒸笼。侯鲭尚食固多品，此味或恐天专功。并洛人家亦精办，敛手未敢来争雄。主人官属司徒公，好客往往尊罍同。我虽北人本南产，饥肠不受饼饵充。惟到君家不须劝，大嚼颇惧冰盘空。膝前新生两小童，大者已解呼乃翁。愿君馄饨常加丰，待我醉携双袖中。"由此诗可以看出，明代山东的面食烹饪技艺已达到了很高的水平，并与京城和各地常有交流。看来那时候食品加工技术已有高低之分，在京城里还有太原、洛阳人家经营的面食铺，虽然水平也不错，但仍比不过"傅家面食行"。可见，当时面食行业中，已凭产品质量、服务水平来进行市场竞争。

二、米类也成为日常主食

明代北方的水稻栽培不断扩大，除粟、粱、黍米外，大米也成为日常主食，其加工方法更加精细。在《金瓶梅词话》中记述的大部分家宴席均有米饭，说明米食的普遍。在坊间最普遍的主食仍为各种粥食和米饭。

《金瓶梅词话》第十回中介绍了宴席上的白米饭——软炊香稻，第五十二回中有写到"绿豆白米水饭"，说明那时山东沿运河地区的富裕人家中，白米饭和白米粥已成为日常主食。此外，市民主食中也经常吃白米饭、杂粮饭，及各种粥类，如小米粥、豆粥等。当时米类食粮还有糯米、谷米、黄米、薏苡米、高粱米、秫米等种类。①当时已经出现了玉米，在《金瓶梅词话》第三十一回、三十五回及明代李时珍的《本草纲目》中都已介绍了玉米面。

三、自家酿酒兴旺

高濂著、万历年刊行的《遵生八笺·饮馔服食笺》，介绍了明代酿酒业发展的一些情况，主要的酿酒技术有：

1. 葡萄酒法

"用葡萄取汁一斗，用曲四两，搅匀，入瓮中封口，自然成酒，更有异香。"是说酿制葡萄酒是用酒曲加入葡萄汁制成的。

酒曲中含有许多微生物，包括酵母、霉菌。但用酒曲接种后，在封闭瓮口的无氧发酵的条件下，霉菌不能生存，只有酵母才能利用葡萄汁中的糖，将糖转化为酒精。这种葡萄酒，既有葡萄的香味，又有酒曲的香味。所以葡萄酒才会"更有异香"。据典籍记载，我国酿制葡萄酒在酒中使用人工酒曲接种的技术，要比中亚和欧洲人工接菌酿造葡萄酒更早。

2. 蜂蜜酒法

"又一法，用蜜三斤，水一斗，同煎入瓶内，候温入曲末二两，白酵二两，湿纸封口，放净处，春秋五日，夏三日，冬七日自然成酒。"《遵生八笺·饮馔服食笺》在这里介绍的蜂蜜酒，采用的是调和煮沸（杀菌）后在瓶中候冷凉到温（可以理解为不冷不热，接近人的体温时）再加入酒曲末和白酵末，然后以湿纸封口（湿纸可以将瓶口封严）。蜜水（事先经过煮沸杀菌的）加入含有大量酵母

---

① 李时珍：《本草纲目·谷部》，重庆出版社，2010年。

图8-2 明代宣德年间青花瓷酒杯　　　　图8-3 明代天启年间青花瓷酒壶

的两种曲将蜜汁中所含的单双糖转化为酒精。

3. 菊花酒法

采用人工酒曲酿制菊花酒，在《遵生八笺·饮馔服食笺》中的记载为："十月采甘菊花，去蒂，只取花二斤，择净，入醅内搅匀。次早榨，则味香清洌。凡一切有香之花，如桂花、兰花、蔷薇、皆可仿此为之。"这里介绍的是菊花酒的一种酿制方法，是将菊花于酒醅中浸泡一夜后，然后再压榨出酒，使菊花香味进入酒中。

4. 五香烧酒

书中介绍的作法为"每料糯米五斗，细曲十五斤，白烧酒三大坛，檀香、木香、乳香、川芎，没药，各一两五钱，丁香五钱，人参四两，各为末。白糖霜十五斤，胡桃肉二百个，红枣三升去核。先将米蒸熟，晾冷，照常下酒法，则要落在瓮口缸内，好封口，待发微热，入糖并烧酒，香料桃、枣等物在内，将缸口厚封，不令出气。每七日开打一次，仍封，至七七日，上榨如常。服一二杯，以腌物压之，有春风和煦之妙。"①这种五香药酒并不全同于当今的药酒，它是将多味药物加入酒醅中，而后由酒曲糖化淀粉、酵母生成酒精、再由酒精溶出药用成分，肯定还有过许多复杂的化学变化，形成了五香酒的优美滋味和色泽。

当时山东的农家"中人以上"大多数是自己酿酒、酱、醋等物，而不去买。明代《古今图书集成·方舆江集·兖州府物产考》有记："酒醪醯酱，中人以上皆自储蓄，不取诸市。而酒以黍米、麦曲而不用药味。近泉诸邑，芳洌清甘，足称上品，优以苦为尚，所谓青州从事者也。"明代名医李时珍对当时的各种名酒曾做简介："江西麻姑酒以泉得名，而曲有群药"；"山东秋露白，色纯味烈"；"苏州小瓶酒，曲有葱及红豆，川乌之类，饮之头痛口渴"；"淮南绿豆酒，曲有绿豆，能解毒，然亦有灰，不美。"可见明代的乡间酒坊已经普遍采用蒸馏法制取白酒。

李时珍对饮酒的道理和应该注意的原则也有精辟的观点："酒，天之美禄也。面曲之酒，少饮则和血行气，壮神御寒；痛饮则伤神耗血，损胃亡精，生痰动火。"他引邵尧夫诗中"美酒饮教微醉后"之句，分析论证道："此得饮酒之妙，所谓醉中趣，壶中天者也，若夫沉湎无度，醉以为常者，轻者至疾败行，甚至丧邦亡家而殒躯命，其害可胜言哉。"②他从中医学原理和实践经验出发，用浅显明了的科学道理分析出少量饮酒的益处、放纵酗酒的危害，以及饮酒务必适量的原则。

四、注重调味品酿造技术的积累

明代黄河下游地区的盐场数量增多。据万历《续山东盐法志》记载，明初山东盐场19处，共有灶户13571户，灶丁45226名；嘉靖年间，灶户有3908户，灶丁

---

① 陈梦雷：《古今图书集成·经济汇编·食货典》，中华书局，1934年。
② 李时珍：《本草纲目·谷部·酒》，重庆出版社，2010年，第1557～1558页。

有38739名；万历十二年（公元1584年）时，共有灶户3988户，灶丁44066名。①明初，山东盐场额定岁办大引盐14.33万余引（每一大引盐400斤）；弘治年间，改办小引盐（一小引盐200斤），引额倍之②；万历年间，山东额定引盐15.45万余道，每引盐600斤，③产量增加到三倍有余。

明代山东盐场的制盐工艺分煎、晒两种。一般离海较远的盐场，多采用煎制法。《天下郡国利病书·山东盐法志》："每岁春夏间，天气晴明，取池卤注盘中煎之。盘四角撑（同'支'）为一织苇拦盘上，周涂以蜃泥，自子至亥，谓之一伏火，凡六干烧盐六盘，盘百斤，凡六百斤。"而离海滩较近的盐场，则多采用晒制法："每灶各砌砖石为大晒池，旭日晴霁，挽坑井所积卤水渗入池中曝之，自辰逮申，不烦铛鬵之力，即可扫盐。"大盐池一次可晒盐一二千斤，小盐池一次亦然可得五六百斤。④说明当时晒盐法比煮盐法成本低，省工时，产量高。

明人邝璠的《便民图纂》一书以编撰者见识广、阅历丰、撰述精而称誉流传。该书的宗旨是"便民"，是以农业社会的广大下层民众为基本对象的生产技能、生活知识的指导书。书中记录了许多农业生产技术知识、食品加工生产技术和简单医疗护理方法等，既是传统习俗的，也是现实的，反映了15—16世纪中国社会的现状。该书的文献依据，主要是元代的三部农书《农桑辑要》《农书》《农桑衣食撮要》和明代初期刘基的《多能鄙事》，但抄录整理过程中融进了编撰者的经验与认知。书中关于酒、醋、酱、腌渍等发酵食品的记述，可以看作是历史经验的总结。

该书"制造类"所记相关内容如：造酒曲、菊花酒、收杂酒、拗酸酒、治酒不沸等诸种方法，在15—16世纪的中国，是寻常百姓家应当具备的极具普遍实践意义的常识性知识。家酿酒和以酒为馈礼是普遍的民俗。造酒习俗与知识，与造醋风习传统紧密相关，书中仅仅记录了"千里醋""七醋"这样两个品种与一条

① 嘉庆《山东盐法志·附编·援证五、赋课》，刻本，1808年。
② 申时行等：《大明会典·户部·盐法》，上海古籍出版社，1995年。
③ 嘉庆《山东盐法志·附编·援证五、赋课》，刻本，1808年。
④ 孙祚民：《山东通史》，山东人民出版社，1992年版，第350～351页。

收醋法，值得注意的是它们均录自元代的《居家必用事类全集》。这表明，"千里醋"和"七醋"是百姓使用最为普遍的传统醋品种。

另外，《宋氏养生部》对酱及酱文化也有详细的记载，如伏酱、面酱、熟酱油、逡巡酱、勾酱、熟黄酱、生黄酱、小豆酱、榆仁酱等。反映了当时人们注重对饮食酿造技术的经验积累，这是历史文化的一大进步。

第三节　商品经济的发展对社会风习的影响

明永乐年间，明政府疏浚了大运河，打通了南北商品交换的商道和漕粮运道。山东段大运河，位于整个大运河的中继段，是南来北往商船的必经之地，"济南省会之地，民物繁聚，兖东二郡，濒河招商，舟车辏集"①，出现了如临清、济宁、德州、章丘等商业繁荣的城市。

在这些地区，商品流通日趋加强，对周边地区商品生产起到了积极的拉动作用。逐渐扩大形成了东昌、兖州两府运河经济区与济南、青州两府间的鲁中经济区，这是明代北方商品经济相对活跃与发达的两大区域。同时，也带动了沿黄、渤海地区和山东半岛地区的经济发展。

一、城镇的繁荣发展与商品集散地的形成

1. 城镇的繁荣发展

随着该地区商品经济的发展，不少农村已是"浸淫于贸易之场，竞争于锥刀之末"②。嘉靖本《山东临朐县志·风土志·民业》中记载："民勤耕农，务蚕

---

① 嘉靖《山东通志·风俗总论》，天一阁藏明代方志选刊。
② 万历《泰安州志·舆地志·风俗》，刻本，1602年。

织。……西南乡以果树致饶益多。麦收者，好造曲，交易以为利。亦或养蜂收蜜。怀资者或辇其土之所有，走江南回易以生殖。或贩鱼盐。其西南山社无业者，或伐木烧炭，烧石作灰，陶土为器，负贩以给徭役。近社之贫者，大抵以菜为业，又或织苇，若秫为席薄，或编荆为筐筥，以供衣食。饼师酒户则鳞次于市，鲜不勤生者。古称通工商之业，便鱼盐之利。"农民广泛从事多种经营，适应日益发展的商品经济需要。

在明代，临清城地处运河与卫河交汇之处，明景泰年间已是"商贾萃止，骈樯列肆"①的繁华城市。正德年间，临清的商业区已扩展到外城，形成"延袤二十里，跨汶、卫二水"②的规模。嘉靖、万历朝，临清城市经济已达鼎盛，市肆栉比，店铺林立，仅绸缎店就有32座，布店73座，典当铺百余家，杂货店65家及其他商家百余店。"四方商贾辏集，多于居民十倍，诚繁华之地，贸易之所，天下之都会。"③之后，明代改临清为州，成为北方地区的著名商业中心。

2. 济宁、临清沿运河商品集散地的形成

位于山东运河南部的济宁，是南北通道咽喉之地。济宁乃"古之任城，济州治所也。去府仅六十里，在运河北岸，其地南控徐沛，北接汶泗，为河渠要害。江淮货币，百贾会集。"④"其居民之鳞集而托处者，不下数万家，其商贾之踵接而辐辏者，亦不下数万家。"⑤它无疑是明代山东南部著名的漕运码头与商品集散地。

南北商人在临清、济宁两地，利用大运河航道，"齐之鱼盐、鲁之枣粟、吴越之织锦刺绣、闽广之果布珠翡、奇珍异巧之物，秦之羃（jì）毳（cuì），晋之皮革。鸣棹转毂，纵横磊珂，以相灌注。"⑥同时，再把本地盛产的棉花、水产

---

① 乾隆《临清州志·公署志》，刻本，1785年。
② 乾隆《临清州志·城池志》，刻本，1785年。
③ 乾隆《临清州志·公署志》，刻本，1785年。
④ 万历《兖州府志·风土志》，刻本，1573年。
⑤ 乾隆《济宁直隶州志·地域·街衙》，刻本，1785年。
⑥ 康熙《章丘县志·艺文志》，于慎行《安平镇新城记》，刻本，1691年。

品、梨枣等农副产品收购集中贩往各地。在运河地区，通过以上转贩贸易"凡日用所需，大率出自江南。"①

这些城镇的兴起，不但带来了经济的发展，也进一步发展了黄河下游地区的饮食文化。因为大运河沿岸的城市兴起，各地具有特色的饮食才逐渐开始形成，比如济宁菜、微山湖菜等。

3. 经济作物商品化生产中心的形成

明代发展棉花、水果等经济作物的生产，促进了本地区农产品商品化与商品经济农业的发展。个别地方甚至出现植棉达"万亩之家"的大规模经营户②；水果业者，有人经营大宗梨枣果品，"东昌属县独多，种类不一，土人制之，俗名曰胶枣、曰牙枣，商人先岁冬计其木，夏相其实，而直（值）之，货于四方"③。专门以种植果木为业的农户，"每岁以梨枣附客江南"，以果品收入作为衣食日用及交纳赋税的开支。④在商品经济的刺激下，运河地区有过"千亩之家，千树梨枣，牛数百头，马百蹄，园畦蔬果"的农业大经营主。⑤

鲁中稻、棉特产的发展：济南、青州等鲁中地区宜植稻、棉，以蚕茧蚕丝、水果药材、烟酒土产物美价廉闻名；有金丝小枣、银鱼山药、棉花布匹、草帽辫料等特产。南部山地丘陵兼矿产煤炭、果木农桑之利；沿鲁中山区富产铁制品。胶东沿海地区以其榨油和粉丝等特产在海内外闻名。

二、海运增进食物交流

黄河下游地区毗邻海洋，是海运必经之地。明代海运主要是把南方的粮食和

---

① 嘉靖《高唐州志·地理志·市镇》，刻本，1553年。
② 康熙《濮州志·风俗记》引万历旧志文，刻本，1673年。
③ 陈梦雷：《古今图书集成·东昌府部汇考·东昌府物产考》，中华书局，1934年。
④ 康熙《堂邑县志·人物》，刻本，1679年。
⑤ 嘉靖《高唐州志·地理志·市镇》，刻本，1553年。

物资运到天津附近港口或辽东港口，为北方驻军做军需补给。而山东登州和莱州港口是海运的重要基地，洪武三年（公元1370年）令山东"**召募水工，于莱州洋海仓**（今莱州海仓口），**饷永平卫**"，次年又"**发兵五万戍辽，命镇海侯吴桢，帅万人由登莱转运，岁以为常**"。这里成为支援辽东的后勤基地。

万历至崇祯年间，每年仅自登州运抵辽东的粮食即达70万石。[1]路线是：先集中于庙岛一带，然后载船向北，经长山列岛各岛、抵老铁山，再沿牧羊城、羊头凹、双岛、猪岛、中岛、北倍岛、盖州岛、娘娘岛、广宁到辽阳和盛京（今沈阳）。这条海上运输线，在明代军运和边防中有重大作用。明代还有一条自江苏淮安通往天津搭海运的路线，经过山东沿海的安东卫、石头臼所、灵山卫，北上到成山卫（今荣成）、刘公岛、威海卫，折道向西，经福山芝罘岛到登州，再向西经黄县的桑岛、莱州大洋、海仓口，再向西北经黄河海口，候镇店，经大、小清河海口入直沽，抵达天津。[2]明代海运将南方的粮食和物资运到天津港或辽东，促进了南北饮食文化的交流。

三、社会风习的改变

自明中以来，商品经济的发展引起了社会风气的明显变化：不分地位身份，均参与经商活动。过去经商嗜利，为读书人所不齿，"**号为诸生，不窥市门，不入酒肆，或有干谒嗜利，辄共讪笑，游宦而以货归，士论亦鄙之**"[3]，在明代则出现"**逐末者，多衣冠之族。**"[4]封建士大夫从事经商嗜利活动成普遍现象。在济南府的武定地区，"频年贫者，每徙鱼盐之利，……或贩梨枣，买酢艋下江东，争

---

① 光绪《登州府志》卷二二，刻本，1881年。
② 光绪《登州府志》卷二二，刻本，1881年。
③ 康熙《东阿县志·方域志·风俗》引明旧志文，齐鲁书社，1998年。
④ 万历《东昌府志·地理志·风俗》，刻本，1600年。

逐什一，农事不讲久矣。"①在泰安州，"风移俗习，浸淫于贸易之场，竞争于锥刀之末。"②在东昌府聊城，居民皆"逐时营殖"；在馆陶则"争弃农衿贾"③。博平地方也是"务本者日消，逐末者日盛。"④在兖州府的郓城、巨野、嘉祥、金乡、鱼台、济宁等地，"民逐末利"尤盛。在齐州府地区，"富人责商贾为利"⑤，而一般贫民，"农桑之外，逞逐商贩"，"变而逐末多也"。⑥同时商人的地位也大为提高，人们已"不贱商贾"⑦，只要是"家累万金"的大商巨贾，"虽身居布衣，一时交乡绅无不与之往来、结婚姻，即邑侯亦优之礼貌"⑧，"驺从如官者"⑨。人们已经改变歧视商人的传统观念，商品经济活跃，正反映了社会的进步。

其次，人们的衣食住行、社会习尚也发生了明显变化。明初著令："凡官民服色、冠带、房舍、鞍马、贵贱各有等第。上可以兼下，下不可以僭上，违者以僭越罪治之"⑩。但自明中期以后，人们在物质生活方面越礼逾制，追求奢华的现象比比皆是。在服饰上，"齐民而士人之服，士人而大夫之服"⑪已很常见。"用有珠玉饰帽者"，"甚至以绫绮为袜，首帕为裙为里、为亵衣用者矣"，"时兴花样，日盛月新"，"一味华美"。⑫同时，食物质量也有变化，在饮食消费观念、食俗、食礼方面出现了革新、改变。

① 万历《武定州志·地理志·物产》，刻本，1588年。
② 万历《泰安州志·舆地志·风俗》，刻本，1602年。
③ 万历《东昌府志·地理志·风俗》，刻本，1600年。
④ 道光《博平县志·民风解》引万历聚志文，刻本，1831年。
⑤ 陈梦雷：《古今图书集成·职方典·青州府风俗考》，中华书局，1934年。
⑥ 嘉靖《青州府志·地理志·风俗》，上海古籍书店，1965年。
⑦ 嘉靖《山东通志·风俗总论》，天一阁藏明代方志选。
⑧ 济阳县志编纂委员会：《济阳县志·艺文志》，卫国玉《卫公讳洪亮字明宇墓志》，济南出版社，1998年。
⑨ 康熙《濮州志·风俗记》引万历旧志文，刻本，1673年。
⑩《大明会典·礼部》，台湾影印本，1976年。
⑪ 崇祯《郓城县志·方舆志·风俗》，天一阁藏明代方志选。
⑫ 万历《青州府志·风化》，刻本，1616年。

第四节　日常饮食习俗

一、《金瓶梅词话》中的日常饮食

从《金瓶梅词话》中反映出，作者对当时鲁西南运河边上的临清城，以及民间生活有非常仔细的观察和总结。那时，普通民众的早饭是点心、粥和饼类，他们常吃新鲜的蔬菜、腌渍的蔬菜和腌制的肉和鱼，豆腐是民间最常见的好菜，是一种庶民食品。《金瓶梅词话》中对来自江南的优质酒，往往只略称为"南酒"，而谈到黄河下游地区的各种酒类，则列举有羊羔酒、黄米酒、葡萄酒和华北各地都生产的烧酒。《金瓶梅词话》中将斟酒称为"筛酒"，这是因为古代的酒和醪是混合在一起储藏的，待要吃的时候，须用网眼筛子垫布过滤，去除其他杂物，并随即加温。在来客之前，用专门的槽进行过滤，这称为筛酒。元明时期才将筛酒这个词赋予"斟酒"的含义。明代的酿酒加工业已经将酿好的酒醪经过澄清、过滤。店铺里市售的清酒比浊酒更为普遍，已经不必等客人来了再进行筛酒，直接买回瓶装或坛装的清酒就可待客。但是，在口头上仍把斟酒这个动作称为筛酒。笔者李汉昌发现，在烟台一带的酒席上，许多人直到今天，仍将斟酒称作筛酒。

从《金瓶梅词话》中可以看到，明代黄河下游地区豪绅家宴各个层次的宴

图8-4　明代《梦梅馆校定本金瓶梅词话》

类，以及菜肴的丰俭程度和相关费用（见表8-1）。

表8-1　《金瓶梅词话》中明代豪绅家宴食单分析

宴类人数	菜肴名类、数目	主食	酒品	价值	备注
二人便宴	四盘菜肴（噶饭）	温陶面、白米饭	橄榄酒二大壶	银一钱三分半	第九十六回
三人家宴	十样小菜	榛松仁、白糖粥	金华酒一壶		第二十二回
仆敬贺主人宴	烧鸭、烧鸡、烧鲜鱼、火熏肉四大菜、四碟小菜		金华酒一坛	计一两五钱银	第三十四回
二人便饭	煎面筋、烧肉、另四碟小菜	饭	一壶酒		第三十五回
送生日宴	四盘羹菜、一盘寿桃	一盘素面	一坛酒		第十五回
五人素食物斋饭	四碟素菜、咸食	四小碟薄脆、蒸酥糕饼	无	招待尼姑	第三十九回
送元宵节礼食	四盘蜜食、四盘细果、两盘元宵				第十五回
招待御史大宴	二席：肴列珍馐，汤陈桃浪，100瓶酒，1000份点心，百斤熟肉			约1000两银	第四十九回
宴梵僧	果子、小菜各四碟、头鱼、鸭、乌皮鸡、鱼鲈公各四碟；羊角葱炒核桃肉、陈鱼片、灌肠、烧泥鳅、肉丸汤（二龙戏珠）、腌腊鹅子各四碟、葡萄、李子果碟	一大碗鳝鱼面，一盘菜卷子	滋阴白酒		第四十九回
招待过境太尉	二十二桌席面大菜，有烧鹿、花猪、百宝攒汤，五果五蔬、五老定胜方糖	大饭烧麦	美酒	银106两	第七十六回

二、日常菜肴的发展

日本饮食文化学者筱田统在研究我国古代饮食史的论文中写道："明代山东农家的副食，自古以来是以蔬菜为主的，畜禽肉类只是偶尔供应的膳食，蛋白质的不足是以豆类来补充的（豆腐、豆芽、豆腐脑、豆汁、豆酱等等），有时也能吃到点鱼和其他水产品。沿海、沿河湖的农民，当然可以经常吃到鱼和水产。黄河下游地区的农家自古以来用植物油作为调味油，用在炒菜、烧汤和调拌腌制菜的调味料。明代酒席所介绍的佳肴，原料有牛、羊、鸡、鹅、鸭等肉类，而水产品则有鳜鱼、鲟鱼、鲤鱼、鲋鱼、鲤鱼、鲫鱼、鲇鱼、螃蟹和虾。至于肉和鱼的烹调方法，则是千差万别，不可一一记载。明代可以上席的加工过的动物性食品有：腊肉、烧鸡、烤鸭、糟蛋和糟鱼。糟鱼是一种将盐腌制过的鱼片和米饭混合起来进行发酵（产酸）后，所形成的发酵鱼片食品。该食品始于汉代，盛行于汉唐，明清以后渐少见。今仅存于中国的西南边疆。"[①]

明代菜肴的发展情况，可以由明代的嘉靖朝为界，划分为两个不同的发展阶段。嘉靖以前，社会各阶层成员的饮宴和日常饮食消费的标准，均遵循洪武时代礼制的严格规定和限定，很少有违礼逾制的现象发生；到嘉靖隆庆以后，随着商品经济的发展和社会价值观的变化，在大中城市和商埠，各种商品逐渐丰富，消费的诱惑力日益加强。从而开启了社会禁锢已久的消费和享受欲望，"敦厚俭朴"的风气向"浮靡奢侈"转化。这一时期民间出现了很多肉制品的制法，并见于记载。肉类菜肴主要有：

牛脯，明宋诩《竹屿山房杂部·宋氏养生部》："烹熟，压干。油中煎，再以水烹去油，滤出。以酒接之，加地椒、花椒、莳萝、葱、盐，又投少油中炒香燥。"

生爨牛，《竹屿山房杂部·宋氏养生部》："视横理薄切为牒，用酒、酱、花

① 筱田统：《生活文化研究》，日本版，1952年。

椒沃片时，投宽猛火汤中，速起。凡和鲜笋、葱头之类皆宜先烹。"

熟爨牛，《竹屿山房杂部·宋氏养生部》："切细脍，冷水中烹，以胡椒、花椒、酱、醋、葱调和。有轩之和宜酸虀、芫荽。"

盐煎牛，《竹屿山房杂部·宋氏养生部》："肥膴者薄脁。先用盐、酒、葱、花椒沃少时。烧锅炽，遂投内速炒，色改即起。"

牛饼子，《竹屿山房杂部·宋氏养生部》："用肥者碎切机上报，斫细为醢，和胡椒、花椒、酱、浥白酒成丸饼。沸汤中烹熟浮先起，以胡椒、花椒、酱油、醋、葱调汁浇渝之。"

火牛肉，《竹屿山房杂部·宋氏养生部》："轩之，每为二斤三斤计一斤，炒盐二两，揉擦匀，和腌数日。石灰泡汤，待冷，取清者洗洁，风戾之，悬烟突间。"

熟牛粑，《竹屿山房杂部·宋氏养生部》："一用精者，视理薄切为脁，和以盐、酒、花椒布苴。压干作沸汤，微焊，日暴之。一用精者，切为轩，以花椒酱沃顷之，加酒、水、酱油、醋宽烹至汁竭为度。俟冷，或析为细缕。"

烹羊，《竹屿山房杂部·宋氏养生部》："取肉烹糜烂，去骨，乘熟以布苴压实，冷而切之为糕。惟头最宜熟肉，宜烧葱白、酱或花椒油，或汁中惟加酱油渝之。"

爊羊，《竹屿山房杂部·宋氏养生部》："一肉烹糜烂轩之。先合爊料同鲜紫苏叶水煎浓汁，加酱调和入肉。一以爊料汁烹羊肩背，俟熟，加酱调和，捞起，架锅中炙燥为度。于刀切二制。"

油炒羊，《竹屿山房杂部·宋氏养生部》："用羊为轩，先取锅熬油，入肉，加酒水烹之。以盐、蒜、葱、花椒调和，宜羜羝（诗注曰羜未成羊也）。"

火羊肉，《竹屿山房杂部·宋氏养生部》："用肩肘每斤炒盐一两，揉擦深透，选器中三五日。取石灰泡汤，俟冷，洗洁置于寒风中戾之，悬近烟突间。"

烹猪，《竹屿山房杂部·宋氏养生部》："宜首宜蹄，烹糜烂去骨，以布苴压糕。冷宜酱、盐，热肉。宜花椒油、花椒盐、蒜醋蒜水。凡烹时其汁中冬月，加盐少许及白酒，夏月别加白矾少许。须日挹去其油并滓，而用其清。再续以水是谓原汁，愈久愈美，烹肉益佳。"

蒸猪，《竹屿山房杂部·宋氏养生部》："取肉方为轩，银锡砂锣中，置之水，和白酒蒸至稍熟，加花椒酱，复蒸糜烂，以汁瀹之有水锅中慢烹，复半起其汁，渐下，养糜烂，又俯仰交翻之。"

盐酒烧猪，《竹屿山房杂部·宋氏养生部》："取肥娇蹄每一二斤，以白酒、盐、葱、花椒和浥，顷之，加少水锅中，纸封固，慢炀火俟熟。"

盐酒烹猪，《竹屿山房杂部·宋氏养生部》："烹稍熟，乘热以白酒、盐、葱、花椒遍擦架锅中，少沃，以熟油蒸香，又少沃以酒微蒸取之。"

盐煎猪，《竹屿山房杂部·宋氏养生部》："用肉方破入锅，炒色改，少加以水烹熟。汁多则杓起渐沃之，同花椒、葱、盐调和、和物俟熟。宜芋魁、白菜、茄、山、荞头丝、瓠、胡萝卜、甘露子、秔糯米粉。"

酱煎猪，《竹屿山房杂部·宋氏养生部》："同盐煎，惟用酱油炒黄色，加花椒、葱和。物宜合面筋、树鸡酱。"

鲤鱼，明代以鱼为原料的看馔有：酱烧鲤鱼、清烧鲤鱼等。

三、救荒饮食习俗

元末明初的战乱灾荒，给登上明朝皇帝宝座的朱元璋以刻骨铭心的印象。他曾带着皇太子到灾区视察，并经常对其他皇子和大臣们进行"以农为本、以民为本"的教育。朱元璋的皇子朱橚（sù）于明洪武十一年（公元1378元）受封为周王，洪武十四年（公元1381年）就藩于开封，并亲自撰写《救荒本草》刊行于世。《明史》记载他："好学能词赋，尝作《元宫词》百章。以国土夷旷，庶草蕃芜，考证其可佐饥馑者得四百余种，绘图疏之，名《救荒本草》。"《本草纲目》和《四库全书》都评价《救荒本草》"详明""详实可据"。《救荒本草》在很早就流传到国外。日本先后有刊刻和手抄多种版本传世。在日本德川时代对该书非常重视，对该书的研究文献就多达十五种之多。德国植物学家布列什奈德（E.Bret

Schneikder）在咸丰元年（公元1851年）研究了该书，并对其中的记录176种植物作了鉴定，美国植物学家李德（A.S.Lead）对该书的配图精确也给予高度评价。

一般来说，在灾荒年间首先要采集野生植物救荒，品种有菱、芡、榛、栗等，平日可以作为蔬果食用，也可以贮藏备荒。其次，人们广泛种植抗灾性强或生育期特别短的作物，比如苋菜、登箱子、薏苡、荞麦等。再次，要选育一些生育期与一般品种不一样的品种或做过特殊处理的种子用于灾后补种，比如小麦、绿豆等。此外，还要重视木本食物，比如大枣、栗子、柿子这些容易贮藏且能充饥的植物。

《救荒本草》共收录植物414种。它写得通俗、实用，并讲究科学。为使饥民们读懂，作者对植物名称、古名、地名和特征，和难读难懂的字都一一加以注音。全书中的注音字在数万个以上。另外，作者努力运用形象的方法介绍植物名称，叙述植物根、茎、叶、花、果实、种子形态、颜色、性味、质地。方便人们在野外找到它们，并对414种救荒的野生植物有形象的文字描述，并配有生动逼真的插图。

书中将度荒植物分成三类。其一是采摘后能直接食用的，有野生果树果实和野生植物如：酸浆草、楼子草、薤菜、水芹、野胡萝卜等二三十种；其二是需要经过腌制、干制后干藏备荒用的；其三是采集后要加水蒸煮、浸淘、漂洗换水，浸去异味才可食用的野菜种类。书中提醒大家，尽管经过处理，有的有毒的野生植物中所含毒素可能尚未全被去除，还必须谨慎食用。书中还介绍了用含淀粉的植物制粉的加工食用方法。

《救荒本草》的科学性，还体现在作者对可食野生植物的形态描绘得细致准确。书中仔细地介绍了它们的名称、原产地、分布地、生态环境、生长习性、各器官特征与可食部分；介绍了它们的寒热之性、甘苦之味，和淘洗、烹煮、煎熬、调晒的方法。对某些植物在不同生境下的产量和品质，也有仔细的描述。

由于明代多灾荒，除了宁王朱权撰写了《臞仙神隐书》外，明代还有《野菜谱》二卷、《汝南圃史》《农政全书》《养余月令》《救荒野谱补遗》《沈氏农书》

和李时珍的《本草纲目》的部分章节等十种指导灾民度灾的专著。尤其是明末崇祯年间戴羲所辑《养余月令》，该书共三十卷，是按月令编排的。在各月份中设有相应栏目，分别为：艺种、收采、烹制、调摄等。从二十一卷起，又分别介绍了蚕、鱼、竹的育法、育式、品目等。其中对救荒草本多有介绍。

第九章 清朝时期

清代是黄河下游地区饮食文化发展的重要阶段。东北地区的满族和中北地区蒙古族的饮食文化进入了黄河下游地区，为该地区增添了新的文化元素。山东曲阜衍圣公府的最高文化象征地位在这一时期得以确立，并逐步形成了衍圣公府独有的饮食文化，成为黄河下游地区乃至全国饮食文化的重要标杆。流经黄河下游地区的京杭大运河成为沟通南北的重要交通枢纽，各地区间文化交流不断加强，黄河下游地区的饮食文化呈现丰富多彩又具地方特色的繁荣景象。

第一节　农业发展状况

一、奖励垦荒　恢复农业生产

清顺治年间颁布奖励垦荒的政策。山东规定：土地无主者即为官屯，由官方招佃承垦，"其种田之人，不拘土著及流来人民，有工本愿种，官给地，量助牛、种，分收籽粒三分之一，三年之后，准为永业"[①]。地主豪绅乘机大肆侵占荒田、兼并土地。山东耕地面积有了较快回升。顺治十八年（公元1661年），耕地面积

[①]　台湾"中央研究院历史语言研究所"编：《明清史料》丙编，中华书局，1987年，第330页。

达到74.1万多顷；康熙二十四年（公元1685年），为92.5万多顷。从公元1724年至1822年近百年间，耕地面积历次统计都在98.4万至99.4万顷之间浮动。①

康雍时因战争使农民逃亡，人口变动很大，田地荒芜，影响征集粮赋，故出台复垦政策，令各地方对抛荒田勘察，再申请豁垦（扣除荒地的应交粮赋）。康熙年间，申请豁垦的土地面积巨大，山东是开垦、复垦耕地重点地区。据清道光《山东通志》记载：全省承粮面积，顺治十五年（公元1658年）为741336顷65亩；至雍正十三年（公元1735年）为994459顷7亩，增加面积253122顷42亩。所增面积是该时间内的开垦额。

但荒地认领政策未能增加国库收入，也未能改善农民生活。经康熙帝运筹，由雍正帝从山东开始，试行"摊丁入亩"②新政，并扩大到全国，终获效显著。从乾隆四十一年（公元1776年）到咸丰元年（公元1851年），粮食平均产量在75年中大约提高了50.2%，年增产率平均为0.67%。③

二、人均占有耕地的矛盾

自雍正四年（公元1726年）开始实行"摊丁入亩"政策，上缴国家田赋逐年增加。在人口不断膨胀的情况下，要不断提高农作物产量和产值，农民才能糊口；山东积极推广甘薯、玉米等高产农作物；倡导发展烟草、花生、棉花等经济作物来增加农产品产值。笔者李汉昌教授根据典籍资料，采用史学研究的类比方法，对各时期人口数、增长率、田亩数、人均耕地面积进行了统计（见表9-1）。

---

① 孙毓棠等：《清代的垦田与丁口的记录》，《清史论丛》第1辑，中华书局，1979年；《清代的垦田与丁口的记录》，《清史论丛》第2辑，中华书局，1985年。

② 摊丁入亩：又称"摊丁入地"或"地丁合一"，是清朝政府的一项重大税制改革，将中国实行了两千多年的人头税（丁税）废除，并入土地税中。从而，放松了政府对户籍的控制，增加了自由劳动力，推动了商品经济的发展。

③ 珀金斯：《中国农业的发展（1368—1968年）》，上海译文出版社，1984年。

表9-1　清代历代山东省人口数、田亩数与人均田亩数[①]

年　代	田地（亩）	增长率（%）	人口数（万）	人均亩数
顺治十八年（1661）	74133665	——	1000	7.41
康熙二十四（1685）	92526840	24.8	1270	7.29
雍正二年（1724）	99258674	7.28	1872	5.30
乾隆十八年（1753）	99347268	0.09	2401	4.14
嘉庆十七年（1812）	98634511	-0.71	2896	3.41
咸丰元年（1851）	98472844	-0.16	3424	2.88
同治十二年（1873）	98472846	0	4262	2.31
光绪十三年（1887）	125941301	27.89	4899	2.57

注：表中的人口数与人均亩数为笔者补充。

　　从表9-1中可看出，由清顺治十八年（公元1661年）至清光绪十三年（公元1887年），山东耕地面积由0.741亿亩增到1.259亿亩，耕地面积增加69.88%；而人口却由1000万人增加到4899万人，人口增加389.9%。人均耕地却由7.41亩降到2.57亩。此时期内，虽然每亩均产粮量约提高50斤，但每亩年均收获仅有约400斤毛粮。若去除粮赋或遇灾年，农民仍要挨饿。受益多的是拥有大量土地的官绅地主。

第二节　饮食资源的发展

一、高产作物的推广

1. 玉米

玉米原产于美洲墨西哥一带，中国大约在明朝永乐年间由郑和带回。后于清

[①] 梁方仲编著：《中国历代户口、田地、田赋统计》乙表61《清代各朝各直省田地数》，上海人民出版社，1980年。

初才开始大面积推广种植。清朝大力推广引进的高产作物玉米、番薯和马铃薯，加快了清代人口的增长。

玉米在黄河下游地区栽培面积迅速扩大的原因，一是政府积极主张山区农业垦殖，而玉米又适宜于山地栽培。二是当时天灾频繁，地租赋税日益加重，农民纷纷进荒山垦殖。三是玉米在冬小麦收获后可再种一茬，收玉米后也来得及秋播冬麦，显著地提高了每亩土地的粮食产量。此外由于玉米有耐旱、耐涝、高产、耐土地瘠薄等特点，适宜在黄河下游地区的山区种植。玉米迅速推广后，改善了饥饿农户的处境，发挥了救灾糊口的重要作用。至道光年间，玉米已是"每饮必需为饼，与粥糜同煮谓之疙瘩；屑榆皮和之，切为条，谓之拔子。"光绪年山东《文登县志》指出：荣成县，"六谷之外，高田多包谷，洼地宜者"；"一岁之入，几居其半。近年渐种玉粟"。由于玉米被引进并在本地扩大栽培，民食供应已见好转。玉米也逐渐成为贫苦农民的主要食粮。清代山东农家玉米的主要食用品种有：

玉米面饼：已成为日常主要食物，即将玉米籽粒带皮细磨面，调合成面团（经发酵或不经发酵），贴在铁锅内烙熟，成为有焦黄颜色的玉米饼子。它是山东农家在17世纪至20世纪上半叶的主食之一。每逢大灾时期，则可向玉米面中多加糠麸和切碎的蔬菜一起烙熟成菜饼充饥。

玉米面窝头：将玉米面和成面团，经发酵或不发酵后抟捏成底下为半空心状，放入笼屉中蒸熟。窝头是17世纪至20世纪上半叶黄河下游居民的主食之一。

玉米面煎饼：是起源于鲁中地区的玉米面粗粮细作的主食。制作方法是：将玉米面（也可适量加入黄豆面、豌豆面、小豆面或适量面粉）调水成稀粥状。采用特制的鏊锅，下面以麦草加热，将稀玉米面浆一勺放入热锅中部，立即用特制的"刮勺"，将其均匀迅速地摊薄于（鏊）锅全部面积，要刮摊得很均匀，稍待，熟后，用专用小刀，将其翻个；加热几秒钟出锅，即成香甜可口的煎饼。玉米面煎饼因含水量少，适宜短期储存。它的口感特别好，受到黄河下游地区人民的欢迎。几个世纪以来，一直作为主食品。

煮嫩玉米：在玉米处在蜡熟初期、中期时采收，带包叶摘下玉米雌穗（入锅前去掉包叶或不去包叶均可），在锅中煮或蒸或去掉包叶烤熟，则成香甜可口的嫩玉米。煮嫩玉米的食用方法源于灾年，为充饥，忍痛食用未成熟的玉米，这种食法被称作"啃青"。明知可惜，却因饥饿无奈而为之。

玉米面粥：16世纪至20世纪上半叶的黄河下游地区，广大农民一直处于粮食不够吃用的贫苦状态下，玉米粥或玉米菜粥是每日两顿（农忙三顿）用来填饱肚子的主要食物。

2. 番薯

番薯在明万历二十一年（公元1593年）经华侨商人陈振龙带回福建。最初在福建、广东种植成功，后于18世纪引入黄河下游地区。

清初，由福建生员陈经纶向福建政府报告其父华侨商人陈振龙由南洋引进番薯事：其父在菲律宾见当地人栽培番薯，"生熟可茹，询之夷人，咸称薯有六益八功，同五谷，……但此种禁止引入中国，未得栽培。……纶父目击朱薯可济民食，捐资阴买，并得岛夷传种法，带归闽地。……"当地巡抚金学示："可传尔父，既为民食计，速即觅地试栽……"当年陈经纶在自己家"草帽池边试种成功"。福建巡抚金学曾主持编刻了种薯书《海外新传》，在福建推广番薯，"秋收大获，远近食裕，荒不为害民……"

乾隆十四年（公元1750年），陈经纶五世孙陈世元到山东胶州做生意，"时东省旱涝蝗蛹，三载为灾，皇恩发帑，赈恤数百万元"。陈世元见山东人民挨饿，心中不忍。他和友人共同捐资，于次年运送薯种、带农具，雇会种薯农民数人，到山东胶州试验种番薯成功。于是，地方官员"刻《海外新传》旧本，教以藏种之法"。乾隆十七年（公元1753年），"东省藩宪李公……复取金公旧刻，再为详晰，发明后见，以种薯为救荒第一义，自此家传户习"。

此后陈世元命其长子陈云，"移种甘薯于胶州州治……州尊宋汇收入志。乾隆十九年（公元1755年）移种潍县。次年陈世元长男云，次男燮，移种河南朱仙镇，又移种河北。""（乾隆）二十二年（公元1758年）云偕三男树同余、刘二友人，又由胶州运种至京师齐化门外，通州一带，俱各教以按法布种，地纵屡迁，效皆不爽……"[1]陈振龙、陈瑞元、陈云等陈氏七代长幼及其友人，锲而不舍，以"救荒为第一要义"，从海外引进薯种，坚持试种推广。他们爱国爱民、以救灾救饥为己任的精神，历史不会忘记。他们的丰功伟绩，将永远铭刻在山东农业史和饮食史的丰碑上！

番薯的引进对于民食民生具有很大意义：

（1）高产番薯对抗灾保民食的意义　番薯平均产量可达每亩2500公斤以上。番薯营养丰富：含有淀粉20%、糖分3%、蛋白质2.0%、脂肪0.2%。每百克鲜薯可消化热值为114千卡。其营养成分中，除脂肪稍低，其余成分都高于大米和面粉。含有维生素A、维生素C和维生素B_1、维生素B_6，富含纤维素与其他保健成分。就甘薯所含热量而言，成年人每天吃2公斤番薯，可满足一日活动需要的2400千卡热量，且无饥饿感或营养问题。按每四斤番薯折一斤毛粮计，亩产2500公斤的番薯的所含营养热量，则相当于粮食产量的5～10倍之多。自清以来山东就有"一季番薯大半年粮"之说。《金薯传习录》载，乾隆十七年（公元1753年）山东布政史李渭曰："一亩秋收，可得数千斛，胜种谷十倍……此救荒第一要义也。"自清乾隆二十年（公元1756年）起，番薯在北方广为栽培，对救灾与保障民食意义重大，成为北方重要的高产粮食作物。

（2）番薯的多种食用方法　金学曾在《海外新传》书中全面介绍了番薯食性："薯初结时即可食，味淡多汁，及食则甜，煨食、煮食、煿（烤）食、蒸食，亦可生食。"它有多种食用方式，既可以："切片晒干，碾作饘粥"与"磨作粉饵，滚水灼作丸"，也可以"拌面可做酒、舂细水滤去渣，澄晒成粉叶（粉皮），可作蔬。"清代山东布政史李渭曾指出红薯的特点："质理腻润，气味甘平，无毒，补虚乏，益气力，健胃脾，强肾阴，与薯蓣同功。久食益人……蒸熟气味极

---

[1] 陈世元：《金薯传习录》第九、十、十一、十二篇，上海古籍出版社，1995年。

香，似蔷薇露。"对番薯饮食营养意义有很高的评价。

（3）番薯的抗虫灾意义　李渭特别指出种植番薯的抗灾意义："至於蝗蝻为害，草木荡尽，惟薯粮埋地中，蝗食不及，即令枝叶皆尽，尚能发生，若蝗信到时，急令人发土掩覆，蝗去之后，滋生更易，是天灾物害皆不能为之损……，此救荒第一义也。"这就说明番薯因结薯土中，可以避免蝗虫危害。他介绍了当年山东地区农民对甘薯地覆土盖秧预防蝗灾的经验。

（4）推广番薯对人口的影响　美国芝加哥大学何炳棣教授曾撰文指出：引进高产作物番薯是"我国第二个长期粮食生产的革命"，他还指出："粮食生产和人口爆炸，是互为因果的……今日中国是全世界最大的番薯生产国，产量占全世界的百分之八十三。"[1]

夏鼐在《略谈番薯和薯蓣》一文指出："我国的人口在西汉末年便已接近六千万，……到乾隆六年（公元1741年）便达一万万四千余万……道光十五年增至四万万以上……这样的人口激增……，与明朝末年输入……番薯和玉蜀黍，恐关系更大。"[2]在清代中期，番薯对黄河下游地区人口不断迅猛增加，起到了重要的推进作用。

此后，番薯在清代黄河下游地区的粮食作物中发展很快。与玉米相比，它具有更适宜于旱地生长的特点，而且更高产。清代番薯，已经成为黄河下游地区重要的粮食作物。曲阜人称：番薯"甚为谷于菜之助焉"[3]，道光年间的林伯桐曾说："车路最多红薯，四鼓公车已载途矣"[4]。我们观察近两个世纪以来的农作物比重，本地区玉米与番薯的播种面积大都是同步上升的。有清一代，随着人口的快速增长，粮食中的高产作物几乎以同步趋势在种植业中占据了主导地位。其重要

---

① 何炳棣：《美洲作物的引进、传播及其对中国粮食生产的影响》，《大公报在港复刊三十周年纪念文集》下卷，第673~731页。
② 夏鼐：《略谈番薯和薯蓣》，《文物》，1961年第8期。
③ 潘相：《曲阜县志》卷三十七，刻本，1774年。
④ 林伯桐：《公车见闻录·养生》，修本堂丛书本。

意义，是使中国饥饿的农民能吃得更饱些；灾年可减轻饥饿的摧残。这些高产作物，在客观上有力地支撑了黄河下游地区人口的急剧膨胀。

3. 花生

在乾隆年间有海外花生种子引入山东，乾隆十四年（公元1749年）《临清州志》、乾隆四十七年（公元1782年）《安丘县志》均有记载："本地出落花甜，即落花生。"嘉庆时期花生在山东的种植，逐渐由运河地区向东部地区发展，从而形成了泰安和青州周边的两大种植区。"其生颇蕃"，"连阡接陌，几与菽粟无异"[1]。在安丘县，花生自"嘉庆十年（公元1805年）以后始有种者，获利无算，汶河两岸，废田尽成膏沃"[2]。花生是豆科作物，有根瘤菌，可以从空气中将氮气共生固氮，不断供应满足花生自身所需要的氮素营养，故可以省肥料。山东《费县志》曾记载，花生栽培"工省易收，不与其他农作物争肥争地"，凡"地多沙土，不蕃五谷，宜此种。"道光年间，花生推广到胶东与鲁南地区。清中期，山东已成我国主要的花生生产基地，产品行销全国。花生增加了农户收入，改善了地区食油供应，对丰富民食营养有重要的意义。

二、经济作物产销两旺

黄河下游地区自古以盛产的干鲜果品、经济作物品质优良、品种多样闻名于世。有清一代，在不断引进海外品种、改进栽种技术、扩大南北贸易等方面有显著进步。

1. 果品

黄河下游地区盛产温带干鲜果品，如红枣、葡萄、花红、桃、杏、李等，很

---

[1] 咸丰《宁阳县志·物产》，刻本，1852年。
[2] 道光《安丘县志·方产考》，刻本，1843年。

早就是本地区特产，特别是山东的红枣，粒大、皮红、味甜而胜于外地。清代开始，山东红枣的种植面积不断扩大。乾隆《平原县志》载，该县"枣树最盛"。东昌府的枣是运河码头受欢迎的食物。"每逢枣市，出入有数百万之多"[①]。兖州府东阿县"地颇宜枣，人往往贩之江南"。远近闻名的山东乐陵小枣，含糖分多，品质好，栽培面积逐年扩大，"以车贩鬻四方"[②]。而滕县、峄县产枣多，并远销江南。东阿县也有"地颇宜枣，人往往贩之江南"[③]的记载。

山东中部益都县等地，盛产柿子、核桃。"核桃一曰胡桃；柿，结实尤繁，殖者盈亩连陌，（酢）为饼，与核桃同贩之胶州、即墨、海估载之以南，远达江楚，至闽粤，大为近郊民利"[④]。清代黄河下游地区发展果树栽培业，也是温带地区农业大发展的适宜途径。

图9-1　清代乾隆时期的淄博窑茶碗

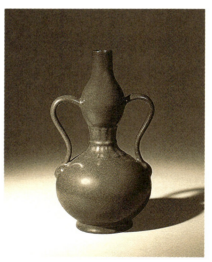

图9-2　清代乾隆时期的淄博窑茶釉瓶

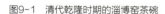

① 宣统《聊城县志·方域志·物产》，刻本，1910年。
② 王培荀：《乡园忆旧录》卷三，刻本，1845年。
③ 陈梦雷：《古今图书集成·职方典·兖州府物产考》，中华书局，1934年。
④ 道光《青州府志》卷三二《物产》，刻本。1814年。

2. 蔬菜与茶叶

清代黄河下游地区蔬菜栽培和花卉等经济作物的商品性生产日渐兴旺："开园圃种蔬菜，利倍于田，而劳亦过之"[1]；峄县生姜的种植面积日益扩大，故可"鬻姜于外商，利数倍"[2]。

清代初期山东已种茶："茶，莱阳县出。"[3]亦有"茉莉，诸城人业此，分销各处，然不及闽广所产"[4]的记载。清末期，在烟台、青岛输出货物中有红茶与绿茶。清代山东费县产蒙顶茶，系出自蒙山之巅所产之茶；蒙阴、历城也有茶叶栽培加工。蒙茶："茶如花状，士人取而制之，其味清香异他茶"，其滋味"前苦后甘，生津止渴，宁嗽化痰，回味尤良。"被誉为"若教陆羽公持论，应是人间第一茶"[5]，当时曾作为地方贡品。

第三节　食物加工技术大发展

一、榨油业

咸丰年间，胶东沿海地区传统手工榨油业发展很快。光绪元年（公元1875年），烟台豆饼年出口量已超过100万担。此后，山东以外销出口为主的榨油业，大部集中于胶东沿海地区，烟台成为胶东地区的榨油业中心。

清后期，胶州湾出产的豆油、豆饼开始转由青岛出口。公元1904年胶济铁路全线通车，榨油业运销加快，贸易活跃，沿铁路线的榨油业发展较快。[6]从铁路

---

① 顺治《登州府志》卷八《风俗》，增刻本，1695年。

② 光绪《峄县志》卷七《物产路》，刻本，1904年。

③ 顺治《登州府志·物产》，增刻本，1965年。

④ 道光《山东通志·物产》，刻本，1837年。

⑤ 隆庆《兖州府志·物产》，天一阁藏明代方志选刊。

⑥ 杉山五郎：《最近山铁沿线事情》，1916年，第174页。

通车到公元1911年的六七年间，沿铁路线的榨油业很兴盛。潍县有油坊30家；安丘有油坊数家；平度油坊年出产豆油和花生饼各约180万斤，七八成油出口；胶州年船运上海豆油200万斤，豆饼7000余片（1片约30斤），输出的豆油约20%当地自产；八成由附近地区运入。公元1909年的前后几年间，胶济铁路沿线的蛤蟆屯相继设立30多家油坊，榨油生产、贸易特别繁荣，成为青岛榨油业中心。[1]20世纪的前十年，烟台从东北输入大豆平均每年约200万担；烟台豆饼的年输出量平均在100万担以上；豆油输出量幅度在每年7.4万担至16.3万担间。青岛开埠后，公元1905年豆饼输出达33.9万担，豆油输出达21万担。[2]

二、淀粉加工业

黄河下游地区的粉丝加工业是农村的副业手工业，最著名的为"龙口粉丝"，产地为胶东的宁海、招远、烟台、莱阳、福山、栖霞、海阳、蓬莱、黄县等地。统一由龙口港发运，故名之。龙口粉丝生产历史悠久。清代中叶时，每年有大宗粉丝船运南方销售。烟台开港以后，粉丝开始输往香港地区，以及美国及东南亚地区。公元1866年，烟台出口粉丝达4万余担，公元1890年增至15万担，20年中增长近4倍。

清末，烟台出口粉丝年总产量达4500万斤，包括山东各地年出口量：宁海10万包、蓬莱5万包，福山与莱阳合计5万包，黄县3万包、招远2万。[3]随产业规模的扩大，开始出现粉丝商业化生产。清末，烟台收粉庄约有30家，分别由烟台帮、潮帮、福建帮商人经营；龙口有收粉庄16家。[4]当时山东省平均年生产粉丝40万担，年输出粉丝20余万担。1911年，烟台、青岛、龙口三港输出粉丝达到28.7

---

① 光绪《平度县乡土志》，抄本，商务印书馆，1908年。

② 东亚同文会编：《支那省别全志·山东省》，1915年，第712～713页。

③ 东亚同文会编：《支那省别全志·山东省》，1915年，第736页。

④ 东亚同文会编：《支那省别全志·山东省》，1915年，第744～747页。

万担，占全省粉丝年总产量72%。①

三、面粉加工业

清中期之前，城乡面粉加工仍以石磨加工为主，当时各地城乡均有磨坊分布。面粉中的精品为"飞面"，是在小麦磨粉晒干之后，经过重罗筛粉，飞扬堆积四边的细面粉为"飞面"，此为上品面粉。清代的"飞面"以山东出产的质量为最佳，作贡品入宫。清代后期外国洋面进口到山东，为抵制洋面粉，山东曾建起不少小型制粉厂。此外，大米粉、糯米粉多用以加工糕点；山药粉、百合粉、荸荠粉，则为富裕人家的营养品。清代地瓜、玉米栽培面积扩大，故农村家庭以碾磨加工地瓜面、玉米面为主要粮食。小麦面积有限，富家平时的主食多为小麦面粉和大米，穷人则为年节之食，农村的主粮逐渐转而以杂粮为主。

四、盐业

康熙年间，为克服明代盐场广而散的状况，政府对19个盐场进行了整顿。到雍正初年，裁并为10个盐场，同时也放松了对灶丁的人身控制。雍乾时期实行"摊丁入亩"，把灶丁的丁银全部摊入地亩征收，取消了灶丁的人头税，在一定程度上允许灶丁将余盐私贩，提高了灶丁的积极性。由此，促进了山东制盐业的大发展。煎盐铁锅数量成倍增加，盐产量大大提高。额定盐引由康熙末年的45万引，增加到乾隆中期的55万引。额定盐票由10万余引（每票引盐225斤）增加到25万余道。②嘉庆初年除已定引额外，还有余盐15万引。③制盐业呈现出前所未有

---

① 东亚同文会编：《支那省别全志·山东省》，1915年，第744～747页。
② 田原天南：《胶州湾》，1915年，第410页。
③ 安作璋：《山东通史·明清卷·典志》，山东人民出版社，1994年，第281页。

的繁荣。

清代黄河下游地区所产之盐分海盐、土盐两种，以海盐为主。土盐出自鲁西南城武、单县、金乡、鱼台、钜县、肥城、汶上等县，但在全省盐产量中所占比重很少。苏北和黄海沿岸的海盐则有较大发展。清朝末年，山东海盐产地有8处，共有盐田面积50余万亩。[①]光绪二十三年（公元1897年）德国强租胶州湾后，大力开发胶澳盐场，让民间注册纳税晒盐，于阴岛设立巡捕局管理盐务。至第一次世界大战爆发前，胶澳盐场已有盐田4.8万亩。[②]第一次世界大战爆发后，日本强占胶州湾，在青岛设立盐业有限公司，继续经营胶澳盐场，使盐田增至9万余亩，年产量近400万担，占当时山东全省盐产量50%以上。[③]

五、酿酒业

光绪二十年（公元1894年），爱国华侨张弼士（公元1814—1916年）向清政府申请获准在烟台开设张裕酿酒公司，引进法国优良酿酒葡萄，建立了葡萄生产基地。经几年奋斗，终于建成了中国第一个近代体系完整的葡萄酒酿造企业。1915年，在巴拿马万国商品博览会上，张裕白兰地获最优质奖状和金质奖章。烟台张裕葡萄酿酒公司选用贵人香、李将军、龙眼、雷司令等当地的优质白葡萄品种为原料，取第一次压榨的自流汁，在低温下发酵四十多天制成原酒，并在两年内三次换桶陈酿，然后以此酒为酒基。之后，取肉桂、豆蔻、苦艾、藏红花、公丁香等二十多种名贵药材的浸泡液与之勾兑，再经半年以上的储藏陈酿而成。颜色橙红，汁液澄明，酒香清幽，药香醇厚，口味酸甜微苦。

烟台红葡萄酒：由张裕葡萄酿酒公司采用解百纳、玫瑰香等著名葡萄为原料

---

① 东亚同文会编：《支那省别全志·山东省》，1915年，第736页。
② 东亚同文会编：《支那省别全志·山东省》，1915年，第744～747页。
③ 安作璋：《山东通史·明清卷·典志》，山东人民出版社，1994年，第281页。

精酿而成，色泽通红透亮，香味纯正馥郁，久置甜酸醇厚。1914年在山东和南京的展览会上分别获得金质奖和最优等奖，1915年在巴拿马国际商品赛会上获得金质奖章。①

青岛啤酒：1903年青岛建立啤酒厂，是我国最早的啤酒厂之一。它选用优质大麦芽、大米，胶东啤酒花、崂山矿泉水为原料，以传统的啤酒工艺与设备，酿制成优良的淡色啤酒，即"青岛啤酒"。在亚洲市场颇得赞誉，畅销国内外。②

由于高产作物玉米、甘薯的引进和商品粮食生产的发展，粮食酒发展较快。如章丘"每岁上农酿酒数十石，中者十数石，下者数石"；滕县"酿户大者池数十，小者三四池，日一酿，酿费粟一石二斗"；禹城"邑百里地，计烧饧四十余所，每年败毁米麦高粱不下数千石"。③即墨老酒是传统的黄酒类佳酿，始产于宋代，至今已有近千年历史，以优质粟米、崂山矿泉水为原料精酿而成，其味醇和郁馨，其色黑褐透明，其液盈盅不溢，其功舒筋活血，畅销国内。至道光年间，行销日本和东南亚各国，受到广泛欢迎。④

第四节　趋于成熟的地区饮食文化

一、国内外饮食文化的交流

（一）汉满饮食文化交流

清军在公元1644年进入山海关之后，为稳定统治，清统治者调整了满族的典

---

① 车吉心、梁自絜、任孚先主编：《齐鲁文化大辞典》，山东教育出版社，1989年，第796～802页。
② 车吉心、梁自絜、任孚先主编：《齐鲁文化大辞典》，山东教育出版社，1989年，第796～802页。
③ 车吉心、梁自絜、任孚先主编：《齐鲁文化大辞典》，山东教育出版社，1989年，第796～802页。
④ 车吉心、梁自絜、任孚先主编：《齐鲁文化大辞典》，山东教育出版社，1989年，第796～802页。

制传统和风俗习尚。各地满族居民的饮食生活、日常食俗与年节食俗，几乎完全与汉族一致。如春节吃饺子、守岁、拜年。立春日，割鸡豚，炊面饼，并杂以生菜、青韭芽、羊角葱，生食水萝卜就餐，称谓"咬春"。端午节时，满人和汉族一样，都吃粽子、饮朱砂酒，以避暑邪。过中秋节，满人和汉族一样，全家团聚吃月饼，家家有丰盛的晚餐。此外，满族家庭还一定要吃羊肉火锅、猪肉什锦火锅、烤羊肉等传统美食。他们在腊月初八日，也和汉族一样吃腊八粥。只是满族人做腊八粥的原料采用的是有东北特色的八种原料：高粱米，黍米、黏米、薏米仁、麦角米、大米、小米、江米，并且一定要用红小豆汤来熬粥，熟后倾于小缸、盆内；一待小豆粥凝固后，于其上面再摆放各色各样的粥果，如栗子仁、木樨仁、红枣、核桃仁、松子仁、榛子仁、葡萄干、青梅、青红丝、蜜饯食品等。

满人入关后，在国家政权特惠政策的保护下，满族贵族常在黄河下游地区的济南、淄博、潍坊等城市泡茶楼，边喝茶边听大鼓书。吃着馆内供应的各色香茶、五香瓜子、白瓜子、五香咸栗子、糖炒栗子、卤煮花生、焖蚕豆、冰糖葫芦等茶食。在名泉遍布的济南，无论趵突泉还是黑虎泉，都是满人常聚集品茶之地。汉满饮食文化已融为一体。

（二）中外饮食文化交流

清代前中期的黄河下游地区，已经有西洋膳食随着贸易人员、传教士和旅行者而传入。尤其在青岛、烟台、济南等城市，商贾云集，市场繁荣，出现有兼卖面包、饼干、洋酒的食品店，以及洋人餐饮店铺和西式食品工厂。1903年，爱国华侨张弼士在烟台创办了我国第一家西式葡萄酒厂——张裕葡萄酿酒公司；1903年，青岛啤酒厂建立；此外，在济南、淄博等地也出现有蛋糕、面包、饼干和西式糖果的加工厂。同时，本地区的食品种类和传统食品，如鲁菜和山东风格的肴点：面条、饺子、包子、春卷、合子、元宵和汤圆等也传入世界各地，在日本东京、加拿大温哥华的中餐馆中很容易吃到地道的鲁菜。

1. 与日本的交流

清代中日商贸活跃程度超过了明代。同时，日本留学生和僧人不断将山东的饮食带入日本和韩国；山东地区赴日本打工的人口也逐渐增多，在日本横滨等城市的中国餐馆越来越多，逐渐在日本形成了以中国饭店和商店为代表的"中国街"。

有日本学者研究认为：日本并不是将中国文明作为一个体系，一下子全部容纳接受了的，而是将包括中国饮食文化在内的构成体系的各个要素引进来，并加以分解；然后嫁接移植到日本饮食文化体系当中去的。比如，山东、福建等地的中国人在日本港口开设专门为中国人服务的中国饭馆，带来了"中国料理"。它首先被日本人称为中国料理。日本著名汉学家石毛直道教授分析道："所谓料理，暂定义为由料理技术、料理用具、料理素材构成的体系。明治维新以前，中国起源的食品，被引进到日本人的饮食生活中。但那个时代，中国料理技术和料理用具尚没有得到普及。所以，即使使用中国起源的食品，也由于采用了日本料理素材和调味料加以调味、用日本本土的料理技术进行加工，烹制出的食物也就不属于中国料理，而成了日本料理。"①

因中国菜有多用肉类的特点，石毛直道先生认为："撇开几个例外，近代以前的日本没有真正的中国料理。之所以能这样判定，是与日本社会饮食文化传统上忌食（畜）肉有关。"日本在近代以前，中国文明对日本的发展有很大的影响，饮食也不例外。如使用筷子进食的习惯，以及茶、豆腐、面类（面条）等食品都是从中国引进，然后移植到日本食文化中去的。但是，所有这些，是通过顺应日本文化而经过变形日本化之后，才纳入日本食文化体系中的。在中国饮食中，筷子是与匙并用的食具，而在日本变形为无汤匙只用筷子的饮食方式。饮茶方面，日本本身创造出的茶道也得到了发展。即便豆腐和面类，也都是经传统的

---

① 石毛直道：《中国饮食文化的海外传播》,《第七届中国饮食文化学术研讨会论文集》，东京，2001年。

日本料理技术改造之后，才变成与中国不同味道的料理食品。[1]

石毛教授的上述认识是有道理的。饮食文化的国际间、民族间的交流，都可能是一种对于异源文化的同化过程。元明两朝中原的汉族居民，面对新的王朝所带来的新的饮食、习俗等异源文化，也经历漫长的接受、同化过程，并进而与本民族饮食文化相互融合，构建新的共同的饮食文化。用现代科学思维方法来分析这些异源文化之间的相遇和变化，可以看出首先互相排斥，而后渐渐相容，再互相接受，最后互相融合的过程。这时，两种文化之间，已经是你中有我，我中有你。其间，确实经过了因素分解、选择融合、组合创新、形成新品（新习惯或新的系统）的漫长时间。

2. 与朝鲜半岛的交流

中国的农业技术、作物品种、食品加工技术，自西周开始经多次移民而传入朝鲜半岛。清朝在壬午事变和义和团运动后，由山东移居朝鲜半岛的人口剧增，同时中国山东地区的食文化也迅速随之进入朝鲜半岛。20世纪初，朝鲜半岛各大城市中，到处都有中国饭店。20世纪前20年，仅汉城就有中国烧饼店200家。中国的水饺、蒸饼、煎饺、锅贴、面条、打卤面等面食品于清中后期传入，深受朝鲜人民欢迎。清代传入朝鲜的中国面食，大多为山东人传去的。故当时中国菜饭在朝鲜半岛以山东菜饭为主。

二、主食与鲁菜的形成

（一）主食

清代的黄河下游地区仍然是典型的面食区，传统面食品种相当丰富，主要有面条、饸饹、馄饨、饺子、馅饼、包子、馒头、烧卖、煎饼、烙饼、元宵、窝头

---

[1] 石毛直道：《中国饮食文化的海外传播》，《第七届中国饮食文化学术研讨会论文集》，东京，2001年。

等。在调制各类面团的成分、技艺上多有不同，比之前代有很大进步，已基本定型。比如当时调制各种面条用的面团，要分别加入有各种不同的动植物原料、调味品，采用不同的浇头，形成不同品种的面条。[1]按加工方法分，有刀切面、挂面、抻面、拉面、刀削面等品种；按调味方式分，有打卤面、炸酱面、炒面等品种；按熟制方式分，有水煮面条、炒面条等种类。

清初李渔介绍过的"五香八珍面"，仅调味品就有醋、酱、花椒末、芝麻屑、蘑菇煮汁和煮虾汁等多种。其中花椒末和芝麻屑和入面团内，再以酱、醋、鲜汁三物和为一，充作和面之水，不用另加冷水，擀成的面条滋味鲜美。五香八珍面的浇头中，原料称作八珍的有：鸡、鱼、虾肉；鲜笋、香菇、芝麻、花椒与鲜虾汁共八种，能使面条的滋味鲜香，别具一格。[2]

本地区的山东抻面可与山西抻面相媲美，清代福山县的"福山抻面"就极负盛名，能抻拉出扁、圆、三棱形面条，在北京也很有影响。[3]各地食肆常见的还有炒面、刀削面等，也是有名的山东面食。

（二）鲁菜的形成

黄河下游地区依山傍海，物产丰富，经济发达，为鲁菜的形成提供了很好的条件。鲁菜是黄河下游地区烹饪文化的代表，有"北方代表菜"之称。它发端于春秋战国，发展于秦汉，形成于清代。它有完整的烹饪技法，以"爆""塌""扒"等技法见长。清人杨度曾写："京师人海，酒食征逐，视为故常，……京中民国以前，大都系山东馆。间有京中土著经营之菜馆，虽为京菜，也多山东风味。"[4]台湾学者张起钧称：当时"北京那些大馆里的京朝菜叫山东菜的原因，就是这些大馆子毫不例外地都是山东人开的，……不仅技术口味好，而

① 邱庞同：《中国面点史》，青岛出版社，1995年，第194～195页。
② 李渔：《闲情偶寄》，人民文学出版社，2013年。
③ 林永匡、王熹：《中华文明史》第十卷，河北教育出版社，1994年版，第627页。
④ 杨度：《都门饮食琐记》，《杨度集》，湖南人民出版社，2009年。

且格调高超，水准卓越。其风格大方高贵而不小家子气，堂堂正正而不走偏锋，它是普遍的水准高，而不是以一两样的菜或偏颇之味来号召，这可以说是中国的典型了"①。鲁菜具有擅长的烹饪技法及鲜明的制作特色。

1. "爆"制菜肴

鲁菜讲究热油急火，快炒速成。从而使菜肴香、鲜、脆、嫩。代表性的"爆"法鲁菜如"油爆双脆""油爆海螺""爆鸡丁"等菜肴。

2. "塌"制菜肴

塌，是鲁菜独有的一种烹调方法，其特点在于塌菜的主料需烹前入味或夹入馅心，经挂糊、油煎成两面金黄时，再投入调料、清汤，以慢火塌尽汤汁而成。"锅塌黄鱼""锅塌鱼盒""锅塌豆腐"等都是鲁菜中的代表菜。

3. "扒"制菜肴

烹饪中，扒菜特别讲究刀工、火候与调味、芡汁特点；还分外注重菜形完美。装盘时，要运用"大翻勺"的技艺，将由几种原料组成的一定造型的菜肴，来个离勺腾空，完好无损地接入勺内，再装入盘中。代表性菜肴有"白扒通天翅""扒三白""扒芦笋鲍鱼"等。扒菜讲究刀工，有"整扒""散扒""红扒""白扒"之分。

4. 制汤用汤是鲁菜的重要特点

鲁菜的汤有"清汤""奶汤"之分，"清汤"清澈似镜，"奶汤"浓白似乳，都是运用不同火力、不同处理手段煮制而成。

"清汤"菜肴："清汤"煮制时，先将主料比如乌骨鸡宰杀后，放净血，用热水去毛，剖腹，去内脏，急火焯煮后捞出；将乌骨鸡加入各种调料添汤微火煮炖一个小时，以使主料中鲜味物质慢慢溶于汤中，直至汤清澈、味鲜醇时方能使

---

① 张起钧：《烹调原理》，台湾新天地书局，1978年。

用。"清汤燕菜"是其代表。

奶汤菜肴："奶汤"煮制时，一般选用鸡、鸭、猪肘子等容易让汤色泛白的原料为主料，先滚水烫过，再放冷水旺火煮开，去沫，放葱姜酒，文火慢滚至汤稠呈乳白色。"奶油八宝鸡""奶油蒲菜"等就是久负盛名的奶汤佳肴。

5. 擅长烹制海鲜

鲁菜师傅多以烹制海鲜珍品见长。不论是参、翅、鲍、贝，还是虾、蟹、螺、蛤，经厨师精巧烹制都可成为筵席珍品。仅胶东盛产的一种牙鲆鱼，便可作出"爆鱼丁""熘鱼片""双色鱼卷""滑炒鱼丝""烹炸鱼条""扒鱼福"等上百道菜，并且色、香、味、形各具特色，千变万化均在一鱼。至于以小海鲜烹制的菜肴也颇见功力，有"炸蛎黄""余西施舌""韭菜炒蛏子""芙蓉蛤仁""蟹黄鱼翅""扒原壳鲍鱼""绣球干贝"等都是可以上大席的高档菜。

6. 多用葱蒜调味

蒜黄、蒜薹、蒜苗、蒜瓣都可用来烹制菜肴，大蒜可用以制成蒜汁、蒜片、蒜泥、蒜米来调味。大葱在鲁菜中的应用更为广泛，不论是爆、炒、烹、炸还是烧、熘、焖、炖，几乎无一不用葱来调味。葱蒜既能调味助食，又能抑菌健体，值得倡导。

7. 以一菜多作见长

鲁菜中，采用一种原料可让客人领略到不同风味的菜肴。比如用一尾整鱼剖成两扇，分别运用"蒸扒""炸熘"等技法，可以烹制而成"两吃鱼"。放入盘中，一盘洁白如玉，一盘橙黄似金；一味咸鲜，一味酸甜，让客人赏心悦目，大饱口福。

具体来说，山东各地的物产资源和饮食习俗不尽相同，菜肴地方风味特色也各有千秋：鲁西风味菜肴讲究咸鲜相醇、味重色浓、精于制汤，尤以烹制肉禽见长。以济南为代表的名菜如红烧肘子、九转大肠、烧乳猪、德州扒鸡、奶汤蒲菜、清汤燕菜等都是鲁西风味的代表菜。以青岛和烟台为代表的胶东风味，特点是清淡鲜嫩，擅烹海鲜，其代表作如清蒸加吉鱼、油爆海螺、葱烧海参、两吃鱼、三吃虾等。曲阜、济宁为代表的鲁南风味，则加工细腻、擅烹河鲜。其中孔府菜为"阳春白雪"，其代表名菜是诗礼银杏、神仙鸭子、蒜末甲鱼、花揽鳜鱼等。以上地方风味，形成鲁菜统一的格调，组成了完整的体系。

三、衍圣公府的饮食生活

孔府，又称"衍圣公府"，位于孔子诞生地山东曲阜阙里，始建于宋宝元年间（公元1038—1040年），它是孔子后裔的府第。封建统治者出于以儒家思想维护统治的需要，对孔子的后裔实行了"推恩"政策，封为"圣人"以示尊孔。孔子后裔的封号历代几经变化，"衍圣公"始封于北宋仁宗至和二年（公元1055年），直到中华民国二十四年（1935年）一月十八日发布"以孔子嫡系裔孙为大成至圣奉祀官"的"国府令"，共历31代，首尾延续了881年之久。"孔府菜"是孔子嫡传长孙世袭衍圣公府中宴享菜肴的习惯称谓，它是乾隆时期的官府菜。"衍圣公府"的饮食历史悠久、气派浩大、礼仪严格、隆重尊贵是其典型的文化特征。

1. 食事功能

衍圣公府筵宴常年不断，大致可分为祭祀宴、延宾宴和府宴三大类，具有国家政务性质，体现了服务于封建国家的责任和义务。其祭祀活动十分频繁，每年不下七八十次。因而"祭祀宴"在衍圣公府饮食生活中占有非常重要的地位，每逢各种名目的祭日，"多数都是大摆席数百桌"。孔子为祭祀食礼而做议论即是"齐必变食；居必迁坐；食不厌精，脍不厌细。食饐而餲，鱼馁而肉败不食；色恶不食；恶臭不食；失饪不食；不时不食；割不正不食；不得其酱不食；肉虽多，不使胜食气；唯酒无量，不及乱；沽酒市脯不食；不撤姜食，不多食；祭于公，不宿肉；祭肉不出三日，出三日，不食之矣。食不语，寝不言，虽蔬食菜羹瓜祭，必齐如也。"①赵荣光先生将其概括为"二不厌、三适度、十不食"。其中，孔子"食不厌精，脍不厌细"的主张，是孔子就当时祭祀状况而发表的看法。"祭者，荐其时也，荐其敬也，荐其美也，非享味也"②。祭祀礼仪的要义在于"敬"与"诚"，故要求祭祀之食应"洁""美"。在不考虑"美"的等级差别的条件下，实现敬意和诚意就剩下"洁"一个标准。所以只要祭品干净无尘染也能实现"诚敬"的要求，不必苛求食品的丰富和奢华。"二不厌、三适度、十不食"原则是对祭祀饮食的具体要求，显而易见的是，孔子希望通过约定祭祀之礼来实现其道德与伦理教化的愿望。"夫礼之初，始诸饮食。"③祭祀是孔子所在时代的"礼"之大端，是社会生活的中心所在，所谓"国之大事在祀与戎"④；又曰"礼之用，和为贵"⑤则祭祀宴可总结归纳为"祭祀之用，和为贵"。

衍圣公府在长久的祭祀、延宾以及府内食生活的管理实践中，形成了传统的管理制度与程序，确定了等级、类别繁多和风格各异的筵式。这些复杂多样的筵式，既是中国历史上集大官僚、大贵族、大地主于一体的衍圣公府一家的，也是

图9-3 孔府菜"一品豆腐"

---

①《论语注疏·乡党》，阮元：《十三经注疏》，中华书局，1980年。

②《春秋谷梁传·成公十七年》，阮元：《十三经注疏》，中华书局，1980年。

③《礼记·礼运》，阮元：《十三经注疏》，中华书局，1980年。

④《春秋左氏传·成公十三年》，阮元：《十三经注疏》，中华书局，1980年。

⑤《论语注疏·学而》，阮元：《十三经注疏》，中华书局，1980年。

中国封建制时代显贵豪富阶层共有的，因此也代表了历史上官场和上层社会流行筵式的一般模式与风格。由于衍圣公府的世袭罔替性，使得他的家庭生活具有超越时代的稳定性。这个历两千余年不衰家族的饮食生活，在习惯、传统、系列上得以全面发展，并逐渐形成了鲜明的私家风格。

衍圣公府筵宴规模宏大、名目繁多。如前文所述，依照功能属性，可将公府筵式分为：祭祀宴、延宾宴、府宴。每一种筵席又有诸多不同类型。而每一种不同类型的席面又存在头菜、大菜、行菜、饭菜、面点、果品、酒、茶、糖、烟的不同搭配。如此不同功能、种类的搭配给饮食者以良好的味觉享受，同时也能满足其视觉美感体验。"按班轮值，厨头承包"是衍圣公府厨作制度建设的重要方式。历史上，衍圣公府的内厨、外厨均是"三班制"。公府内外厨役一般都是世代相承的"厨师世家"，有利于烹调技艺代代相传。公府实行"厨头承包"的佣工制度，保证了厨作队伍在组织、思想、技艺上的更新，使公府烹调能够广泛吸收他人他处之长。

炊餐器具是中国饮食文化的重要组成部分，它和饮食的完美搭配可为饮食生活增姿添色，是饮食美感的物质与精神的绝佳体验。衍圣公府因其与皇族的政治联系及其自身强大的经济实力，收聚了众多价值不菲的美器。如乾隆皇帝赐予

图9-4 乾隆三十六年（公元1771年）御赐衍圣公府礼食银质全席食器

图9-5 清代衍圣公府瓷制全席餐具

的"颜和顺点铜锡礼食大宴食器",器型齐备,无论就其质地、形制、套数规制,还是工艺水平风格,都是举世无匹的上乘之作。名窑名款的瓷器餐具更是十分普遍,金、银、玉、玛瑙、玻璃、铜、锡、木、竹等助食器具一应俱全,餐桌椅等饮食配套器具也是华贵奇巧,如此美器再配上衍圣公府的丰盛肴馔真可谓赏心悦目。此等尊荣筵席,给食客的视觉、心理以和美体验,显示了衍圣公府的大家气派。

2. 政治功能

孔子以"仁""道"为治术的"和"思想,有利于封建统治者长治久安的需要,其终极目的是"和",因此统治阶级乐意借助这种政治功能以达治世目标。

孔氏家族是皇家的座上宾。历史上,孔家一直与皇族保持着千丝万缕的关系。赵宋时期是孔氏与皇族密切程度的一个分水岭。两宋时期内忧外患不断,赵宋政权在无能为力的情况下始终抱着苟安图存的侥幸心理,所以在对内政策方面希望通过经文感化国人、发掘内心,而在对外方面却拒绝开拓求索。如此,理学家们用直接的文字向人们发出了号召:"革尽人性,复尽天理"[①]。明清时期二者相互依赖的程度得到强化。随着封建制度走向衰落,最高统治者需加强思想统治来巩固政权,笼络孔氏家族无疑是最佳选择,孔府主人因此游走于皇族府第。明洪武十七年(公元1384年)孔讷袭封衍圣公,"命礼官以教坊乐导送至国学,学官率诸生二千余人迎于成贤街。自后,每岁入觐,给符乘传。帝既革丞相官,遂令班文臣首"[②],衍圣公"列文武班首",表明朱元璋对孔子、儒学及其"形象大使"的尊崇达到了至高境地。清军入关以后,清统治者对衍圣公的"优渥"政策明显超越明朝,衍圣公府势力达到历史顶峰,康熙、乾隆二帝曾亲临曲阜祭孔,乾隆一人就去过八次之多。

衍圣公府是官场的融合剂。从某种意义上说,中国的上层社会可通过衍

① 黎靖德编:《朱子语类》卷十三,中华书局,1986年。
② 张廷玉等:《明史·儒林三》,中华书局,1974年。

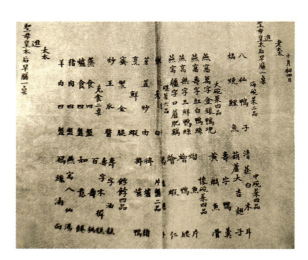

图9-6　七十五代衍圣公夫人彭氏晋贺慈禧皇太后60寿庆早膳膳单

圣公府的姻亲网络得以管窥。与公府联姻的基本是与之"门当户对"的权贵之人，他们有的权倾朝野，有的富可敌国。如六十二代衍圣公元配李氏就是明代礼部尚书、太子太保、文渊阁大学士李东阳之女；六十四代衍圣公元配严氏就是当时首辅严嵩之女。"**孔氏家族所以能历久不衰、甚至历久弥坚历久愈旺，其实质就在于政治上相互需要、相互利用、相互依存的平等的政治交易能够平静和长久地进行**"①。统治者抓住了孔家就拥有了安定天下的重要砝码，孔家臣服于皇家就可保"富贵无头"，此等"双赢"之事，何乐而不为？封建国家只允许它"安分自守""以为士民表率"，守好"不许思想的思想工具"的本分，"优渥"的本质即在于此，使孔府家族以神秘化的清高"礼宾"身份装饰和服务于国家。

3. 食事文化的"和"价值

"与国咸休安富尊荣公府第，同天并老文章道德圣人家"，这幅出自《四库全书》总纂纪昀之手的楹联，正贴切反映了衍圣公府历史上在经济、政治、思想方

---

① 赵荣光：《〈衍圣公府档案〉食事研究》，山东画报出版社，2007年。

面的地位和作用。"衍圣公既有代表国家礼拜祭祀孔子的责任，又有交接宴待各级众多拜谒孔庙及其他诸多公私事务人员的义务，因此衍圣公府成了中国历史上一架罕见的食事机器，是中国历史上饮食文化社会结构中'贵族饮食文化层'的典型代表"①。在长期发展过程中，以衍圣公府为代表的"贵族饮食文化层"与顶层的"宫廷饮食文化层"之间的辐射及影响作用从未间断，是以衍圣公府所在的曲阜为中心的黄河下游地区与全国范围的饮食文化交流。今天，"衍圣公府食事"作为非物质文化遗产，应在中国饮食文化发展中发挥特色。

（1）衍圣公府食事文化与黄河下游饮食文化交融互动　早在两汉时，黄河下游地区饮食文化圈就是兴"女工之业""颇有桑麻之业""通鱼盐之利"之地，富者"其俗弥侈"，下民"俗俭啬"，"爱财，趋商贾"是农、工、商并作的文化发达地区。②这一地区民众绝大部分倚重农业，近海地区仰赖鱼盐，城邑和近运

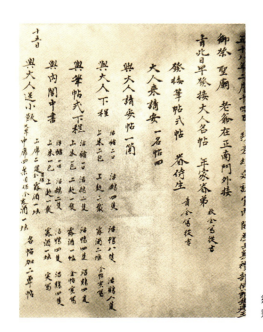

图9-7　康熙五十八年（公元1719年）御祭钦差经筵讲官内阁大学士兼礼部侍郎张廷玉一行在衍圣公府分别享用"上席"与"下席"的记录

---

① 赵荣光：《〈衍圣公府档案〉食事研究》，山东画报出版社，2007年。
② 班固：《汉书·地理志》，中华书局，1962年。

河驿道之民较多经商。"普通百姓以五谷杂粮、寻常菜蔬为主副食，味喜五辛，习尚海产，俗尚简朴之食。"①日常饮食主要有煎饼、玉米饼子。此外，用小麦粉制成的馒头、花卷、包子、饺子、面条，以及用大米、高粱制成的饭、粥、糊等都是民众喜爱之食。身处其中的衍圣公府饮食深受该地区饮食风格影响。虽然衍圣公府饮食生活的开放性对其食生活产生了融合作用，并在饮食风格中出现"满席""汉席""北菜""南菜"等多种面貌，但从深层次来看，衍圣公府饮食的基本特征还是齐鲁文化的。公府里的厨师基本是山东人，这为保持菜品的地区特色提供了主观上的重要保证。公府饮食所用的原料如粮食、蔬菜、水果等也出自山东，这是保持菜品地区特色的客观原因。而作为"黄河下游地区饮食文化"中瑰宝的衍圣公府食事文化，也在吸收区域内优秀饮食文化的基础上，对本地区食文化进步发展产生了不可低估的重要作用。

（2）衍圣公府食事文化与宫廷层饮食文化齐头并进　宫廷饮食文化层与以衍圣公府为代表的贵族饮食文化层不但相互影响，并且联手将整个社会的饮食文化水平带进一个更高层次。上层社会饮食文化层的看馔成就总是会在很大程度上对下层社会饮食产生开风导俗的作用，因此上层社会饮食文化的交流对社会饮食文化创造具有不可低估的重要意义。"**衍圣公府与历朝历代皇权国家或中央政府的特殊职宾关系，决定了其具有易窥九重深宫之密的特殊身份与机缘，拥有能开天下风气之先的基本条件与运行机制。**"②历史上清王朝与衍圣公府关系的紧密和微妙程度，超过既往朝代。有清一代，皇帝、亲王、皇子、太后、后妃，及其他宫室成员无数次来到曲阜。历代衍圣公每逢朝贺之日，也都要去京城小住，其次数难以确计。如此频繁交往给饮食文化的交流创造了有利条件，"满汉席"的出现也就成为必然。

（3）衍圣公府食事文化与中国饮食文化和衷共济　"衍圣公府档案"是人类

---

① 赵荣光：《中国饮食文化史》，上海人民出版社，2006年。
② 赵荣光：《〈衍圣公府档案〉食事研究》，山东画报出版社，2007年。

图9-8 衍圣公府所藏的文献档案

重要的非物质文化遗产，其中占重要地位的食事档案亦是民族饮食文化领域里的重要遗产。它在一定意义上代表了中国几千年饮食文化的重要成果，是勤劳的中国人民通过自己的点滴体验总结的饮食感悟。故衍圣公府饮食文化也是人类饮食生活的重要经历，是人类饮食文明的宝贵积累，是人类饮食文化的永久记忆。"衍圣公府食事"必定会和中国饮食文化一起，为中国和世界的饮食文明作出不可忽视的贡献。

四、节令礼仪饮食习俗

1. 节令食俗

清代黄河下游地区的年节时令食俗，是我国黄河流域上千年历史文化淀积而成的，内容非常之丰富。限于篇幅，本书只能介绍概要线索，以作为认识本地区年节时令的食俗索引。

（1）元旦（正月初一） 清代山东在元旦日前夜的食俗为祭祖上香、敬献美食给长辈。在子时到达时刻燃放鞭炮，然后阖家团坐分食水饺，其间先由晚辈向长辈跪拜贺年。年夜饺子花色繁多，有的暗放银币，以卜个人利运，也是官俗人家之常见食俗。①

（2）春节家宴　全家喝春酒、吃春宴（称为咬春）或储神水等等。《招远县志》有记载："立春……各官生戴花饮酒，谓之吃春宴。"春节官俗人家都要摆春盘，这个习俗仍盛。即将鸡、猪肉（冷盘）和生菜、青韭、羊角葱、面酱碟等盛放盘中，由家人自己卷春饼吃，也称"咬春"。

（3）上元节（即正月十五的元宵节）　过节时以全家聚会吃元宵为主。康熙时山东："上元节……，又作面盏十二，照月序蒸之，以卜水旱"，表达了百姓对新年风调雨顺的愿望。这些面盏灯在正月十五之后，照例是分而食之。②

（4）填仓节和青龙节（二月初二）　在清代，这天是祈求粮食丰收的节日。

二月初二日也称填仓节，鲁西多流行以下仪式：是日清早，人们用草木灰把谷场四围撒圈。谓之"粮仓"，当中少放一点粮食，象征填仓。还有些地方是日在粮囤前供奉馒头、包子和面鱼，象征着"保（包）险（馅），连年有余（鱼）"以祈吉福避凶险。而是日，粮食商贩祭祀此节日是为祭仓神、求发财。城乡百姓则为祈求上天保佑，家中米粮不缺。本地区许多地方还以煎饼裹杂菜，用以祭神或置仓中，称为填仓。并于此日食糕，取"步步登高之意"。胶东一带此日蒸窝头，上插香敬神。③

二月初二日还被称为"龙抬头"日、"青龙节"日，明清时期在山东盛行。这一天，各地有煎饼熏虫、炒蝎豆报捷等风俗活动，主要是期望以此活动来驱鼠和避免虫灾危害，同时表达祈盼丰收的愿望。这天各地都有一些忌讳讲究：如禁止妇女使用剪刀，怕"戳了龙眼"。鲁南在这一天忌推磨，怕压了龙头；大多数地方，这天还要把已出嫁的女儿接回娘家住几天，母女说说知心话。山东各地一般将青龙节这天作为春节系列节日的终止，此后停止娱乐活动，开始进入正常生

① 王谦益：《乐陵县志》，刻本，1762年。

② 万邦维、卫元爵：《莱阳县志》，刻本，1678年。

③ 包世臣：《安吴四种·闸河日记》，车吉心、梁自絜、任孚先主编：《齐鲁文化大辞典》，山东教育出版社，1989年，第797页。

产轨道。①

（5）清明节　清明早晨，家长要带子孙去祖坟添土；至午间，家中男子再次去祖坟祭祀，供祭各种祭祀食品，上香，焚化纸钱。

（6）寒食节　清代的寒食节要禁烟火（不能点火做饭）三日，寒食节，实际上处在春分与谷雨之间，与清明是不同的祀日。人们往往误把它们混同为一个节日，有人也在这一天进行祭祖活动。②

（7）谷雨节　乾隆十年（公元1745年）昌邑记载："谷雨日，书符荼蝎"；莱阳有同类活动。咒语曰："今称谷雨大将军，茶三盏，酒三巡，送蝎千里化为尘。"沿海渔民有杀猪祭海之俗。③

（8）端午节（五月初五）　黄河下游地区节日食俗仍与前代相同，但食粽子各地有自己的特色，其余饮雄黄酒、悬艾蒿等习俗依旧。④

（9）雨节　农历五月十三日为雨节，山东民间传说这一天是"关老爷"磨刀的日子。如果这一天不下雨，有些地方就要举行祈雨仪式。清朝时鄄城、郓城一带求雨最为隆重，上自知县，下至一般百姓都要参加祈雨活动，以求神佛显灵，让甘霖降洒人间，使农业得到好收成。⑤

（10）晒衣节　每年农历六月六日为晒衣节，明清时很流行。这一天人们除了把家藏的衣服、书籍拿出来晒以外，临朐、滕州一带这天还要祭山神，让山神管住豹狼，使百姓免受野兽危害；滨州农民在这天要把纸钱挂于地头庄稼上，称"挂地头"，以求丰收。鲁西南一带66岁老人要在这天过生日庆祝高寿。六月初六

① 包世臣：《安吴四种·闸河日记》，车吉心、梁自絜、任孚先主编：《齐鲁文化大辞典》，山东教育出版社，1989年，第797页。
② 包世臣：《安吴四种·闸河日记》，车吉心、梁自絜、任孚先主编：《齐鲁文化大辞典》，山东教育出版社，1989年，第797页。
③ 乾隆《昌邑县志》，1735年。
④ 包世臣：《安吴四种·闸河日记》，车吉心、梁自絜、任孚先主编：《齐鲁文化大辞典》，山东教育出版社，1989年，第797页。
⑤ 包世臣：《安吴四种·闸河日记》，车吉心、梁自絜、任孚先主编：《齐鲁文化大辞典》，山东教育出版社，1989年，第797页。

为"天贶节"，淄川有记载："六月初六……作炒面、蓄水、做曲。"日照县一带"此日喜采马齿苋吃"。①

（11）乞巧节　七月七日，又称七夕节。同治年山东即墨有记载："七月初七日，七夕，妇女悬牛郎织女图，陈瓜果牲馔，祀以乞巧。"招远、荣成、武定一带有"生巧芽"之俗："七月初七日，女子以谷种浸水，曰生巧芽。"七夕妇女设盘案，列豆麦诸芽供于牛郎织女像前以乞巧。荣成一地还有喝"巧芽汤"、吃"巧芽包子"之俗。明清时期山东在七夕节要举行各种活动，特别是妇女更重视七夕节。康熙年间，济南府有"七月七日为七夕，妇女陈瓜果于庭中，结彩楼，穿针乞巧，有喜事网于瓜上为得巧，……牧童采野花插牛角，谓之贺牛生日"。这天妇女施展针线、刺绣等才能。

（12）入伏　乾隆二十六年（公元1761年）《峄县志》记载："初伏食长面，三伏作豆豉、面酱。"《武定府志》记，乡俗为："初伏食面及豆汤，棋饼，三伏造豆豉、面酱、饮大麦茶，食炒面避暑气。"乐安有伏日造醋之俗；蓬莱长岛渔村此日多吃打卤面。临沂部分地方给牛熬麦仁汤饮。

（13）中元节　农历七月十五日为中元节，又称"鬼节"，佛教称为"盂兰盆节"。乾隆《昌邑县志》记有祭祀祖宗的放河灯习俗："中元存心祭祖，寺僧募缘，施食，放河灯。"主要是各家各户祭祀祖先。山东较为流行的作法是，在这天午后，带着祭品上坟祭祖。除祭祖外，邹平人还要祭礼后稷，淄川一带要祭五谷神，一些地方要举行盂兰盆会和放河灯。运河两岸放河灯十分隆重，中元之夜，人们把灯具和纸船放入河内，河上灯火通明，灯具顺流水而下，犹如无数繁星移动，甚为壮观，沿河百姓纷纷提灯观览。

（14）无医节　农历八月一日为无医节，起源于宋代，明清时期山东也很盛行。康熙《济南府志》记有民俗：八月初一日，取百草露和墨，用箸头点肌肤，谓之天灸，可以消除百病，回家用禾米蒸饭含之，名为"来丰糕糜"。

---

① 淄川区地方史志编纂委员会编：《淄川县志》，中华书局，2007年。

（15）中秋节　亦称仲秋节，团圆节，为农历八月十五日。乾隆二十五年（公元1760年）《峄县志》：入月望日仲秋节，设瓜果月饼祭月，婚姻家馈送瓜饼为应节时物，会亲朋月下欢聚宴赏。乾隆三十年（公元1765年）《济阳县志》："仲秋设列月饼瓜果对月饮酒，谓之圆月。"咸丰九年（公元1859年）《金乡县志》：仲秋日晚间聚饮玩月，俗呼"圆月"。本地区主要食俗是：阖家团聚，食用各色月饼和时令水果。清代山东的月饼品种多达几十种。在各地农村，有用发酵面团加枣子蒸饼或烤饼称为月饼的。

（16）立秋　农业二十四节气之一，康熙《莱阳县志》，莱阳、招远、即墨各县，是日家家吃面条，并有"立秋，戴楸叶"的习俗；诸城在立秋日，农家有做小豆腐吃的食俗。

（17）重阳节　九月初九称"重九"，又称"女节"。乾隆《平原县志》记载："重阳以花糕相馈，亦迎女节。"乾隆《峄县志》记载："九月九日重阳节，登高游玩，赏菊，饮茱萸酒，做面糕、五杂错，谓之重阳糕。"鄄城有吃大个焦饼以祭财神之习，昌邑一带有喝萝川酒之习。

（18）冬至日　也称长至日，康熙十七年（公元1688年）《莱阳县志》："冬至日，士民宴午为乐，至夜祭先祖，……"章丘、邹县有"蒸冬"之习，胶南一带，有吃地瓜面大饺子之习，各地也有此日吃水饺之俗，俗称"冬至饺子夏至面"。

（19）腊八节　十二月八日为腊八节，起于北宋。是日喝"腊八"粥，又称"腊八饭"。山东各地均在这一天吃用多种粮食和果品做成的腊八粥。乾隆七年《昌邑县志》记载："以米、豆、枣、李作粥。曰腊八粥"。莱阳、即墨等地用麦、米、花生米、绿豆等八种料煮成粥。传说佛祖释迦牟尼这天喝了粥出家，喝了佛祖喝的粥，象征吉祥。

（20）过小年　明清时期，山东多有过小年的习惯，一般在腊月二十三或二十四。明代有"军三民四"或"官三民四"之分，清代多在二十三日。过小年这天，山东各地都举行祀灶活动，要将灶神画像贴在锅灶上。祀灶多用甜的食品或果品，如糖、枣、甜糕等，也有的地区供水饺、面条。祭祀后，还要举行欢送仪式，全家在灶王像前跪拜，烧纸人纸马，为灶王爷送行。小年这天，祭灶后，各地居民开始置办年货，男人杀牛宰羊，置办菜肴，妇女则蒸馒头、包子、年糕并炸丸子，以备春节食用。①

（21）忙年的食俗　光绪十八年（公元1892年）《邹县志》：田家"蒸起胶饼，作黍糕……取雪制醋，刲牛包，击肠菹鱼，腊八日忙年"。各地忙年的日期不一样，单县吃过"腊八"粥后就忙年；鲁西南腊月二十午后始蒸馍、炸货、筹祭品。

（22）庙会　庙会是明清时期盛行的一种民间贸易活动，也称为"赶庙会、逛庙会、赶山"等，一般设在庙宇附近。庙会期间，四乡居民纷纷前往，形成了集祭神、游乐、贸易为一体的民间活动。在祭神以后开始贸易活动。庙会上的贸易内容大体有以下种类：

其一，山货类。即由附近客商或百姓携带的各种土产品，这些商品比平日集市上要多出许多倍，花样翻新、品种各异。

其二，摆摊推销的饮食与玩具类。推销者多为临时而来的外地小商贩，他们临时搭起席棚吆喝叫卖。这些庙会饮食多具地方特色和季节特色，常见的有糖葫芦、豆腐脑、糖块、糖稀、凉粉、切糕等。海边庙会则多卖海产品小吃，如海蛎子、对虾等。②

（23）集市　山东各地集市在清代发展很快，每县均有若干集市。山东人到集上做买卖称为"赶集""上集"，到集上闲逛称之为"逛集"。各地集市日期均约定俗成，一般每五天一集，有逢一、六的，或逢二、七，或逢三、八，或逢四、九；还有大、小集之分，大集全天，小集半天。在交通要道上的大集市，一集往往有几万人之多。每个集上分为若干市与行，各市与行都有固定区域，一般有粮食市、菜蔬瓜果市、骡马市及杂货市等。③

① 包世臣：《安吴四种·闸河日记》，车吉心、梁自絜、任孚先主编：《齐鲁文化大辞典》，山东教育出版社，1989年，第797页。
② 车吉心、梁自絜、伍孚先主编：《齐鲁文化大辞典》，山东教育出版社，1989年，第796～802页。
③ 车吉心、梁自絜、任孚先主编：《齐鲁文化大辞典》，山东教育出版社，1989年，第796～802页。

246

2. 人生礼仪食俗

（1）婚姻食俗 婚姻食俗中包括很多内容，主要有：

奠雁礼：亦称"下催妆礼"，清代《蓬莱县志》有如下婚嫁习俗记载：将娶前一日，男家做古奠雁礼，用鸡二，雌雄各一只，又取席面肉果各一盘送女家，谓之"催妆"。其一催促女家快备嫁妆，免误佳期。德州地区还写"催妆贴"，备上四色礼（馒头二十四只、肉二斤、挂面二封、大米二斤）由媒人持送女家。

撒帐礼：是黄河下游地区的结婚礼仪，当新人交拜天地送入洞房之后，双双坐在床沿；人们即将金钱彩果、枣、栗子、花生等向新人抛撒。清代《巨野县志》有如下婚俗"撒帐"礼仪记载："同拜天地讫，遂入新房，行合卺礼。男家以果品抛床上"，边撒边吟"撒帐歌"："撒把栗子，扔地枣，来年生对大胖小"。并有将红高粱、枣、栗子及"长命钱"用筷子填进新人枕头、被角里的做法，取吉祥之意。

抛豆谷：也是清代黄河下游地区的婚俗，新娘下轿后，由人们向她抛撒麸子、豆秸、高粱等物，意为驱散新人一路带来的邪煞。①

送食饭：清代《邹县县志》中有婚俗为："三日拜公姑，……母家馈食三日。"清代《乐陵县县志》载有婚嫁食俗为："迎归，男女交宴，女家带水饺、麦面，谓之送小饭。二日拜家庙及翁姑与夫家之尊长，女家送酒馔进舅姑飨之，谓之送大饭。"其他县志亦有记载。

住对月：指女儿出嫁满一月，回娘家看望父母。清代《蓬莱县志》记载，女儿出嫁婚俗："至九日，妇归省，妇家设宴礼婿，谓之'搬九'。满月妇又归母家，谓之住对月，又设宴礼婿，俱有常仪。"

（2）诞育食俗 从婴儿生下到周岁，要有几次礼俗活动：

做满月：这是婴儿满30天的庆祝活动（有的地方是女儿29天，男儿30天为满月），中上等人家请酒席，亲友携食礼来贺。满月之后，姥姥家接母子回家住一

---

① 车吉心、梁自絜、任孚先主编：《齐鲁文化大辞典》，山东教育出版社，1989年，第796～802页。

日或数日，有给婴儿抱鸡的习俗（取吉祥之意），女婴抱公鸡，男婴抱母鸡。①

过百岁：婴儿出生一百天时要办庆宴。清代《莱阳县志》有记载："小儿出生至百日，蒸枣馒头百个，谓之过百岁。"清代《临朐县志》记习俗：婴儿百日，"全家吃面条"。临沂盛行此日包饺子九十九只；莱西县食俗为此日送"百日礼"，要有一对细面做的小老虎；有的地方做百岁糕插枣，送男一百块，送女九十九块。

抓周：亦称"试儿""试周""晬岁"。清代《寿光县志》记俗为："生子晬岁，设矮几，置万物，令婴儿任意取之曰抓周。"《莱阳县志》中同样有类似记载："……设各种物品，令其抓取……"胶东地区的"抓周"之物中，面塑寿桃必不可缺，婴儿往往首先抓取，"家长喜称长命百岁"。

3. 日常食俗

乡饮：是清代以来流行于本地乡里的食俗之一。清光绪年《郓城县志》有记乡饮习俗："每岁于正月十五日、十月初一日举行乡饮酒礼。乡饮酒礼及敬老尊贤之古制。"清宣统二年（公元1910年）《聊城县志》记习俗为："乡饮酒礼，以孟春望日、孟春朔日举行于学官，年六十以上有德者一人为宾，次一人为介，又次以宾；教官一人为司正，扬觯而语恭维……礼成而出。"可见，虽各地乡饮时间有别，而敬老、尊贤、联络、增进感情，乃是主要目的。

上梁食俗：民间新房上梁择吉日吉时举行上梁仪式，山东各地食俗不一：一般在四壁建起、房架子尚未树起时，选择正午时分上梁；而山东省在海中的长岛县，则选在大海涨潮时分举行，上梁时同时燃放鞭炮，由拉梁匠人唱戏歌，洒酒，同时由房上人向围观人"撒饽饽"（馒头等），上梁后立即开午宴，请贺客与亲友、匠人。②

食忌：黄河下游地区的饮食忌避习俗内容多有取吉避害之意，比如，醋为调味品，因避"醋意"而称醋为"忌讳"；在沿海地区吃鱼时，当吃光鱼的一面需要把盘

---

① 车吉心、梁自絜、任孚先主编：《齐鲁文化大辞典》，山东教育出版社，1989年，第796～802页。
② 车吉心、梁自絜、任孚先主编：《齐鲁文化大辞典》，山东教育出版社，1989年，第796～802页。

中的鱼翻过来吃另一面时，不能说翻（忌翻船），而必须说"正过来"。

食礼：有鸡头、元鱼盖敬献老者之俗。[1]

4. 度荒食料

至清代，救荒饮食成为黄河下游地区特殊的饮食习俗。在清康熙年间（公元1662—1723年）蒲松龄所著《农桑经》的残稿中，收集有当时流行的一些备荒、救荒食法，从中可以看出清初大灾之年，人民寻求解救饥荒所采用的一些手段。

食草救饥：黑豆一升，去皮，贯仲、甘草各一两，茯苓、吴术、砂仁各半两，剉碎，以水五升同豆火慢熬，至水尽，去药取豆，梼如泥丸，芡实大，瓷器盛之，密封，每嚼一丸，任食草木，甘如饭等。

行路不饥丸：芝麻一升，红枣一升，糯米一升，共末，蜜丸弹大，每水下一丸，一日不饥。

以上两方，只能在短时间内解决一时之饥，也不可能持久耐饥。若遇灾荒之年，这些配方的原料也难以觅得了。

茯苓方：白茯苓十两，干菊花、松、柏各十两，白芷十两，共末，蜜丸如豆大；每十丸冷水下，百日不饥；连服三次，永不饥饿。

该食方所谓可"永不饥饿"，是完全不可能的。但是，该时期收集整理的救荒食料颇具价值。列举如下：

（1）植物性食料　可按季节分为多种。

春季野菜：有香椿芽、荠菜、蕨菜、天香菜、蒿菜、刺儿菜、刺花、灰灰菜、地白菜、堇菜、蒲公英、随军菜、沙田菜、山刺菜、莠翁菜、笔管菜、香蒲菜、荇菜、假苋菜、水芹菜、野薄荷、榆树钱、榆树皮。[2]

夏季野菜：野刺菜、马牙苋、车轮菜、水杨梅、仙鹤草、牛舍菜、酸汤菜、夏枯草、败酱、地瓜儿苗、山豇豆、荨麻、面根藤、旋花、费菜、景天三七、猪毛菜、

---

① 车吉心、梁自絜、任孚先主编：《齐鲁文化大辞典》，山东教育出版社，1989年，第796～802页。

② 刘正才：《四季野菜》，四川科学技术出版社，2003年，第12～24页。

扁猪牙、莼菜、牛皮菜、刺梨、木莓、草木樨、野葱、睡菜、睡莲、茴芹、水蓼、海蒿子、羊栖菜、鹿角菜、龙须菜、槐、双孢蘑菇、松蘑、香菇等。①

秋季野菜：有长寿菜、野菊、歪头菜、山野豌豆、地瓜藤、仙人掌、野百合、刺苋菜、野苋菜、苦豆子、兔儿伞、珍珠菜、乌蔹莓、山薄荷、柠鸡儿、鸦葱、苜蓿、沙蓬、马鞭梢、蕨麻、萝摩、鸡屎藤、金针菜、酸猴儿、梧桐子、柿叶、桂花。②

冬季野菜：香炉草、竹节菜、天荞麦、冬寒菜、观音苋、旱芹、鸭儿芹、西洋菜、鲇鱼须、山蒜、山韭、忍冬藤、山莴苣、四季菜、酢浆草、冬笋、番薯叶、山萝卜、松针、腊梅花等。③

（2）动物性食料　有鱼、虾、蟹、鸟及鸟蛋、野鸡、野鸭、桑蚕蛹、林蚕蛹、蝗虫、蝗虫卵、蚂蚁、蚯蚓、蝎、蝉及其幼虫。

（3）其他度荒食品　有海白菜、裙带菜、海带、角叉菜、作物秸秆、树皮、草根、观音土等。④

———————————

① 刘正才：《四季野菜》，四川科学技术出版社，2003年，第12～24页。
② 刘正才：《四季野菜》，四川科学技术出版社，2003年，第12～24页。
③ 刘正才：《四季野菜》，四川科学技术出版社，2003年，第12～24页。
④ 刘正才：《四季野菜》，四川科学技术出版社，2003年，第12～24页。

第十章 中华民国时期

中
国
饮
食
文
化
史

黄
河
下
游
地
区
卷

1912年，中华民国临时政府在南京成立，结束了中国两千多年的封建君主专制制度。民国时期，各路军阀相互混战，社会环境复杂动荡，黄河下游地区处于南北交会之地，深受其害，经济发展处于停滞状态。但也曾努力引进欧美先进的农业技术，积极地推动本地区的农业发展，并取得一定成效，对该地区的饮食文化起到一定的恢复和促进作用。然而，随着抗日战争以及之后解放战争的爆发，加之黄河泛滥，民生民食无法保障。因此总体来讲，这一时期黄河下游地区的饮食文化处于停滞状态。

第一节　民国前期的民食状况

一、良种和新技术加速农业发展

1. 良种推广效果显著

黄河下游地区从民国成立至抗日战争爆发的25年中，政府通过兴办试验农场、农桑学校和其他农业推广机构，开展农业试验、推广良种和新技术；并根据当地的土壤情况、农业环境以及饮食习惯来制定农业政策，农业生产发展成效显著。如1914年民国政府在山东设立了种子交换所之后，到1919年可供农户换购的良种有140多种，包括棉花、烟草、小麦、谷子等作物的良种，并不断引进、推广。[①]到了1933年，青岛农林事务所推广分发优良麦种7000余斤，提高了当地的小麦产量。[②]特别是齐鲁大学推广从美国引进的稍晚熟、抗病力强、不倒伏、产量高、品质佳的小麦良种，[③]经在历城、龙山、周村推广后，获得显著增产，深受农民欢迎。[④]小麦的广泛种植以及产量的提高，对于以面食为主的黄河下游地区的饮食文化发展有着重要的影响。20世纪30年代黄河下游地区的粮食种植面积以小麦为最多，仅山东省就有约500万亩，平均亩产120市斤，总产量居我国各省首位；其次为大豆，种植面积260万亩，平均亩产约1.33市担；再次为高粱，面积约190万亩，平均亩产1.79市担，总产量仅次于河南，居全国前列。

2. 农业新技术的使用

20世纪二三十年代，经示范推广，施用化肥效果为农民所认识并接受，施用化肥从烟草扩展到棉花与小麦种植中。据统计，1925年青岛硫酸铵进口945担，到1931年各个口岸进口化学肥料增至141030担。[⑤]在1921年前后，经山东农事试验场和青岛李村农场试验，推广温汤浸种、硫酸铜浸种等新技术，防除谷子黑穗病和白发病，使粮食损失减少5%～50%。[⑥]到1936年年末，山东省农业总产值、农作物总产量都达到了有史以来的最高水平。[⑦]黄河下游地区是我国优质冬麦主产区之一，由于小麦产量的充裕，促进了民国前期面粉业的发达。据1924年年底调查，仅济南就有新式面粉厂10家，资本额共计590余万元。济宁、青岛也设立

① 《山东农事试验场民国八年成绩报告书》，1920年，第68～70页。

② 刘柏庆：《青岛市农业推广的现在和将来》，《中华农学会报》第121期，1934年2月。

③ 《山东农事试验场民国八年成绩报告书》，1920年，第68～70页。

④ 刘柏庆：《青岛市农业推广的现在和将来》，《中华农学会报》第121期，1934年2月。

⑤ 青岛市档案馆：《帝国主义与胶海关》，档案出版社，1986年，第206页。

⑥ 《山东乡村建设研究农业改进实施报告》，誊写本，1932年。

⑦ 国民党经济计划委员会编：《十年来中国之经济建设》，1937年，第2～3页。

了新式面粉厂。

3. 食品工业发展较快

抗战前，山东省的食品工业有榨油业、面粉业、酿酒饮料业、制烟业、制蛋业等。当时山东的豆油、花生油、棉油、麻油等加工业，在全国占有重要地位。民国以来，青岛和潍县（今潍坊）等地曾创办新式榨油厂。青岛花生油输出量占全国输出总额的一半左右。1927年至1931年之间，山东华商油厂共有1826家。油厂年产总值约为14873810元。花生油产量居全国第一位，豆油产量居第二位。

抗战前，山东已经能生产葡萄酒、白兰地、啤酒、白酒、汽水等。食品工业发展较快，烟台张裕酿酒公司已成为采用新法酿造的大规模近代工厂。民国前期其他食品手工业如酱园业、制蛋业等食品厂有260家，资本约61万余元，年产值约170多万元；制蛋业以青岛为多，[①]发展兴旺。

二、渔业与盐业发展艰难

1915年，日本人在青岛设立"山东水产株式会社""政昌公司渔业部"等机构，以机动船进行手操网和延绳钓鱼作业，劫掠我黄海渔场的鱼类资源。到1917年后，日本人在青岛有机动渔船64艘，从业者700多人，年捕鱼量达3.5万斤。中国实业界受日本机动渔船在我沿海侵渔的刺激，1921年由国外购买机动单缸30马力渔船2艘，开始手操网捕鱼。当时为抵制日本侵渔行径、促进山东省渔业发展，倡导水产科技教育，1917年，山东省当局在烟台设立《山东省立水产试验场》。1922年，胶州湾归还中国，青岛渔业界组织"胶澳鱼市场"。1923年，尉鸿模等在烟台创办"山东省水产讲习所"。有关各方面力图与日本人的侵渔行为抗衡。1926年，金顺昌、文昌盛等威海渔商，购买了日

---

① 安作璋：《山东通史·现代卷》下册，山东人民出版社，1994年，第536～538页。

本造木壳30马力柴油机旧渔船开始远洋捕捞。1929年11月，国民政府制定颁布了《渔业法》。1931年2月，山东省政府令沿海各县督促渔民从速组织渔会，共图渔业进步。从20世纪30年代起，山东渔业已有较大发展：据1934年统计，山东沿海渔民有26662户，共有机动渔船109艘，每艘装机动力多在50马力左右。年捕鱼总量达到170万担左右。①

20世纪30年代中期，青岛、烟台每年有春秋两汛，山东和辽宁沿海渔船多集中于此。威海亦为山东沿海渔获的重要集散地域。渔获行销于山东省内，主要经胶济铁路运输。据该路运输年报所载，由青岛运销省内各地的咸鱼、干鱼，1929年为3466吨，1930年为5239吨，1931年达10683吨。经青岛、威海、烟台、龙口四港行销外埠。据以上四处海关报告，1928年至1932年，每年出口外埠的水产已达10万担左右。②1936年，山东全省海洋渔业的产鱼量为200多万担。③

1928年后，山东省政府继续大幅度提高盐税。1932年和1933年，省政府两次提高盐税率。1934年省政府更换大秤，形成衡制改变而税率却不变，无形中使盐税提高1/4。使盐业工人减少收入，吃不上饭。1932年3月，省政府按中央盐税额的4/10征收地方附加费，从而增加财政收入200万元。为此在韩复榘主鲁末期，食盐竟比面粉贵1倍，贫苦盐民饮食生活陷入水深火热。1934年5月，牟平县曾爆发千余人反提高盐税的斗争。④

① 安作璋：《山东通史·现代卷》下册，山东人民出版社，1994年，第567～581页。
② 安作璋：《山东通史·现代卷》下册，山东人民出版社，1994年，第567～581页。
③ 安作璋：《山东通史·现代卷》下册，山东人民出版社，1994年，第567～581页。
④《山东革命历史档案资料选编》第22辑，山东人民出版社，1983年，第413～414页。

第二节　抗战时期的民食分析

一、饮食资源备受掠夺

1937年日寇发动全面侵华战争后，黄河下游地区大部分沦陷。日寇将农村作为掠夺的重点，不仅任意侵占土地，乱抓壮丁，且以"征发"和"收购"手段大肆掠夺农产品。所谓"征发"，即以伪政权向沦陷区人民任意征用军粮补给。所谓"收购"，是通过极低的"交易价"收购棉花、粮食、皮革等物资。日寇多以武力强占粮食。郯城、沂河两岸，长期受日伪残酷压榨，每年麦收季节，伪军宪警和"维持会"就来要粮要款。1944年夏季，每村被迫交小麦45500斤，仅40个村庄就交纳小麦182万斤。1939年，伪"华北棉花改进会""新民合作社"，在黄河下游地区设立棉花"收购站"等，对本地区的棉花低价强购、大肆掠夺，运往日本。[①]

以山东青岛1939、1940两年的统计数为例，这一时期，日本在黄河下游地区强行征购的各类饮食资源有：1939年：麦糠13130吨，花生15685吨，花生饼4566吨，花生油629吨，牛肉5527吨，棉花4032吨，草制品3095吨，桐木4783吨，烟制品435吨，蔬菜及水果2620吨，棉布861吨，谷类1630吨，鸡蛋360吨。1940年：麦麸610吨，花生21247吨，花生饼5050吨，花生油3974吨，牛肉834吨，棉花2174吨，草制品2264吨，桐木5678吨，烟制品559吨，蔬菜及水果3375吨，谷类630吨，鸡蛋328吨。[②]残酷的掠夺加深了山东农村的经济危机：耕地减收，土地荒芜，产量下降，劳动力流失，粮食奇缺，物价上涨，对本地区民生造成的灾难罄竹难书。可想而知，当时民食是何等艰难。

---

① 章有义：《中国近代农业史资料》第3辑，三联书店，1957年，第713页。
② 章有义：《中国近代农业史资料》第3辑，三联书店，1957年，第713页。

二、渔业、盐业的衰落

1. 侵略者对本地渔业的剥夺

日本占领黄河下游沿海地区后，日商在青岛、烟台、威海等地分别设立"水产协会""山东渔业株式会社"等机构，霸占山东沿海渔场。并以青岛作为基地，集中大批的曳网渔轮，在黄海、渤海毫无顾忌地拼命劫掠中国水产资源。仅1942年日本人"在青岛一地即捕捞4387万余斤水产品，价值1500余万元"[①]。使山东渔场当年的真鲷资源几乎枯竭。山东民营渔船2/3以上不能出海作业。日本侵略者肆无忌惮地大肆侵渔，同时还穷凶极恶地竭力破坏山东渔民的船只和捕捞工具。到1942年，山东沿海木帆渔船只有15177只，比1936年减少163只。及至1945年，日本人在即将战败之际，抢走山东沿海的大量渔轮，给山东海洋渔业以毁灭性打击。日本人占领期间，强迫收购当地渔民的渔获，并收取高额税费。使沿海渔民收入极低，经常以吃海菜、草根、树皮、谷糠度日，许多渔民家庭倾家荡产，逃往关东。[②]

2. 侵略者猖狂掠夺本地区的盐业资源

日本入侵山东后，山东盐务机构已为日军所掌握，广大盐场也被日军占据。侵略者为掠夺中国盐务资源，即强制盐民生产，低价收购食盐；并以抵押贷款、抵押借粮、配给粮食等手段，残酷掠夺盐民。将山东所产食盐运销日本、朝鲜的盐税降至每担仅0.03元，而将运销到山东内地的盐税增至每担6.70元，残酷地剥削山东百姓。1942年1月1日，日伪开始实行"新税率"，又将内销山东的盐税提高50%以上。1938—1945年，日寇仅经由青岛从山东掠走的原盐，就达到3873万担。[③]

---

① 张震东、杨金森等：《中国海洋渔业简史》，海洋出版社，1983年。
② 张震东、杨金森等：《中国海洋渔业简史》，海洋出版社，1983年。
③ 张震东、杨金森等：《中国海洋渔业简史》，海洋出版社，1983年。

然而，在黄河下游的非沦陷区，盐业生产得到了恢复，至1944年，民众已拥有盐田6万余亩。抗日民主政府对盐业采取扶植发展和公私两利的方针，建立了新的食盐运销机构，使民众可自由参加食盐运销，保持食盐出场价格、出口价格的相对稳定，维护了盐民和盐商的合理利润。从而保障了抗日根据地对各地的盐业供应。盐业发展，保证了抗日军民的生活需要、增加了民主政府的财政收入，有力地支援了抗日战争。

第三节　民国时期的民食特点

一、苛捐杂税多如牛毛

国民党统治区域，田赋附加税达到骇人听闻的程度。以黄河下游主要地区山东省为例，有"国税""省税""县附税""特种税"等12种之多，以及"地方或县附税"，计有："教育田捐""普教田捐""农业改良捐""公安局经费""地方不敷费"等27种。附加税已经超过正税的7倍以上，其中冠云县超过20倍以上。[1]曾有"人民不堪其苦，愿受死刑以求免征"，闹出"以命完粮"的故事。[2]

二、战乱、土匪危害民生

国民党政府积极准备内战，于苛捐杂税外，还大肆征兵、拉夫，在山东到处造成"闾里为墟，居民流散"的悲惨情形。抗战胜利后，当时山东驻军号称25万人，除饷糈（xǔ）多年出自农民外，还到处拉夫，扰民程度已达

---

[1] 胡希平：《徐海农村病态的经济观》，《农业周报》，1932年第3卷第47期，第996页。
[2] 马乘风：《最近中国农村经济诸实相之暴露》，《中国经济》，1933年4月第1卷第1期，第6页。

"于民无法维持生活"的程度，大批饥民抛弃家宅，逃赴东北三省求生。[①]

流民们控诉山东当时三大害："土匪、国军和饥馑"[②]。"三大害"成为旧中国农民背井离乡的重要原因。在山东一地"为土匪者，不计其数"[③]。据报载，仅东昌县一带就有"土匪一万余人，匪首三百余"[④]。其他各地，有刘黑七[⑤]、孙美瑶、毛思忠[⑥]等土匪，祸害乡民，臭名昭著。

三、水患频发

民国时期的黄河下游地区灾害频繁。1933年8月上旬，黄河洪水在封丘决口，洪水自长垣、滑县、濮阳入山东境内，在范县、寿张、阳谷等县，直至馆陶城埠才汇归正河。形成三百里长、十至五十里宽的一片汪洋。黄河南岸在兰封小新堤决口，水面宽达十余里至六七十里不等。此外，黄河还在长垣南岸小庞庄决口，一并算来，黄河下游决口共达50余处，受灾涉及陕西、河南、河北、山东、江苏等省，计65个县受灾、人口364万，死亡约12700余人；洪水还冲毁房屋169万间、淹没耕地85.3万亩、损失牲畜63600头。损失财产2.07亿银元。[⑦]

最为严重的是1938年，为了阻止侵华日本的进攻，蒋介石批准"以水代兵"的方案，派兵炸开花园口黄河大堤，造成20世纪最严重的一次黄患："澎湃动地，呼号震天，其惊骇惨痛之状，………因而仅保余生，大都缺衣少食，魄荡魂惊。其辗转外徙者，又以饥馑、疾病煎迫，……不为溺鬼，尽成流民。"[⑧]这次人为的大灾，直接造成89万人死亡，391万人流离失所，直接经济损失

---

① 集成：《各地农民状况调查——山东省》，《东方杂志》第24卷第16号，第136页。

② 陶振誉编译：《中国之农业与工业》，正中书局，1937年，第96页。

③ 朱新繁：《中国农村经济关系及其特征》，上海新生命书局，1930年，第305页。

④《时报》，1918年7月17日。

⑤《时报》，1918年4月8日。

⑥ 蔡少卿主编：《民国时期的土匪》，中国人民大学出版社，1993年，第48页。

⑦ 骆承政、乐嘉祥：《中国大洪水——灾害性洪水叙要》，中国书店，1996年，第157～160页。

⑧《时报》，1918年7月17日。

109176万元。大水灾患延续长达9年，还造成滨河、湖滨……为蝗虫滋生繁衍环境。以后黄河下游地区多年中蝗灾水灾不断，都与这次人为决堤所造成的黄河水患有关。①

四、逃荒谋生

　　黄河下游地区被天灾、战乱、苛政剥削而导致贫困化的农民们，由于生产生存条件不断恶化，农民大量外出逃难。山东省府调查，仅沾化一县，农民离村率就有8.7%。当时南开大学王药雨教授在山东调查发现："农民离村率最高为南部费县、莒县，可达60%左右。"②实际上农民离村率有的已占全村总户数的70%以上。离村逃荒的农民流离失所、饮食无着、贫病交加经受了极大的苦难。③当时农民不但缺乏耕畜，而且一般农具的简陋和残缺也达到惊人的程度。民国前中期黄河下游地区的农家，不少人连基本的简陋农具也无力购置，④只有逃荒一条路。这些灾民有如下主要去向：

　　"闯关东"。由于东北资源丰富，1922—1931年间，曾有山东流民走关东的狂潮。铁路交通兴起，为闯关东提供了有利条件。据《胶澳志》记载："每逢冬令，胶济铁路必为移民加开一二次列车。而烟潍一路，徒步负戴，结队成群，……恒在百万以上；而移出之超过于归还，年辄五六万人不等，近数年……移出之数倍于往昔；且携其妻子，为久居不归之计"⑤。又据《东方杂志》记载："山东人口每年减少二百余万，据调查，每日乘胶济车由青岛转赴东北者，约三十余万人"⑥。民国时期统计，山东入东北的流民达1836万人，"是人类有史以来，最大的人口

①《时报》，1918年4月8日。
②《中央日报》，1938年6月11日。
③ 许涤新：《农村破产中底层农民生计问题》，《东方杂志》，1935年第32卷第1号，第52页。
④《中央日报》，1938年6月11日。
⑤《民国胶澳志》第3卷，第130页。
⑥ 集成：《各地农民状况调查——山东省》，《东方杂志》第24卷第16号，第134～135页。

*移动之一"*①。

在大中城市觅食。20世纪30年代有20%流民乞讨为生。以山东省为例，惠民、垦利、阳信各县，每遇灾害便有大批农民涌入济南、德州、淄博、潍坊等地进城乞讨；甚至远走天津、北京，乃至南下苏北、南京、上海等地，以乞讨或打短工为生。多在农闲季节进城作乞丐，或去经济发达、生存环境较稳定的城市，依靠打短工、乞讨来寻生存之机。②

下南洋谋生。当时移民潮中的一部分人是"下南洋"找饭吃。大部分华工都是以自由身份出国。所谓"自由身份"，也就是出洋流民，或被拐骗为"猪仔""契约华工"。当年"海峡殖民地总督瑞天咸氏"曾谓："马来半岛之有今日，皆华侨所造成。……无华侨，吾人将一无能为。由此可见华侨在世界近代史上之地位矣。"③山东青年男女离村后之去处所占百分比为：到城市工作、谋事47.9%，到城市求学18.7%，到别村作雇农20.2%，到垦区开垦8.2%，其他5.0%。

当兵为"吃粮"。旧中国民众在衣食无着，生命无法保证情况下，男青年毅然选择投军之路，一旦军额被裁，只能再次漂泊就食于各方。若就食不得，则再次投军。或因灾荒蔓延，而更多地选择从军之路。旧中国愿领取低下饷项的兵士，有"特权"种种：无票乘车、无偿饮食、掠夺、凌污妇女、榨取人民和密卖鸦片等。④因此，1924年吴佩孚在山东招兵时，曹州、济南满街巷招兵旗，从军者如潮。⑤《时报》描述了1913年山东饥民急切当兵的情形："张勋之所部兵队，多鲁、徐、颖、寿之人，……希冀补入兵籍者，不下万人。"⑥此外，有约四分之一的离村农民投身警界，只为可以吃饱饭。

---

① 《海关十年报告，1922-1931》第1卷，第254页，详见章有义：《中国近代农业史资料》第2辑，三联书店，1957年，第638～639页。
② 集成：《各地农民状况调查——山东省》，《东方杂志》第24卷第16号，第134～135页。
③ 李场傅：《中国殖民史》，上海书店，1984年，第19页。
④ 长野朗：《中国社会组织》中译本，光明书局，1930年，第371页。
⑤ 硕夫：《直系军阀马蹄下的山东人民》，《向导周报》第88期，第732页。
⑥ 蔡少卿：《民国时期的土匪》，中国人民大学出版社，1993年，第11页。

第四节　民国时期的饮食习俗

　　1840年鸦片战争以后，拉开了中国近代史的序幕。中国人民经历了军阀混战、抗日战争以及解放战争，艰苦备尝，但是黄河下游地区的饮食文化在承继历史的基础上还是有所发展。比如民国时期的济南，与北京、天津并称北中国的三大曲艺重镇，当时的茶社、书茶馆多达20余家，宾客盈门，往往需要排队。另外，在广大农村地区，由于现代西方农业技术的引进，在一定程度上促进了社会经济的发展，该地区的一些节令仍然保留了原有的饮食习俗。

一、节令饮食习俗

1. 春节

　　春节辞旧迎新，黄河下游地区的人们要祭天祭祖、走亲访友。特别是合家团圆的日子里，无论富裕之家还是穷困之家，都会在这个时候准备比平时丰盛的食物，特别是在黄河下游的农村地区，春节期间讲究饭食花色多变，且家家都会提

图10-1　民国时期黄河下游地区
运河两岸的小吃摊贩

前进行准备。进入腊月开始，首先就是准备腊八粥、过小年（辞灶日）时开始准备各种食物，比如欢喜团、年糕之类。

（1）年糕　年糕，取年年争高（蒸糕）之意，表达百姓希望在新的一年当中年年进步。年糕主要是使用具有黏性的米面用蒸笼蒸熟，并且加上黄河下游地区的枣来点缀，相传其用意为枣与"早"同音，取吉利之意，在黄河下游地区的齐地还有使用具有黏性的黍米为原料的年糕。对于外形，黄河下游地区比较崇尚小而精，认为蒸得越小、掺枣越多越好吃。喜庆之意不言而喻。

（2）包子　春节的时候，黄河下游地区的人们喜欢做包子作为过春节的主食。包子馅的种类繁多，譬如韭菜、白菜、薹菜、茴香、马齿苋、人荇菜、黄金菜、蒜薹、韭薹、茄子、南瓜、冬瓜、玉瓜、葫子、吊瓜、芸豆、豆角等。由于受到魏晋以来游牧民族饮食风俗的影响，所以一般蔬菜都会配上肉食，比如猪肉、牛肉。另外，一些靠海地区因为渔业发达，所以也用鱼肉、虾肉、蟹肉作包子馅。滨州是著名的枣乡，过年就比较流行蒸枣馒头、枣泥包。过年的包子一是自己食用，二是待客，三是作为礼物赠送。

图10-2　山东莱芜地区春节制作的年糕

（3）白馍（饽饽）　白馍是黄河下游地区春节期间很重要的一种食物。按照传统风俗，白馍都是在过年前蒸熟，到了春节拿来食用。同时白馍的好坏是体现掌厨媳妇是否贤惠的标准之一，从磨面、发面、揉面、饧面考验媳妇的手艺，毕竟白馍是春节时期最重要的主食。有时候，为了让白馍看上去不那么单调，还会做成鲤鱼、鸟、兽等动物样式。

（4）饺子　春节吃饺子是黄河下游地区的基本饮食风俗，除夕之夜，一家老幼一起包饺子、煮饺子、吃饺子，与中国北方其他地区大同小异。饺子馅丰富多样，除了猪肉以外，还有素饺子、糖饺子、豆腐饺子、元宝饺子等。素饺子寓意来年平安，糖饺子寓意来年甜蜜，更有甚者将硬币包入饺子，谁能吃到寓意来年财源滚滚。这都表达了黄河下游地区百姓对于美好生活的追求。

（5）其他食品　炸扁豆，将用盐卤过的扁豆在面粉中一滚，有的在蛋面糊中一拖，有的还要夹上肉末馅儿，再过油一炸，其味道大不一样。

炸花花，原料是面粉加鸡蛋，油炸，口感香脆。不但是春节时候走亲访友、祭祀祖先的上佳食品，亦是结婚时压奁匣用的食品，可谓是下层百姓的高档食物。

炸冬瓜条，冬瓜切条后拍粉拖糊、油炸，松脆而香，是乡里人过节自吃或待客的一道好菜。

炸藕盒，炸藕盒是十分普遍的一道菜。藕脆而香，再加葱花、韭菜、猪肉丁做成的馅，挂少许面糊油炸，年来节到方便好吃，也常用来待客。

炸绿豆丸子、豆腐丸子，既是家常菜，也可用于节庆或待客。肉丸子不多时，就在盘底放些绿豆丸子、豆腐丸子，叫做添碗、添盘、垫底。

煎茄饼，用较大的茄子切成夹页片，然后夹上韭菜肉泥馅，下油锅煎熟。过去煎茄饼一般都是自家吃。

炸馃子，馃子是乡间的上等炸货。人们走亲戚时手中钱少买不起别的，可以买上一斤馃子，也是让娃娃们欢迎的一种礼品。因此，黄河下游地区到处都有馃子铺。虽说到处都有馃子铺，可是手艺不一样，有的馃子炸得又松又脆，有的馃子炸成一条棍。滨州馃子最为出名。

2. 二月二

"二月二吃炒豆"是当地民间习俗。炒豆又称料豆、蝎豆。黄河下游地区许多地方特别是沿海地区大部分为沙质土壤，当地即用沙土炒玉米花。将沙土放入大铁锅中烧热作为传热介质，按比例加入晒干的玉米继续加热。一会儿就会从锅中传出劈劈啪啪的响声，不多时，一粒粒玉米胀开了花。过铁筛后装入坛子中，存放二十余天仍然又香又脆。人们还要将自家的料豆赠与别家交换食用。孩子们装在兜中，既可当零食又可炫耀于同伴。谁家的玉米花炒得好，谁家的媳妇就会得到夸奖。

3. 清明节

黄河下游地区特别是沿海地区，在清明的时候喜欢用红皮鸡蛋上坟做供品。阳信县刘庙街的回民们有寒食节炸油香的习俗，并相互赠送。刘庙街是阳信县最大的回民居住区，明嘉靖年间，京城杨姓回族穆斯林迁此落户、立村，建一清真寺，至1919年已发展为十三个自然村。[1]回族同胞的斋戒日、古尔邦节食品十分讲究且富有特色，对当地汉民饮食有一定影响。回族人喜食牛羊肉，擅长制作各式清真点心，丰富了当地的食品种类。

清明节，黄河三角洲民间还有一种特殊食品——寒燕。寒燕是明清以后兴起的一种食品。吃寒燕本是山西民俗，是纪念介子推的一种食品。明朝初期，大量山西移民迁至黄河三角洲，将寒燕带到了黄河三角洲。在黄河三角洲，寒燕表达了移民们思念家乡、不忘祖先的情怀。

4. 端午节

农历五月初五被称作端午节，传统食品是用白面做成的"捻转"。农历四月

---

① 《山东农事试验场民国八年成绩报告书》，1920年，第68～70页。

底，黄河三角洲小麦黄梢进入收麦期，五月初五前"小麦入仓，吃新粮"。麦收是黄河三角洲的重要季节，是新年后的第一次收成，是喜庆之日。小麦是上等粮食，收麦之后家家有面，正是走亲戚的好时节，人们用自家的白面制成各种美食。五月端午过后便进入盛夏酷暑，黄河三角洲民间有"初伏饺子，中伏面，末伏烙饼炒鸡蛋"之俗。每一个节日因为有独特的美食而过得有滋有味。

5. 中秋节

中秋节又称仲秋节，是中国传统文化意义上的团圆节，是中国人十分注重的节日。黄河下游地区的百姓亦是如此，每年的农历八月十五，人们都会回到家中和家人团聚。和其他地域一样，黄河下游地区的百姓在中秋节也流行吃月饼，是中秋必食之品。月饼品种繁多，主要有枣泥月饼、豆沙月饼、伍仁月饼、酥皮月饼等。

黄河下游地区的部分地区在中秋节除月饼外，最有特色的食品是冬瓜猪肉包，这是家家必备的食品。冬瓜猪肉包起于何朝何代无文字记载，属于民间食艺。冬瓜猪肉包最好吃的当推烫面冬瓜包，用发面和死面作皮则风味欠佳。把上等的白面用开水一烫，擀成皮，包出来的包子皮儿不硬也不软，汤汁不外溢。好多人家祭月在摆放月饼、瓜果的同时，还要摆一盘冬瓜猪肉包，祈求月神多多赐福。

二、婚姻饮食习俗

婚礼的讲究很多，在不同时代、不同地区和民族间，乃至不同的社会层次间，其规制习俗也不尽相同。黄河下游地区衍圣公府在1936年举行的婚姻仪式中所采用的饮食，可以体现当时上层社会的一些婚姻食俗。

署名孔德懋先生的《孔府内宅轶事》记孔子七十七代孙、大成至圣先师奉祀官（1936年经国民政府由"衍圣公"改授）孔德成婚礼"亲迎"一节的情景："迎亲队伍也是旧式和新式相结合，有些地方还保留着祖传的规矩……轿前有两对白色吉羊，两大彩绘坛子喜酒，由穿彩衣的小孩抱着……到新娘暂时借住的东五府，完全按照旧式的礼节由德成拉弓、射箭等等，才把新娘挽出来，从屋门口用花轿抬到东五府大门……（孔府内）开仪门，设彩亭，花轿从仪门进去，前上房院内摆着二十张绣围铺毡的长案，上摆龙凤饼，喜盐、枣、栗子、莲子、花生、松子、桂元、凤枝等果品，以及松柏长青枝……新娘穿着西式白纱长裙礼服，和德成行一跪四叩大礼拜天地，行完礼，挽扶新娘到后堂楼换装。新娘穿着丝绒花的大红旗袍，大红缎鞋，梳髻，在新房坐帐，喝交杯酒。那天唱了三台戏……许多国民党要人都参加了婚礼，……还有许多社会团体都送了礼……孔府的佃户也前来贺喜送礼，招待佃户是在大彩棚里，由外厨房开饭，吃'拾大碗'。一次开一百桌席，一个'司席员'负责十桌，随来随吃，前来贺喜的络绎不绝，从上午开饭到晚上十二点还没有开完。演员和职工的饭由中厨开，贵宾和内宅亲友的饭由内厨房开，厨房只管做菜。庶务处供应馒头、酒。内厨房的酒席设在忠恕堂、红萼轩、花厅、前堂楼、后堂楼等等内宅各处，一次开十五桌，规格是三大件（四十多道菜）和九大件（一百多道菜）。第二天早晨，新娘要向伯母、大姐、我（作者孔德懋系孔德成胞姐——笔者），以及许多本家长辈们逐个请安。后面跟着个老妈子，端着的大盘子上面放着许多盛有桂元的小盖碗；新娘、新郎向长辈磕完头，由新娘敬桂元汤。长辈们都要给见面礼，也无非是衣料之类。"

三、制酱习俗

中国酱种类繁多，依中国食品酿造工艺的基本分类方法，中国酱大约可以分为黄酱类、面酱类、豆豉、甜酱类、蚕豆酱、辣椒酱、花生酱、芝麻酱、鱼子酱、果酱、蔬菜酱、虾酱、肉酱等十余种类别。

黄酱，北方又俗称为"大酱"，是黄河下游地区人们日常食用的调味品，民国时期的家庭传统制作方法一直流传到现在，其方法记述如下：

传统是农历二月初二日的下午，将大豆（黄豆）精选，剔除黑大豆（担心黑皮影响酱色）、变质的豆粒和其他杂质，清水洗二至三遍，以净为度，入大锅中炸，待汤燎净（切不可焦煳）、豆粒用手一捻极酥烂，熄火焖至次日上午（主要目的是将豆焖成呈红色）。随后，将豆入绞刀（一种铸铝的手动工具）绞成均匀豆泥，或在碾盘上反复碾压（大户人家为大批佣工备常年所用，需酱量很大，故用碾子加工）成泥状，也有直接在锅中用粗干面杖捣成豆泥的（不过这样的豆泥不易均匀）。酱泥干湿适宜，过干则难以团聚成坯，影响正常发酵；水分过多则酱坯过软难以成形，坯芯易伤热、生虫、臭败。酱坯大小一般以三斤干豆原料为宜，做成约为30厘米长的、横截面积20平方厘米的柱体，易于发酵酶变。于室内阴凉通风处晾至酱坯外干（约三五日），然后在酱坯外裹以一层毛头纸（多用于糊窗户）或牛皮纸（防止蝇虫腐蚀、灰尘沾污等），用绳系悬于灶房梁上，下距锅台约四五尺高。或摆放于室内温暖通风处，坯件间距约一寸，酱坯多时可以分层摆起，但以黍秸或细木条隔开，约一周时间将酱坯调换位置继续贮放如前。

待之农历四月十八或二十八开始下酱。去掉外包装纸后将酱坯入清水中仔细清洗，刷去外皮一切不洁物，然后将酱坯切成尽可能细小的碎块放入缸中。缸要安置在窗前阳光充分照射之处，为避免地气过于阴凉，一般要将酱缸安置于砖石之上。随即将大粒海盐按二斤豆料、一斤盐的比例用清净的井水充分融化，去掉沉淀，注入缸中，水与碎酱坯大约是二比一的比例。然后用洁净白布蒙住缸口。三天以后开始打耙。大约坚持打耙一个月时间，每天早晚各打一次耙，每次二百下左右。直到将发劲儿（酱液表面生出的沫状物）彻底打除为止。此间，要特别注意避免"捂了酱头"——酱液发酵过劲儿而产生异味。为了通风防雨，缸口上要罩上一顶"酱缸帽子"。农村酱帽的传统制法是就地取材用秫秸或苇子秸编成大草帽形状，既透气又防雨水。城里的酱帽一般是用煮饭的大铁锅反扣在缸口上，为了通风则在缸口上用木条将缸撑起。

另外，还有一种是将玉米炒熟后用碾子碾粉，然后用沸水烫和，攥成直径约十厘米的球状，如豆酱坯一样贮放酶酵；届时按豆酱坯与玉米粉球各占一半的比例做酱。这种玉米豆酱的酱味甜于纯豆酱，而之所以以玉米粉为原料，除了山东富产玉米之外，还因为大豆不是最主要的口粮谷物因而种植很少。清代时的山东人被俗呼为"山东棒子"，因为玉米在山东人的口粮结构中占有很高的比重；玉米结实，其形如棒，习称为"玉米棒子"或"包米棒子""包谷棒子"。

与此同时，黄河下游地区在民国时期有一些新兴的酱园，诸如济南有大兴酱园和周立大酱园兼南货店。青岛有大兴酱园，年产酱油一百二十万斤至一百六十万斤。又有一家万通，年制酱五百多缸。至1944年又生产腐乳，由五千坛发展到二万坛。连年获利，并去徐州创办分园，营业甚好，超过青岛的总园万通。这些酱园在山东颇负声誉。

第十一章 中华人民共和国时期

中国饮食文化史

——

黄河下游地区卷

1949年中华人民共和国成立以后，黄河下游地区的饮食文化发展进入了新的历史时期，经历了从追求温饱到追求品质的历史衍变过程。特别是改革开放以后，农业与商业的发展，推动了经济的腾飞，粮食与食物来源获得了保障。不仅传统饮品、食品和菜品有了新的突破，饮食风俗、饮食观念也表现出新的特征。同时，形成了以黄河下游地区饮食文化圈为基点，周边饮食文化圈互相影响的发展形态，饮食文化内容呈现出多元化的发展格局。

第一节　改革开放以前的饮食生活状况

经历抗日战争和解放战争后，1949年至1958年之间的黄河下游地区百废待兴。人们面临着生产资料不足、资金匮乏、农业技术落后、粮食短缺、食物种类单一等困难。以1949年黄河下游地区的山东省耕地为例，水浇地面积仅386万亩，[1]粮食总产量仅为87亿公斤，全省人均粮食占有量仅191.25公斤，[2]这就直接导致了第一次粮食危机。党和政府为了解决人民的温饱问题，实行了统购统销政策，对稳

---

① 中共山东省委研究室：《山东省情》，山东人民出版社，1986年，第75页、117页。
② 中华人民共和国农业部：《中国粮食发展战略对策》，农业出版社，1990年，第151页。

定社会秩序、规范经济市场、保证民食、巩固政权起到了重要作用。之后，长达20年的政治运动造成了长时间、全国范围的缺粮和食物供应紧张，从而导致很多人始终挣扎在温饱线上，饮食文化呈现凋零、停滞的状态。特别是1959年至1961年的三年自然灾害时期，黄河下游地区的饮食文化遭到了毁灭性的打击。

一、三年自然灾害时期的民食状况

1959年初春，黄河下游地区春夏连旱，大部分地区降水只有100毫米~300毫米，年降水量比往年减少3~4成，而盛夏时期山东半岛等地暴雨连绵，出现了短时期的涝灾。1960年的春天，在上一年大旱的基础上，鲁西南和苏北地区冬春雨雪奇缺，干旱一直从1959年秋持续到1960年初夏，连续六个月没有一场透雨，降水量只有往年的2~3成。山东潍河、汶河等8条河流断流，黄河下游范县至济南河段曾有40多天断流，河床中的沙土含水量也在10%以下，7月下旬之后豫东和鲁西南又因暴雨成灾，农业损失巨大。在这段时期内，最主要的自然灾害还是旱灾。黄河下游鲁西北地区在春播阶段出现干旱，小麦旺长时期又连续干旱，济南、德州、菏泽等地区春至夏竟滴雨未落。[1]然而，这一自然现象是黄河下游历史上经常发生的，从当时以山东为例的统计资料来看，1959年至1961年三年中，全省受灾面积达2.7亿亩，绝产面积为0.56亿亩。[2]从1959年春开始，大饥荒开始在黄河下游地区蔓延，仅山东馆陶县就有13000多人外出逃春荒。[3]现代历史上罕见的大饥荒爆发了。

本书作者李汉昌教授在1996年至1997年寒假时，布置学生利用假期回乡过年的时机，对黄河下游地区的中心——山东省的14个地（市）县在1958年各地大跃

---

① 骆承政：《中国大洪水·灾害性洪水述要》，中国书店，1996年。
② 陈大斌：《饥饿引发的变革》，中共党史出版社，1998年，第32~34页。
③ 中华人民共和国农业部：《中国粮食发展战略对策》，农业出版社，1990年，第151页。

进历史时期农村饮食状况进行调查。根据200余名学生的调查报告整理汇总，摘要介绍如下：山东各地在1958年实现人民公社化后，很快各地生产队都成立了食堂，各家各户停火不做饭。有许多地方的农民把自家的锅全揭了，送去"大炼钢铁"。食堂最初几个月，几乎天天像过年，经常杀猪，吃好菜好饭；顿顿"敞开肚皮吃"，人们盲目乐观地认为："马上就要进入共产主义社会了"，"一亩地就能产上万斤小麦，再也不用愁吃穿了。"这种自上而下头脑膨胀的狂热心理，使大家把几千年形成的"口粮必须干稀搭配，忙时吃干，农闲吃稀，粮蔬结合"的勤俭节约老传统都给忘掉了。浪费粮食非常普遍。由于吃饭不要钱，"不吃白不吃，一天吃了三天的粮"，没用几个月就把集体粮食储备吃光了。1958年由于忙于"大炼钢铁大会战"，忽视田地中已经成熟了的庄稼，再加上秋天连续下雨，地瓜、玉米大多烂在地里，没收回来。到1959年春荒，食堂没粮食了，只能散伙。而回家开伙家家面临缺粮。只好千方百计四处找粮食。大饥荒，就在这样毫无准备的情况下开始了。当时黄河下游地区的农村，大都没有足够的粮食储备。虽然政府也在积极想方设法调集粮食、救济灾区，但因供需缺口太大，只好发动群众努力实行"低标准，瓜菜代"，在人均每天吃不上半斤粮的情况下，千方百计想办法来寻找各种度荒的代食品。

李汉昌教授又在1998年12月至1999年3月，利用寒假组织约400余名大学生，对山东20世纪60年代大饥荒中民食情况进行了专题调查。学生们的调查资料经过统计归纳，摘其要点，分析介绍如下：

由于20世纪60年代的大饥荒已经过去约40年（统计资料当年），调查比较困难，只有少部分学生获得了灾荒中人均口粮数的量化资料。按照从各个地区所获得的调查资料经过统计分析发现：大饥荒时潍坊、诸城、安丘、坊子、临朐等地农村，人均每日口粮仅仅为216克；日照、五莲、东港、莒县的5个村庄人均日口粮仅有180克；临沂的蒙阴、河东区、兰山区的3个村子，平均日口粮仅140克；济南、章丘、长清等地的3个村子人平均日口粮仅100克；青岛市所属平度、胶州、即墨的7个村子每人的日均口粮仅250克；菏泽、鄄城、巨野、曹县等地的4个村子平均日口粮仅152克。以上6个地区26个村庄，人均每日口粮平均只有122.38克。按玉米计算，人均每日通过口粮所获得的热量仅为437.9千卡，距世界卫生组织公认的人均温饱水平：每日食物热量应不低于2400千卡的标准相差甚远。经计算：大饥荒中上述调查点26个村庄的人均口粮，平均每日食物热量只能满足温饱水平所需食物热量的18.25%。尚不足人类营养需要底线的五分之一。面对大饥荒，饥饿的农民纷纷走出家门，到山野、农地、池沼、海滩去寻找可以吃的东西，用以维持生命。

二、三年自然灾害时期的度荒食物种类

在"低标准，瓜菜代"的号召和人类维持生命的期望中，黄河下游地区的人们纷纷寻找一切可食的野生动植物资源。李汉昌教授亦曾组织学生300余人对山东省展开调查，所得当年的度荒食物名单统计如下：

1. 可食用的植物性食料

十字花科植物：荠菜、白青菜、白菜帮、白菜根、萝卜叶。

豆科植物：野扁豆、槐树叶、槐花、苜蓿叶、野豌豆、花生蔓、花生叶、花生壳、豆叶、豆秸、黑豆秧。

菊科植物：蒲公英、茵陈蒿、艾蒿、苦菜、野菊花、牛蒡根、苍耳子、白蒿、青粒蒿、曲曲菜、曲曲芽、刺儿菜、米蒿、酸浆草。

百合科植物：黄花菜、野葱、野蒜、野韭菜。

禾本科植物：茅草根、碱蓬草、草籽、苇根、麦子苗、稗草种子、芦苇根、玉米穗轴、玉米叶、玉米雄穗、玉米雌穗、玉米根、麦叶、麦根等。

藜科植物：灰菜、猪毛菜等。

苋科植物：苋菜、人荇菜等。

伞形科植物：野芹菜、鸡芹菜、野芫荽、水芹菜等。

蔷薇科植物：野梨、野杏等。

蓼科植物：辣菜、地环等。

五加科植物：五加皮、刺老芽等。

榆科植物：榆树叶、榆树钱、榆树白皮等。

旋花科植物：甘薯、地瓜叶、地瓜蔓、地瓜干、烂地瓜、牵牛花叶、牵牛花根等。

车前科植物：车前草、车前子等。

唇形科植物：野薄荷、地梨等。

各种树叶、树皮、花：桑叶、槐花、槐豆角、毛柳芽、柳树叶、嫩柳枝、王母柳叶、杨树叶、嫩杨枝、杨树花、香椿叶、臭椿叶、梧桐叶、石榴叶、枣树叶等。

其他可食用的度荒野菜：马齿苋、青青菜、"拽倒驴"、蓬子菜、扈子花、蓖麻叶、云树菜、石榴菜、青垄子、白胖菜、马蜂菜、山枣、山枝子、谢香头、板凳腿菜、破棉袄菜、地枣、浮萍、铁扇头菜、牛舌头菜、水蓬菜、毛菜根、燕子衣、荻树皮、猪卷草、蕨菜、沙枫菜、刘三姐菜、地衣、毛耳朵菜、灯笼棵菜、水藻、海藻、海菜、橡子面、野山药、兔儿伞等近百种。

农作物：茎叶、皮、壳、根、麦苗、豆秧等。

其他：棉子饼、谷糠、豆饼、花生饼、麦麸等（属于高质量的副食，则由政府部门直接控制，只能少量用来救济病号和老弱饥民）。

2. 可食用的动物性食料

野生脊椎动物：有野兔、刺猬、野猫、狐狸、狼、黄鼬、田鼠、家鼠等。

野生爬行动物：青蛙、蟾蜍、田螺、蛇、蜥蜴、蚯蚓等。

昆虫类：柞蚕、柞蚕蛹、桑蚕、桑蚕蛹、蝉及其幼虫、豆虫、蚂蚁、蚱蜢、蝗虫、蟋蟀、螳螂、天牛。

野生海洋动物：海红、扇贝、牡蛎、沙蛤、文蛤；各类小型海鱼、小虾、海带、海菜等。

野生鸟类动物：野鸡、麻雀、乌鸦、猫头鹰、喜鹊等野生鸟类。

死亡动物的尸体：饿死、病死的牛、马、猪、羊、鸡、鸭、鹅、狗等饲养动物。

3. 矿物质"食物"

人类不能食用、消化的矿物类如观音土、煤炭、滑石粉等，也曾经被饥民挖来充饥。食用多者不久会由于消化道溃烂而死亡。

当年各地政府也曾积极推广代食品：制作"玉米根粉""小麦根粉""玉米秆曲粉"甚至采用动物尿等作为培养基来培养"叶蛋白""小球藻""人造肉精"等，以及由群众"创造"的用玉米秸、玉米芯破碎之后碾成粉，加火碱或石灰处理，再用水淘洗过的人造食品——"人造淀粉"。其实这些"食品"是以纤维素为主和少数半水解的大分子碳水化合物组成的，能被人体消化吸收的营养物质极少，食用后会造成排泄困难。1960年到1961年春季，大范围地出现了浮肿病人，其他因营养不良和患肠梗阻而死亡的居民也不在少数。[1]

三、赈灾与大饥荒的历史教训

连续三年的饥荒，使曾经富饶的黄河下游土地一片苍凉。以山东省为例，李汉昌教授在1998年12月至1999年3月对山东部分市县在大饥荒年代的人口情况进行调查中发现：当年在本地区的大多数农村，因为粮食太少不够吃，多数人患有不同程度的营养不良性浮肿病。育龄妇女在大饥荒中多数绝经，绝大多数育龄妇女未能怀孕。幼儿和老人、病人因饥饿而营养不良，或发疾病，而致非正常死亡人数剧增。山东省菏泽的鄄城、泰安的肥城、青岛的平度、即墨，临沂的单县、费县、郯城、仓山，日照的东港、莒县，威海的乳山、东营的广饶、利津，德州

---

[1] 胡岳岷：《21世纪中国能否养活自己》，延边大学出版社，1997年，第153～154页。

的武城等地，由于严重饥荒发生了饿死人的情况，有的村子死亡人数超过百口，大部分地区出现青壮年外出逃荒的情况。调查所获得的情况，与近年来国家所披露的材料相近。①

面对大饥荒，党和政府采取了各种赈济措施，一是设法调运部分粮食救荒；二是发动群众"低标准、瓜菜代"和采集代食品；三是组织生产自救；四是组织移民去人少地多的地区。诸如山东组织大批农村青年支援黑龙江垦区的开发建设，部分地减轻了地方上的饥荒压力。1960年冬，党中央开始纠正农村工作中的左倾错误，并对国民经济实行"调整、巩固、充实、提高"的方针。1962年1月，党中央在召开的七千人大会上初步总结了大跃进中的经验教训，开展了批评和自我批评。由于上述正确的措施，1962年到1966年，国民经济有了较顺利的恢复和发展。黄河下游地区农业生产也有明显回升，民食逐步开始恢复。

正如胡岳岷所指出："对于那段历史，至少可以得出这样的认识：当年的大饥荒，除了由于自然灾害造成的农业歉收和苏联单方面撕毁合同、逼我还债外，在很大程度上是由于工作上的缺点错误造成的，可谓是三分天灾，七分人祸。"②自然灾害加之政策的失误，直接导致了黄河下游地区本来能满足人民基本需求的食物出现短缺，严重影响了本地区人民的饮食生活，很多人只能长时期处于饥饿之中。③在连温饱都无法满足的情况下，黄河下游地区的饮食文化只能处在凋零、停滞甚至倒退的状态，民间原有的饮食礼仪、饮食风俗乃至饮食习惯都接近崩塌。

---

① 彭尼·凯恩：《中国的大饥荒（1959—1961）》，转引自胡岳岷：《21世纪中国能否养自己》，延边大学出版社，1997年，第157~162页。
② 胡岳岷：《21世纪中国能否养活自己》，延边大学出版社，1997年，第164~165页。
③ 山东农业厅种植区划专业组：《山东省种植业的过去和将来区划报告》，山东科技出版社，1990年，第64页。

第二节　改革开放以后饮食文化的发展

1978年起，党中央决定在农村开始实行联产承包责任制，这一举措有效地解放了农业生产力。再加上政府积极推广科学种田，依靠现代科学技术使农林牧副渔诸业获得全面发展。通过努力加强区域综合治理，使黄河下游地区的农业生产条件有了很大改善，从而使得农业、畜牧业、储藏加工业的产量、质量、效益持续提高；沿海养殖业、远洋捕捞业也获得了丰硕成果。与此同时，农副产品多次提价，农村市场开放，这些措施都极大地调动了农民的生产积极性，有力地推动了生产的发展，饮食产品也变得丰富多彩。

一、食品种类丰富

从食品的构成成分来看，黄河下游地区的食品市场大致有以下几大类：粮食、油料、肉类、蛋类、奶类、豆类、水产类、蔬菜类、水果类、零食类、调味品类、食品添加剂类、保健品类以及对食物进行初级加工的冷冻食品、方便食品、罐头食品、饮料等。其中约有一半为新增食品种类，即使是原有的食品种类也新增了许多过去没有的子类。例如零食类中的糕饼面包，过去只局限于桃酥、煎饼等有限的几种，如今则是种类繁多，仅蛋糕饼干的种类就不计其数。另外，食品加工行业也呈现出繁荣景象，原状食品、净菜食品、烹饪成品、烹饪半成品、熟食品、快餐食品的出现大大丰富了黄河下游地区的饮食文化。

二、膳食水平提高

笔者李汉昌教授在1999年组织了500名学生，对黄河下游地区的主要省份山东的20多个城市、70多个县、500多个村镇、近5000户代表性农户进行了调查，调查中发现，改革开放20多年来黄河下游地区的农村经济发展很快，20世纪末平均饮食水平已有大幅度提高。所调查农户全部达到温饱以上水平，其中50%以上农户"已达到想吃什么就可以吃什么"的水平，三分之一农户说："与过去相比，现在的吃喝等于过去的天天过年。"有近一半的农户家里有半年以上的储粮，有约30%农户经常去集市或商店购买工业生产的食品，比如方便面、肉类食品、酒类、饮料、调味品、儿童小食品。据调查资料统计发现：2000年山东各地农民的人均膳食消费，全年可达958.2元。这还不包括自种瓜菜和养鸡、养猪以及自产的菜、肉、蛋投入自家饮食中的价值；只计购买食品、燃料等的费用。据调查了解，一日两餐制，目前在山东已基本不复存在，"忙时吃干，闲时吃稀"的几千年传统，也因为粮食、副食品的丰富多样而不再沿用。家庭中，饮食除对老人、儿童有专门的关照外，妇女的饮食营养水准与男人平等。具体统计数据如表11-1。

表11-1　山东各地人均收入与饮食支出比较表（根据大学生社会调查资料汇总）

地区	年收入	饮食支出	恩格尔系数	年收入	饮食支出	恩格尔系数
	1978年人平均每年（元）			1998年每人平均（元）		
地区	年收入	饮食费	占人均收入	年收入	饮食费	占人均收入
菏泽	195.2	128.9	66.0%	1591.1	597.5	37.6%
东营	165.0	120.0	72.7%	2071.4	613.0	29.6%
临沂	211.7	170.8	87.7%	1575.0	608.7	38.6%
日照	252.8	186.8	73.9%	1590.4	708.7	44.6%
德州	370.4	238.0	64.3%	2150.0	780.3	36.3%
济宁	298.8	196.2	65.7%	1954.0	944.3	48.3%
莱芜	400.0	280.0	70.0%	2000.0	940.2	47.0%
聊城	206.3	173.5	84.1%	2250.0	1050.0	46.7%
淄博	166.6	132.0	79.2%	1833.3	991.7	54.1%
潍坊	236.9	173.4	73.2%	2411.0	775.2	32.2%
济南	350.0	282.0	80.6%	2411.1	888.0	36.8%
烟台	248.6	194.2	78.1%	2539.6	943.7	37.2%
青岛	356.8	196.7	55.1%	2825.0	117.0	39.5%
威海	442.2	238.6	54.0%	3145.0	1148.9	36.5%
平均	280.0	198.4	70.8%	2155.5	858.2	39.8%
比较	100%	100%	769.8%	432.6%	−31	%

从统计资料可看出，黄河下游地区改革开放20年来农村人均收入的增加和饮食改善的情况。

1998年年末和1978年年末相比，20年来农民人均收入大约增加了7～8倍，人均年饮食支出达到了858.2元，比1978年增加了4～5倍。经济学理论认为，恩格尔系数低于40%，是脱离贫困进入温饱、迈向小康的消费结构特征。分析恩格尔系数下降的原因，一是计划生育显著控制了农村人口的增长；二是山东农民重视子女教育，大部分家庭子女受过初中以上教育，约有20%以上的农户家庭供大中专学生读书。在1978年以前，本地区农户大多使用农作物秸秆和柴草树叶作烹饪取暖燃料，少数季节性使用煤火做饭取暖。而目前，使用柴草为主的农户已很少了，使用蜂窝煤炉作为冬季取暖、辅以烹饪用途的农户占较大比例。

山东省的调查资料数据，进一步说明了黄河下游地区在改革开放以后，已经逐步解决了家庭温饱问题，这是黄河下游地区饮食文化变迁的一个重要标杆。

三、饮食理念的变化

随着生活水平的提高，人们的饮食健康理念逐渐加强，生态无污染的绿色食品因其新鲜、卫生而逐渐成为受黄河下游地区人们青睐的食物。为了调剂饮食生活，农村地区的农家乐也如火如荼地开展起来，人们可以自己动手采摘，穿梭在"田间地垄"，既体验了劳动的乐趣，又保证了食品的绿色新鲜。这说明黄河下游地区的饮食文化呈现出新的特色，人们不但要满足口腹之欲，对于饮食场所的环境亦有了更高的要求，既要有情调，还要享受人与大自然的结合，享受回归自然、融入自然的生活需求。

随着改革开放的不断深化，黄河下游地区人们的经济收入和生活水平大幅度提高，居住环境的改变为家庭饮食环境的极大改善提供了条件。人们不仅希望吃得好、吃得卫生、吃得科学，还希望吃得心情舒畅。在农村，以往"锅台连着炕"的布局和厨房与房间相连的情况已经逐步改变。墙面、灶台和地面也铺上了瓷砖。在厨具方面，电饭煲、微波炉、电冰箱等家用电器的使用已经很普遍。在城市里，厨房已经开始逐步实现电器化操作，各种省时、方便、快捷的厨具被广泛使用，中等收入家庭中普遍具有抽油烟机、电冰箱、电饭煲、微波炉、煤气灶、电饼铛、搅拌机、热水器、消毒柜、不粘锅等现代烹饪工具。

从1999年1月至2月李汉昌教授组织学生在黄河下游山东地区调查的结果来看，山东的大中城市冰箱、燃气灶、抽油烟机普及率已近100%；农村的燃气灶普及率已过半数，但冰箱普及率在农村还不高，地区间差别较大。在大中城市的郊区和胶东、鲁中富裕县市的农村，农家冰箱普及率达20%～40%不等；在鲁西北、鲁西南等欠发达地区，冰箱普及率在10%上下，有个别村甚至一台也未见。至于燃料，约10%的农户自建了沼气发酵池，烹饪使用沼气。胶东各地90年代中期以后，部分农户在新建的楼房中自置小型暖气设备，也是冬季的烹饪热源。

餐具方面，美观、艺术且原料多样的餐具为黄河下游地区的人们所接受并广泛使用，诸如玻璃、陶瓷、钢化玻璃、不锈钢等不同材质的器皿；以及圆形、方形，甚至有各种动物造型的各式餐具；花色图案丰富多变，光亮透明，而且洁净卫生。另外种类繁多的用于清洁厨房、厨具的洁净剂与清洗餐具和蔬菜水果的洗洁剂广泛使用，说明黄河下游地区的人们越来越注重厨房的卫生。另外，蒸笼的使用与以前相比已经逐步减少，蒸锅已逐步取代了蒸笼。

图11-1　现代孔府旁的小吃街

家庭的食物原料在改革开放之后发生了巨大变化，从原来的以面食为主、大米为辅，配以少量蔬菜的饮食结构，逐步开始向多元化的饮食结构转变，原本只有过年才能吃到的美味佳肴开始在日常生活中都能吃到了。随着市场经济的发展、交通的便利，黄河下游地区的日常百姓家庭能吃到各地的食物，并且吃到许多反季节性的食物，同时主食与副食平分秋色的状况使该地区的饮食呈现主食不主、副食不副的特点。副食原料的产地不仅有新鲜的当地蔬菜，还有各地的时令蔬菜，甚至进口蔬菜，加上丰富的肉禽蛋类，人们的选择余地扩大了，日常饮食结构更加趋于多样化。在制作品种上更趋丰富，比如馒头的品种就有白面馒头、黑面馒头、枣馒头等，烹饪手法从原来的粗、多、大，向细、少、精的方向发展。虽然还是普遍喜欢咸鲜、葱香的口味，并大量使用各色酱来作为调味品，但是已经出现了追求口味、色泽与健康，在三者之间寻求平衡的饮食观念。黄河下游地区家庭饮食习惯中主副食结构与口味的变化，是这一地区饮食质量、饮食生活水平提高的重要标志之一。

　　在城市里，饮食理念更加追求程序简单化、方便化、快捷化，食品更趋丰富。随着家庭收入的增加和食品工业的发展，城市家庭季节性贮冬菜已取消，家庭腌制咸蛋、小菜的传统，以及擀面、蒸馒头、烙饼等厨作，大部分代之以市场采购。李汉昌教授组织学生假期家庭调查的统计发现，当今城市主妇厨作时间已经大幅度减少（见表11-2）。更多时候人们可以从市场上买到各种已经烹饪完成的主食，副食品也出现半成品化甚至成品化的特点。另一方面，各种各样的电器化厨具逐步代替了手工制作，如家用排油烟机、电冰箱、冷冻柜、家用高压锅、电饭锅、电炒锅、微波炉、光波炉、电磁炉、电烤箱、全自动烤面包机、全自动洗碗机、家用多功能果汁机、家用豆浆机等的使用，方便了饮食加工。同时，在加工烹饪过程中更加注重营养吸收、膳食搭配的合理性、菜肴的适口性，提升了生活品质。家庭烹饪已不同于传统的只满足基本生理需求，而是呈现出一种既快捷又娱乐的饮食生活特点。可见，此时的饮食过程已经升华到了文化的层次，家庭烹饪开始逐步追求一种享受和鉴赏食文化的过程，追求对家庭生活品质的提升。

表11-2　黄河下游地区城市主妇厨房营作时间调查（平均小时/日）

年代	采购时间（小时）	准备时间（小时）	加工时间（小时）	合计
60年代	2	2	1	5
70年代	2	2	1	5
80年代	1.5	1.5	1	4
90年代	1以下	1以下	0.5	2.5
2000年	0.5左右	0.5	0.5以下	1.5

四、饮食风俗新趋向

1. 年夜饭的新方式

"年夜饭"在传统食俗中是一年之中家庭饭局的压台戏，是全家团圆、亲人团聚的象征。各个家庭到了年底便开始忙碌，买肉、买鱼，荤的、素的都要准备。到做饭时，小家庭往往是丈夫妻子齐上阵；如果儿孙们都聚集到老人身边，人多了，做这顿饭更有了难度。因此，每年做"年夜饭"都忙得不亦乐乎，一顿饭下来非常疲惫。

改革开放以来，随着人们生活水平的提高，年夜饭习俗悄然发生着变化。这种变化在城市最为明显，人们为了摆脱劳累，有的家庭开始主要采集半成品来做，这样不但节省时间，也不失下厨的乐趣；也有一些家庭则是请厨师上门，调剂一下口味，保证饭菜的专业和精美；还有一部分家庭则将年夜饭预订在饭店，省时省力，既品尝到美食，还能享受周到的服务。近几年来，在饭店吃年夜饭，越来越成为城市年夜饭的时尚。从年夜饭的变化中，我们能看到改革开放以后，黄河下游地区人们饮食水平的提高和进步。不过，黄河下游地区农村的年夜饭习俗基本还保留着，大部分还是会在家吃。宴席间无数的问候、声声祝福和觥筹交错寄予的温情依旧，但因受到城镇化的影响，也开始逐步改变。

图11-2 山东煎饼

2. 国外饮食的时兴

改革开放以来，黄河下游地区的人们特别是居住在城市里的年轻消费群体，越来越多地开始接受国外的饮食，比如遍地开花的麦当劳、肯德基、德克士、必胜客等连锁快餐店，以及日本、韩国料理，加之星级酒店中的自助餐等。特别是双休日以及特定的节假日，这些地方都座无虚席。同时许多年轻人将这样的一种饮食习惯和饮食行为称为"小资"的生活方式，加之麦当劳、肯德基、必胜客外送业务的拓展，以及诸多白领开始在家办公却又不想下厨的行为增加，使国外饮食的快捷、方便成为一种饮食优势不断扩张，冲击着黄河下游地区传统的饮食习惯。

3. 粗粮成为美食

随着改革开放以后人民生活水平的提高，日常主食逐步细粮化，大米、白面成为百姓餐桌上的基本主食。但伴随而来的"都市文明病"、心血管病、糖尿病、肥胖症等疾病也日益增加，因而人们需要多吃粗、杂粮平衡营养。随着人们保健意识的增强，粗粮又逐渐回到了人们的饮食生活中，甚至成为新的美食。这种现象在黄河下游地区也比较突出。

黄河下游地区是玉米、地瓜等粗粮的主要产区。因为粗粮生长时极少使用农药、化肥，结果成了具有特殊食疗食补作用的天然绿色食品；此外，粗粮中含有大量的纤维素，纤维素本身会对大肠产生机械性刺激，促进肠蠕动，使大便变软畅通。这些作用，对于预防肠癌和由于血脂过高而导致的心脑血管疾病都有好处。比如，用粗细粮混合制作花卷、玉米面条、玉米煎饼、荞麦馒头、小米面馒头等。人们开始注意干稀搭配，如油条配豆浆，馒头、花卷配玉米粥，小米粥配窝头等；荤素搭配，口味清淡，营养均衡。多吃青菜等素菜成为一种健康饮食的时尚。总之，粗粮、蔬菜的回归，反映了黄河下游地区人民对健康饮食的追求，同时也是黄河下游地区人民饮食生活跨越性发展的标志。

4. 注重饮食营养

中国自古以来就讲究"医食同源"。随着改革开放人们生活水平的不断提高，饮食也由"温饱型"向"保健养生型"转变，人们追求食品的个性化和健身功能，从而为保健食品带来了生机。据统计，到2002年4月底，经卫生部批准生产的保健食品有3720种，卫生部已确定了22项保健功能。根据实际情况来看，我国保健食品的主要功能集中在免疫调节、调节血脂和抗疲劳三项，约占总数的60％左右。黄河下游地区的保健食品种类主要是野生保健食物，如海参、蜂蜜、人参、鹿茸、枸杞、灵芝等；另外保健酒很受欢迎，如人参酒、枸杞酒等；还有饮品，如人参蜂王浆等；此外，以中药材为原料的药膳在黄河下游地区许多饭店也十分红火。实际上，保健食品的出现，反映了改革开放以后黄河下游地区人们在饮食上追求健康和营养观念的变化。

同时，我们也应当看到，在饮食文化繁荣发展的过程中，也出现了奢侈之风、铺张浪费之风、斗富之风，以及通过"吃"而出现某些官员的腐败现象。其中公款吃喝消费的现象最为明显，衍生出了具有负面效应的酒桌饮食文化，成为权钱交易以及财务腐败的重灾区。不仅助长了奢侈之风，更是腐败的温床，还浪费了巨大的国家资源。当前中央反腐倡廉，很重要的一点就是从官员们的"吃"

上下手，号召节俭，并且于2012年出台了"八项规定"，明确了上下级党和政府之间的接待标准。在社会上关闭各种奢靡的消费娱乐场所。这一举措，引发了全民反思，为自上而下地遏制奢靡浪费之风起到了积极而深远的影响，引导人们追求正常、合理的餐桌文化，提倡健康的餐饮消费形式，促进了社会的和谐发展。

第三节　黄河下游地区的饮食文化学

　　黄河下游地区丰厚的历史文化底蕴奠定了黄河下游地区饮食文化学的基础。近年来，黄河下游地区饮食文化圈、鲁菜的兴盛、社会生活史与饮食人类学研究方兴未艾，相关研究蓬勃发展，有逐渐形成具有本地区独有的饮食文化学的趋势。

　　黄河下游地区饮食文化史的研究重点应是历代黄河下游地区饮食文化的发展史及其对全国范围的影响，传承黄河下游地区悠久的饮食文化，探索黄河下游地区与中国其他地区乃至周边国家的饮食文化交流与融合的情况。黄河下游地区饮食文化学具有跨学科、跨领域、跨时段研究的特点，主要涉及历史学、文化人类学、民俗学、社会学、考古学、经济学、管理学、生态学、环境学、医学、保健学等相关学科。同时，研究方法又具有长时段、跟踪研究的特点，大致体现在历史研究与现实应用相衔接，以及饮食文化悠久历史传统的形成与变迁、饮食文化的合理继承、现实应用与嬗变发展等方面。

一、饮食文化学的基础构建

　　黄河下游地区饮食文化学的研究，早在20世纪初期即已开始，当时更多的附属于其他专业学科的研究，如1915年出版的中华民国财政部盐务署《中国盐政沿革史》、1926年田秋野等出版的《中华盐业史》、1927年欧宗佑的《中国盐政小史》，以及1932年郎擎霄的《中国历代民食政策》、1934年出版的《中国民食史》、1934年吴敬恒的《中国民食史》等，它们的内容都涉及了黄河下游地区的饮食文化发展情况，对于了解黄河下游地区的饮食文化历史态势有重要作用。其中，1937年邓云特的《中国救荒史》就大量记载了黄河下游地区的救荒政策，介绍了庶民的自救方法，比较分析了黄河下游地区无灾荒之年和灾荒之年的饮食对比，而且重点介绍了黄河下游地区亦如其他地区一样，灾荒时期经常有施粥、居养、赎子这类现象。

同时，黄河下游地区饮食文化学的构建，也引起了国外学者的关注。如，20世纪中期日本学者在研究中国饮食文化的过程中，也都涉及了黄河下游地区的饮食文化研究，特别重视《齐民要术》《食疗本草》、衍圣公府的饮食文化价值。诸如青木正儿《中国的面食历史》（《东亚的衣和食》，京都，1946年）、《用匙吃饭的中国古风俗》（《学海》第1集，1949年）、《华国风味》（1949年）、筱田统《白干酒——关于高粱的传入》（《学芸》第39集，1948年）、《向中国传入的小麦》（《东光》第9集，1950年）等。

二、饮食文化学研究的科学化

改革开放以后，随着餐饮业服务面向大众的变化，饮食研究的目的性也越显突出。实际需求的变化必然引起饮食文化研究内容的调整。这一时期，饮食文化研究环境有了很大改变，如社会饮食观念的转变，大专院校饮食文化课程的设置等。使饮食文化逐渐作为一门系统学科受到越来越多的人关注，其研究工作亦逐渐走上科学化道路，研究成果也较以往更为丰富。

这一时期，在全面研究饮食史以及饮食文化史的著作中，涉及黄河下游地区饮食文化的著作非常多，其中有一些精品，诸如《中国人吃的历史：中国食物史》（刘华康，1986年）、《中国饮食文化探源》（姚伟钧，1989年）、《中国人的饮食世界》（王学泰，1989年）、《中国饮食文化》（梅方，1991年）、《中国饮食文化》

（林乃燊，1989年）等。断代饮食史著作中涉及黄河下游地区的亦不少，诸如《汉魏饮食考》（张孟伦，1988年）、《清代饮食文化研究》（林永匡等，1990年）、《唐宋饮食文化发展史》（陈伟明，1995年）等。专题研究黄河下游地区饮食文化的书籍亦较为丰富，具有代表性的有孙嘉祥《中国鲁菜文化》（2009年）、桑邑《齐地味之旅》（2007年）、姚吉成等《黄河三角洲民间饮食文化研究》（2006年）、梁国楹《齐鲁饮食文化》（2004年）、朱正昌《齐鲁特色文化丛书——饮食》（2004年）等。此外，还有一些饮食考古类的文章，具有代表性的有何德亮《山东史前居民饮食生活的初步考察》、秦炳贞《山东方志所见岁时饮食习俗的文化解读》，赵建民《齐鲁饮食风俗对山东人群体性格的影响》、廉明辑《山东方志饮食礼俗撷拾》等。

第四节　黄河下游地区的主要菜系

一、当代鲁菜的新发展

黄河下游地区主要的菜系是山东菜，简称鲁菜。中国的菜系无论是分为"八大菜系"还是"四大菜系"，鲁菜均居首位，它是黄河流域尤其是黄河下游地区烹饪文化的代表，属于饮食文化的重要组成部分。它对北京、天津、华北、东北地区乃至整个北方及全国烹调技术的发展有很大影响。

鲁菜的形成和发展与山东地区的文化历史、地理环境、经济条件和习俗有关。山东是中国古文化发祥地之一，地处黄河下游，气候温和，胶东半岛突出于渤海和黄海之间；境内山川纵横，河湖交错，沃野千里，物产丰富，交通便利，文化发达。其粮食产量居全国第三位；蔬菜种类繁多，品质优良，是"世界三大菜园"之一，如胶州大白菜、章丘大葱、苍山大蒜、莱芜生姜蜚声海内外。鲁菜饮食文化是中华饮食文化的重要组成部分，历史悠久、源远流长、内涵丰富，形成了以孔府菜为代表的官府菜、以胶东海鲜为主的胶东海鲜菜、以济南为代表的宫廷菜三大流派。

另外，鲁菜的核心思想是孔子的饮食理论，其中"和"的思想赋予了山东饮食的最高境界；选料精细、割烹得宜，"食不厌精""脍不厌细""失饪不食"等强调了合理饮食的重要性；合理搭配，谨和五味，"不撤姜食""不得其酱不食"体现了对食物搭配与调味的认识；饮食有节，平衡膳食，"不时不食""不多食""食无求饱""肉虽多，不使胜食气"体现了对进食规律性、有节制性的要求；讲究饮食卫生，"鱼馁而肉败，不食。""色恶，不食。""臭恶，不食。""涤杯而食，洗爵而饮。"等强调了饮食须讲卫生的前提；注重饮食礼仪，"食不语""有盛馔，必变色而作。""席不正，不坐。"等表现出对饮食过程的重视。以上饮食思想无一不符合中国传统的养生之道，其中有礼有节有度、清洁卫生的饮食习惯是维护健康的基本要求，结构合理、烹制得当、五味调和的食物是养生保健的最佳选择，与鲁菜崇尚纯正、不走偏锋、重视营养、精于刀工、注意卫生等特点有密切的关系。

二、鲁菜的各地风格特色鲜明

（1）济南　济南菜是鲁菜的重要组成部分，其历史可以追溯到春秋战国时期，其特点是以汤著称，擅长爆、炒、烧、炸，成为济南烹饪文化的核心。济南饮食文化兼收齐鲁饮食文化，特别是儒家文化的影响甚深，且辐射影响力巨大，如北京"全聚德烤鸭"就源于山东济南。其代表饮食有泉城大包、糖醋鲤鱼、九转大肠、锅塌豆腐、宫保鸡丁、打卤面、烧饼、细馓子等。

（2）滨州　滨州饮食文化是齐地饮食文化的重要特色，具有鲜明的地域性，其主食以粉食为主，擅长发面食品，以蒸或烙为主要烹饪方式。粮食作物以五谷为主，小麦是主要食用的作物，三餐之中必须顿顿有粥，品种有小米粥、大米粥、玉米面粥。滨州饮食文化讲究长幼尊卑，并且待客有一整套座次礼仪，提倡"和"为贵的饮食理念。其传统名小吃有锅子饼，相传此饼乃清末西关邢姓店家制作，又称"邢家锅子饼"。先用软面做两个小饼，在鏊子上烙黄备用，再用鸡蛋、熟肉、豆腐、香菜制馅卷入饼中，稍煎，切成块食。其余还有沾化冬枣、阳信鸭梨、无棣金丝小枣、黄河刀鱼、武定酱菜、芝麻酥糖等。

（3）淄博 淄博博山是鲁菜的发源地，被称为鲁中派系，其历史发端于西周齐国之时。博山菜作为淄博菜的代表，既有着一般鲁菜鲜咸脆嫩的特点，又独具特色，自成一格。淄博主要以博山四四席、周村烧饼、大锅全羊、博山豆腐箱、红烧鱼唇、酱汁鸭方、博山烤肉等美食最具特色。

（4）莱芜 莱芜菜是鲁菜的重要组成部分，特色小吃有金家羊汤、雪野鱼宴、棋山炒鸡、口镇香肠、莱芜三辣、陈楼糖瓜等，其中"陈楼糖瓜"还与灶王文化有着紧密的联系。

（5）临沂 临沂物产丰富、食俗久远，流传下来许多独具特色的食品，如糁、六姐妹煎饼、莒南锅饼、沂水丰糕、郯城挎包火烧等，都是沂蒙独有的地方小吃，比如糁就是用肉类、麦米、葱、盐、面粉、酱油、胡椒粉、味精、五香粉、香油、醋等多种调料调制而成的一种肉羹，讲究热、辣、香、肥；比较著名的特色菜有光棍鸡、莒南炉肉、兔头等；兰陵美酒也是酒中上品，其历史可以追

图11-3 山东周村烧饼

溯到上古时期，其主要原料是黍米和小麦，总共要经过11道工序，其工艺独特，酒品味美、浓郁；八宝豆豉是临沂的特产，始见于清道光年间，具有近200年的历史。

（6）东营　东营最该品尝的便是"利津水煎包"，始于清代，扬名于民国年间。为发面煎包，分荤、素馅两种，包子下锅后经煮、蒸、煎三道工序而成。其特色在于兼得水煮油煎之妙，色泽金黄，一面焦脆，三面嫩软，皮薄馅大，香而不腻。

（7）济宁　济宁是鲁菜的发源地之一，地方小吃种类繁多，特色鲜明。尤其是孔府菜、孔府糕点和微山湖全鱼宴等地方饮食，在海内外具有较高的声誉，是不可不尝的美味佳肴。

（8）青岛　青岛盛产名贵的海参、扇贝、鲍鱼、海螺、梭蟹、石夹红蟹、鲅鱼、黄花鱼、琵琶虾（撒尿虾）、大对虾、加吉鱼等，这就决定了青岛烹饪以海味原料为主的特点。

（9）烟台　以烟台"福山菜"为代表的"胶东菜"是鲁菜的三大支柱之一，烟台福山市被命名为"鲁菜之乡"，同时也是我国著名的"四大烹饪之乡"之一。烟台境内山丘众多，又濒临海洋，资源丰富，为"福山菜"提供了优质的原材料。福山菜以清鲜、脆嫩、原汁原味为特点，另外，福山的面食也非常出名，"福山大面""叉子火食"与"硬面锅饼"并称为福山"三大名食"。烟台的名菜、面食和可口的特色小吃有：八仙宴、碧绿羊排、芙蓉干贝、海肠子、红烧大虾、蓬莱卤驴肉、蓬莱小面、糖酥杠子头火食、鲜鱼水饺、油爆双脆等。

（10）潍坊　潍坊在古代属齐国之地，当时，齐菜和鲁菜在口味上就有着比较大的差别。时至今日，潍坊在饮食方面颇有齐菜之风，具有口味咸鲜、注重刀法、烹饪方法多样等特点。潍坊菜在鲁菜三大支柱的影响下，虽然并不出名，但当地有很多具有特色的风味小吃历来被人们称道。如朝天锅、景芝小炒肉、密州烤鸭、诸城辣丝子、杠子头火烧等都是潍坊的著名菜品和小吃。

（11）聊城　聊城位于黄河中下游地区，曾为京杭大运河沿岸的著名商埠，南北物资交流频密，文化荟萃，饮食风味亦大受影响，形成以"酱香、醋香、椒香、酸香"为特色，以浓香见长的鲁西菜风格。

（12）菏泽　菏泽物产丰富、食俗久远，拥有许多独具特色的食品，如烤扁土豆、单县羊肉汤等都是当地非常有特色的地方小吃，比较著名的特色菜有曹县烤牛肉、成武白酥鸡等。饮食风格基本遵循鲁菜的传统口味，口感浓郁，菜品颜色明艳，引人食欲。

（13）德州　德州饮食文化是黄河下游地区饮食文化的重要组成部分，而"德州扒鸡"就是德州最具代表性的特产，具有300多年的历史，是鸡馔中的精品，其工艺严谨，还突出了养生之道。

综上所述，黄河下游地区的饮食文化具有悠久的历史，丰富的文化底蕴，依托儒家文化，其饮食文化的价值深深影响着中国饮食文化，体现了黄河下游地区人们温和、善良、豪爽的性格，以"和"为贵，遵守着传统的饮食礼俗和饮食道德规范，可谓中华饮食文化中的闪亮明珠。

三、鲁菜的发展与传播

20世纪末，由于一些原因使得鲁菜发展缓慢。近些年来川菜、湘菜、沪菜等诸多菜系纷纷走出家门，风靡大江南北。西方的肯德基、麦当劳，东方的韩餐、日本料理及其他洋菜系占据了大量市场份额，并形成稳固的发展态势，竞争日趋激烈。而鲁菜，作为一个流传几百年的老字号品牌，缓慢前行，难寻其踪。

为促进鲁菜的对外传播和发展，首先应该做的就是倾力打造"鲁菜"文化品牌。由于鲁菜的覆盖面较广，消费者对鲁菜特征在认知上有差异，各地出现了对鲁菜的不同解释，使鲁菜在文化层面上没有形成一个完整的品牌形象。所以，我们首先应该从鲁菜发源地正本清源，提炼出鲁菜本来的风貌，真正树起鲁菜文化品牌的大旗，以正广大餐饮消费者的胃口与视听。

山东省烹饪协会下设"山东省鲁菜研究所"，每月出版一期《鲁菜研究》杂志，各地市及大型餐饮企业都相继成立了鲁菜研究会和相应的鲁菜研发机构。从文化的大背景下，梳源理流，统一认识，对传统的鲁菜进行深层次的整合，给予鲁菜以合理的定位，倾力打造"鲁菜"完整而清晰的形象。无论胶东、济南、济宁以及孔府菜，均应在"鲁菜"的统一旗帜下，凝聚成为一个强有力的品牌形象。同时在与其他地方菜系的交融碰撞过程中，"取其精华、去其糟粕"，吸取其他菜系新的做法，使其融入到"鲁菜"大家庭中，以更加完善鲁菜的制作工艺，如"大舜宴""名泉宴""桃花宴""八景宴""金瓶梅宴"等都是在继承的基础上新推出来的。唯有如此，才能树立起鲁菜应有的市场地位和无限的影响力，才能在当今的餐饮市场上征服广大的消费者，并赢得人们对鲁菜应有价值的认同，创造鲁菜更加灿烂的明天。

其次，应大力推进鲁菜产业化发展。鲁菜以其无穷的美味魅力赢得了世人的青睐。但由于长期以来在人们的心目中，餐饮经营只不过是某些人开店谋生的一种手段，而忽略了餐饮业在现代经济领域的重要地位，至今人们依然习惯于个人开店、小本投入，而没有从宏观上将餐饮业视为一个很大的产业来对待。鲁菜要在新世纪中实现突飞猛进的发展，就必须大力推进鲁菜产业化的发展。

鲁菜产业化的实施过程是一个系统工程。从产业化的角度来定位鲁菜，应该走规模扩张、结构升级、要素优化之路，通过鲁菜的发展来带动其他相关行业的发展。诸如制定鲁菜标准、人才的培养与技术人才的输出计划、原料的生产与供应策略、产品研制与开发计划等。如果"鲁菜产业化"得以顺利推进，就会在山东省内外形成以鲁菜为龙头，继而带动农业、水产业、副食品加工业、酒茶业、运输业等相关产业的发展，从而形成一条较为完善的产业链，所产生的社会、经济效益是可想而知的。据有关专家研究表明，这将是未来中国烹饪餐饮业谋求发展的一大趋势。对此，鲁菜在其发展进程中不可视而不见。近几年，鲁菜传播到了天南地北。目前，净雅、倪氏、蓝海等大型餐饮企业在北京、济南取得了可喜的成绩，另有几家餐饮企业已准备进军上海、广东等地，投资建设以鲁菜为主打的菜馆，已初步形成了产业规模化的趋势。

鲁菜的发展需要有一支整体文化素质高、技术素养高、管理意识强的专业化队伍。然而，目前鲁菜市场上的餐饮从业人员的情况却恰恰相反。这种情况的出现既有历史的原因，也有认识上的原因。但是，在全面促进鲁菜发展的过程中，必须下大力气改变这一弱点。从长远发展看，必须加大职业教育投入，培养一大批专业素质高的餐饮经营群体，同时企业本身也要加大对人才的培训力度，使从业人员的文化、技术等素质得到不断的提高，以适应鲁菜在新时代的发展需要，也为鲁菜进一步向国际餐饮市场进军打下坚实的基础。

第五节 居民膳食营养问题

一、饮食营养结构不合理

食物营养结构的组成，是指居民饮食结构中主要食物种类和比例的结构性。它与地区生产、流通状况、当地人口的营养与消费习惯、地方食俗风尚、多年饮食习惯有关。黄河下游地区日常食用的动物性食品所占比重较高，以山东为例，山东人均占有肉、蛋居全国第一位。调查发现，在本地区城市中，1998年的人均消费蛋类数量已经超过日本；肉类消费每年人均早已经超过10千克，富裕农村也已达到每年20千克以上的水平；蛋类消费，城乡人均"每日一蛋"已经实现，人年均消费鸡蛋在22.5千克左右，富裕地区甚至可达30千克以上水平；黄河下游地区海岸线长，海水养殖发展较快，人均水产品年消费量因地区而异，平均每人每年大约10千克，而沿海地市人均水产品年消费量，则达到30千克或更高的水平。肉、蛋类食品增加本是好事，但与此同时，也出现了营养结构不合理的问题。日常饮食种类构成中肉食（含水产、蛋、奶）比例增加，使本地区农村居民中高血压、高血脂、动脉硬化、超体重人口开始增多。饮食中多肉食、高脂肪、高盐引起的健康问题已经不容忽视，故应根据人体营养需要，由营养专家提出合理的膳食结构模式和若干膳食指导原则来正确调整膳食结构，减少"文明病"的发生。

二、人均食物热量超标的原因

根据1959年和1982年两次全国营养调查，按照调查对象的年龄、性别、生理状态和劳动强度折合成参考系数加以估计，每人平均摄入食品热量（能量），平均每日应不少于2400千卡。但1984年的调查表明，平均每人每日能量摄入量已达2484千卡。主要原因之一是食量过多。具体说来可归纳为以下几点：

1. 过量的碳水化合物饮食

黄河下游地区的城乡饮食，依多年习惯主食食量仍比较多。农村人均粮食消费量为毛粮150千克上下，城市净粮在120千克上下。碳水化合物食物（面制品、米饭、米粥等）容易消化吸收，米面制品经消化以单双糖形式进入人的血液，它们是促进人体胰岛素分泌的刺激剂，胰岛素还能够促进人体脂肪的合成和贮藏。面粉制品和蔗糖的精制食品是最容易被人消化吸收的，一旦食用过量就会以脂肪形式在人体中积存，主食过量是黄河下游地区人们发胖的主要原因。

2. 过量的脂肪饮食

以山东地区为例，人均占有食用油已达到35.36千克／年，而标准油脂消费水平应当控制在人均6千克／年左右才好。但是据李汉昌教授在本地区的调查发现，黄河下游地区（以山东城乡为例）实际消耗已达到8～10千克／人·年。植物油食用过量会导致脂肪堆积，会很快在人体脏器表面和皮下积累而导致发胖，高脂肪食物往往会损坏人体对其他碳水化合物的利用。其后果往往会导致血脂过高等问题。[1]

---

[1] A.H.恩斯明格等：《疾病与饮食》（第3辑），农业出版社，1986年，第22～25页。

3. 过量营养摄入

李汉昌教授在近年的调查中发现，在黄河下游地区的城市中，婴幼儿多通过奶瓶喂奶，容易过量摄入营养造成肥胖幼儿增多的现象，并有逐年增高的趋势。蛋白质脂肪营养摄入过量除引起早期肥胖外，还有其他不良作用。

也有许多儿童除正餐外，有吃零食、冷饮的习惯，厌食蔬菜和水果、薯类，造成体内热量过多而引起肥胖。

4. 饮食口味过重

以近年来在山东的调查为例，有自东向西口味渐重（食物中含盐量渐增）的倾向。现代营养科学认为，大蒜、大葱、酱、芥末、辣椒、糖、盐、酒等调味品，能促进人们过量饮食，是食俗上的一个容易导致过食肥胖的因素。营养学界和保健医学界普遍认为，盐的食用量与高血压和肾脏病相关。而本地区多年来口味偏重，对高血压和由它所引起的脑溢血、冠心病都有很大的关联。所以应合理减少饮食中食盐的摄入量。

5. 饮酒过量

黄河下游地区酿酒历史悠久，如山东蒸馏白酒厂遍布各市县。白酒带来了粮食深加工的附加利润，但也产生了负面作用。宴席酒风盛行，逢事必饮，且名目繁多，参与者多半要大喝特喝，且非白酒"不能表达盛情"。因此当前脂肪肝、肝硬化、高血压、糖尿病是酒客常见病。酒风已成为影响社会风气的重要症结。

总之，改革开放30多年来，黄河下游地区饮食文化发生了质的飞跃。以孔孟食道为代表的饮食之风尚存，其文化内涵不断丰富。与此同时，黄河下游地区人民在创造自身饮食文明的同时，亦海纳百川、兼收并蓄，传递着古老大地的生机。随着黄河下游地区饮食文化的进一步传播，会有更多的人了解、熟悉这一区域的文化特征。

参考文献[※]

一、古籍文献

［1］战国策. 上海：上海古籍出版社，2011.

［2］司马迁. 史记. 北京：中华书局，1959.

［3］桑弘羊，等. 盐铁论. 王利器，注释. 北京：中华书局，1992.

［4］班固. 汉书. 北京：中华书局，1962.

［5］崔寔. 四民月令辑释. 缪启愉，辑释. 万国鼎，审订. 北京：农业出版社，1981.

［6］王充. 论衡校读笺识. 马宗霍，校释. 北京：中华书局，2010.

［7］应劭. 风俗通义校注. 王利器，校注. 北京：中华书局，2010.

［8］范晔. 后汉书. 北京：中华书局，1965.

［9］陈寿. 三国志. 北京：中华书局，1959.

［10］房玄龄. 晋书. 北京：中华书局，1974.

［11］张华. 博物志. 上海：上海古籍出版社，2012.

［12］刘义庆. 世说新语笺注. 刘孝，标注，余嘉锡，笺注. 北京：中华书局，1983.

［13］萧统. 文选. 李善，注. 上海：上海古籍出版社，1986.

［14］沈约. 宋书. 北京：中华书局，1974.

［15］萧子显. 南齐书. 北京：中华书局，1972.

［16］姚思廉. 梁书. 北京：中华书局，1973.

［17］姚思廉. 陈书. 北京：中华书局，1972.

［18］贾思勰. 齐民要术校释. 缪启愉，校释. 北京：农业出版社，1982.

［19］杨衒之. 洛阳伽蓝记校笺. 杨勇，校笺. 北京：中华书局，2006.

［20］郦道元. 水经注校证. 陈桥驿，校证. 北京：中华书局，2007.

［21］魏收. 魏书. 北京：中华书局，1974.

［22］李百药. 北齐书. 北京：中华书局，1972.

※ 编者注：本书"参考文献"，主要参照中华人民共和国国家标准GB/T 7714—2005《文后参考文献著录规则》著录。

［23］令狐德棻. 周书. 北京：中华书局，1971.

［24］李延寿. 北史. 北京：中华书局，1974.

［25］李延寿. 南史. 北京：中华书局，1975.

［26］虞世南. 北堂书钞. 北京：学苑出版社，2003.

［27］魏徵. 隋书. 北京. 中华书局，1973.

［28］封演. 封氏闻见记. 北京：中华书局，2008.

［29］杜佑. 通典. 北京：中华书局，1988.

［30］段成式. 酉阳杂俎. 北京：中华书局，1981.

［31］刘餗. 朝野佥载. 北京：中华书局，1979.

［32］李吉甫. 元和郡县图志. 北京：中华书局，1983.

［33］圆仁. 入唐求法巡礼行记. 顾承甫，何泉达，点校. 上海：上海古籍出版社，1986.

［34］孟诜. 食疗本草译注. 张鼎，增补. 郑金生，张同君，译注. 上海：上海古籍出版社，2007.

［35］韩鄂. 四时纂要校释. 缪启愉，校释. 北京：农业出版社，1981.

［36］刘昫. 旧唐书. 北京：中华书局，1975.

［37］王溥. 唐会要. 上海：上海古籍出版社，2012.

［38］陶穀. 清异录. 上海：上海古籍出版社，2012.

［39］乐史. 太平寰宇记. 北京：中华书局，2007.

［40］王钦若. 册府元龟. 北京：中华书局，1960.

［41］李昉，等. 太平广记. 北京：中华书局，1961.

［42］李昉，等. 文苑英华. 北京：中华书局，1966.

［43］宋祁，欧阳修，等. 新唐书. 北京：中华书局，1975.

［44］欧阳修. 新五代史. 北京：中华书局，1974.

［45］王存. 元丰九域志. 北京：中华书局，1984.

［46］司马光. 资治通鉴. 北京：中华书局，2011.

［47］庄绰. 鸡肋编. 北京：中华书局，1983.

［48］孟元老. 东京梦华录笺注. 伊永文，笺注. 北京：中华书局，2006.

［49］吴自牧. 梦粱录. 杭州：浙江人民出版社，1980.

［50］李焘. 续资治通鉴长编. 北京：中华书局，1979.

［51］徐梦莘. 三朝北盟会编. 上海：上海古籍出版社，2008.

［52］陈直．寿亲养老新书．邹铉，续增．北京：人民卫生出版社，2007.

［53］脱脱，等．宋史．北京：中华书局，1977.

［54］脱脱，等．金史．北京：中华书局，1975.

［55］王祯．东鲁王氏农书译注．缪启愉，缪桂龙，译注．上海：上海古籍出版社，2008.

［56］大司农司．农桑辑要校释．缪启愉，校释．北京：农业出版社，1988.

［57］忽思慧．饮膳正要．扬州：广陵书社，2010.

［58］马端临．文献通考．北京：中华书局，2011.

［59］宋濂，等．元史．北京：中华书局，1976.

［60］高濂．遵生八笺．北京：人民卫生出版社，2007.

［61］徐光启．农政全书．陈焕良，罗文华，校注．长沙：岳麓书社，2002.

［62］宋应星．天工开物译注．潘吉星，译注．上海：上海古籍出版社，2008.

［63］何良俊．四友斋丛说．北京：中华书局，1959.

［64］施耐庵，罗贯中．水浒全传．长沙：岳麓书社，2006.

［65］兰陵笑笑生．金瓶梅．济南：齐鲁书社，1990.

［66］嘉靖青州府志．天一阁藏明代方志选刊．

［67］嘉靖濮州志．天一阁藏明代方志选刊．

［68］嘉靖山东通志．天一阁藏明代方志选刊．

［69］嘉靖高唐州志．刻本，1553（明嘉靖三十二年）.

［70］嘉靖临朐县志．天一阁藏明代方志选刊．

［71］嘉靖淄川县志．天一阁藏明代方志选刊．

［72］万历兖州府志．刻本，1573（明万历元年）.

［73］万历平原县志．刻本，1590（明万历十八年）.

［74］万历恩县志．刻本，1598（明万历二十六年）.

［75］万历东昌府志．刻本，1600（明万历二十八年）.

［76］万历泰安州志．刻本，1602（明万历三十一年）.

［77］万历青州府志．刻本，1616（明万历四十三年）.

［78］万历福山县志．刻本，1619（明万历四十六年）.

［79］隆庆兖州府志．天一阁藏明代方志选刊．

［80］崇祯郓城县志．天一阁藏明代方志选刊．

［81］李渔．闲情偶寄．杭州：浙江古籍出版社，2011.

［82］刘廷玑. 在园杂志. 北京：中华书局，2005.

［83］陈世元. 金薯传习录. 北京：农业出版社，1982.

［84］彭定求，等. 全唐诗. 北京：中华书局，1960.

［85］张廷玉，等. 明史. 北京：中华书局，1974.

［86］阮元. 十三经注疏. 北京：中华书局，1980.

［87］王培荀. 乡园忆旧录. 济南：齐鲁书社，1993.

［88］徐松. 宋会要辑稿. 北京：中华书局，1957.

［89］徐宗亮，等. 黑龙江述略. 哈尔滨：黑龙江人民出版社，1985.

［90］赵尔巽，等. 清史稿. 北京：中华书局，1977.

［91］康熙寿张县志. 刻本，1662（清康熙元年）.

［92］康熙聊城县志. 刻本，1663（清康熙二年）.

［93］康熙滋阳县志. 刻本，1672（清康熙十一年）.

［94］康熙濮州志. 刻本，1673（清康熙十二年）.

［95］康熙堂邑县志. 刻本，1679（清光绪十八年）.

［96］康熙章丘县志. 刻本，1691（清康熙三十年）.

［97］顺治登州府志. 增刻本，1695（清康熙三十三年）.

［98］乾隆昌邑县志. 刻本，1742（清乾隆七年）.

［99］乾隆临清州志. 刻本，1749（清乾隆十四年）.

［100］乾隆泰安县志. 刻本，1760（清乾隆二十五年）.

［101］乾隆曲阜县志. 刻本，1774（清乾隆三十九年）.

［102］乾隆临清直隶州志. 刻本，1785（清乾隆五十年）.

［103］乾隆济宁直隶州志. 刻本，1785（清乾隆五十年）.

［104］嘉庆山东盐法志. 刻本，1808（清嘉庆十三年）.

［105］道光青州府志. 刻本，1814（清道光十九年）.

［106］道光安丘县志. 刻本，1843（清道光二十三年）.

［107］道光滕县志. 刻本，1846（清道光二十六年）.

［108］咸丰宁阳县志. 刻本，1852（清咸丰二年）.

［109］同治即墨县志. 刻本，1872（清同治十一年）.

［120］光绪登州府志. 刻本，1881（清光绪七年）.

［121］光绪邹县志. 刻本，1892（清光绪十八年）.

［122］光绪郓城县志. 刻本，1893（清光绪十九年）.

［123］光绪费县志. 刻本，1896（清光绪二十二年）.

［124］光绪峄县志. 刻本，1904（清光绪三十年）.

［125］光绪平度州乡土志. 刻本，1908（清光绪三十四年）.

［126］光绪胶州直隶州乡土志. 刻本，1908（清光绪三十四年）.

［127］宣统聊城县志. 刻本，1910（清宣统二年）.

二、现当代著作

［1］田原天南. 胶州湾. 大连：满洲日日新闻社，1914.

［2］东亚同文会. 支那省别全志. 1915.

［3］杉山五郎. 最近山铁沿线事情. 1916.

［4］山东农事试验场民国八年成绩报告书，1920.

［5］张栋铭. 山东省劝业委员会视察各县实业报告书，1926.

［6］马罗立. 饥荒的中国. 上海：民智书局，1929.

［7］朱新繁. 中国农村经济关系及其特征. 上海：新生命书局，1930.

［8］长野朗. 中国社会组织. 上海：光明书局，1930.

［9］山东乡村建设研究农业改进实施报告，誊写本，1932.

［10］冯和法. 中国农村经济资料. 上海：黎明出版社，1935.

［11］杨宾. 柳边纪略. 上海：商务印书馆，1936.

［12］国民党经济计划委员会编. 十年来中国之经济建设，1937.

［13］陶振誉. 中国之农业与工业. 南京：正中书局，1937.

［14］山东省档案馆藏档案临2-10-2，山东省农村推广计划，1947.

［15］李文治，章有义. 中国近代农业史资料. 北京：三联书店，1957.

［16］万国鼎. 五谷史话. 北京：中华书局，1961.

［17］李剑农. 魏晋南北朝隋唐经济史稿. 北京：中华书局，1963.

［18］隋树森. 全元散曲. 北京：中华书局，1964.

［19］劳费尔. 中国伊朗编. 林筠因，译. 北京：商务印书馆，1964.

［20］中共中央编译局. 马克思恩格斯全集. 北京：人民出版社，1971.

［21］山东省文物管理处，济南市博物馆. 大汶口：新石器时代墓葬发掘报告. 北京：文物出

版社，1974.

［22］大公报编辑部. 大公报在港复刊三十周年纪念文集. 香港：香港大公报出版社，1978.

［23］中国社会科学院历史研究所清史研究室. 清史论丛：第1辑. 北京：中华书局，1979.

［24］佟屏亚. 农作物史话. 北京：中国青年出版社，1979.

［25］史沫特莱. 伟大的道路. 上海：三联书店，1979.

［26］赵天. 哈尔滨市饮食服务业资料简编，哈尔滨：哈尔滨市服务局资料室（内部资料发行），1980.

［27］伊兹勃兰特·伊台斯，亚当·勃兰. 俄国使团使华日记（1692-1695）. 北京：商务印书馆，1980.

［28］薛暮桥. 旧中国的农村经济. 北京：农业出版社，1980.

［29］王仲荦. 北周地理志. 北京：中华书局，1980.

［30］梁方仲. 中国历代户口、田地、田赋统计. 上海：上海人民出版社，1980.

［31］山东省文物考古研究所，等. 曲阜鲁国故城. 济南：齐鲁出版社，1982.

［32］山东省博物馆，山东省文物考古研究所. 山东汉画像石选集. 济南：齐鲁出版社，1982.

［33］李林发. 山东画像石研究. 济南：齐鲁书社，1982.

［34］道森. 出使蒙古记. 吕浦，译. 周良霄，注. 北京：中国社会科学出版社，1983.

［35］张震东，杨金森，等. 中国海洋渔业简史. 北京：海洋出版社，1983.

［36］王金林. 简明日本古代史. 天津：天津人民出版社，1984.

［37］文物编辑委员会. 中国古代窑址调查发掘报告集. 北京：文物出版社，1984.

［38］李璠. 中国栽培植物发展史. 北京：科学出版社，1984.

［39］山东革命历史档案馆. 山东革命历史档案资料选编. 济南：山东人民出版社，1984.

［40］李场傅. 中国殖民史. 上海：上海书店，1984.

［41］洪光住. 中国食品科技史稿. 北京：中国商业出版社，1984.

［42］张博泉. 金史简编. 沈阳：辽宁人民出版社，1984.

［43］戴逸. 简明清史. 北京：人民出版社，1984.

［44］中国社会科学院历史研究所清史研究室. 清史论丛：第2辑. 北京：中华书局，1985.

［45］张起钧. 烹调原理. 北京：中国商业出版社，1985.

［46］吴慧. 中国历代粮食亩产研究. 北京：农业出版社，1985.

［47］王仁兴. 中国饮食谈古. 北京：轻工业出版社，1985.

［48］A. H. 恩斯明格，等. 疾病与饮食. 北京：农业出版社，1986.

［49］唐启宇. 中国作物栽培史稿. 北京：农业出版社，1986.

［50］郭儒林. 元朝史. 北京：人民出版社，1986.

［51］青岛市档案馆. 帝国主义与胶海关. 北京：档案出版社，1986.

［52］中共山东省委研究室. 山东省情. 济南：山东人民出版社，1986.

［53］陈桥驿. 中国历史名城. 北京：中国青年出版社，1986.

［54］张博泉，等. 金史论稿·猛安谋克制度的研究. 长春：吉林文史出版社，1986.

［55］筱田统. 中国食物史研究. 高桂林，等，译. 北京：中国商业出版社，1987.

［56］托马斯·哈定，等. 文化与进化. 韩建军，等，译. 杭州：浙江人民出版社，1987.

［57］中国农业科学院蔬菜研究所. 中国蔬菜栽培学. 北京：农业出版社，1987.

［58］台湾"中央研究院历史语言研究所". 明清史料：丙编. 北京：中华书局，1987.

［59］高敏. 魏晋南北朝社会经济史探讨. 北京：人民出版社，1987.

［60］中国社会科学院考古研究所. 胶县三里河. 北京：文物出版社，1988.

［61］许嘉璐. 中国古代衣食住行. 北京：北京出版社，1988.

［62］赵朴初. 佛教常识答问. 南京：江苏古籍出版社，1988.

［63］吴慧. 中国历代粮食亩产研究. 北京：农业出版社，1988.

［64］曾纵野. 中国饮馔史. 北京：中国商业出版社，1988.

［65］梁家勉. 中国农业科学技术史稿. 北京：农业出版社，1989.

［66］车吉心，等. 齐鲁文化大词典. 济南：山东教育出版社，1989.

［67］A. H. 恩斯明格，等. 食物营养百科全书. 北京：农业出版社，1989.

［68］赵荣光. 中国饮食史论. 哈尔滨：黑龙江科学技术出版社，1990.

［69］国家文物局考古领队培训班. 兖州西吴寺. 北京：文物出版社，1990.

［70］中国第一历史档案馆. 满文老档. 中社科院历史所，译注. 北京：中华书局，1990.

［71］中华人民共和国农业部. 中国粮食发展战略对策. 北京：农业出版社，1990.

［72］卢浩泉，周才武. 山东泗水县尹家城遗址出土动、植物标本鉴定报告——泗水尹家城. 北京：文物出版社，1990.

［73］山东农业厅种植区划专业组. 山东省种植业的过去和将来区划报告. 济南：山东科技出版社，1990.

［74］王仁湘. 民以食为天——中国饮食文化. 台北：台湾中华书局，1990.

［75］田中静一. 中国饮食传入日本史. 霍风，等，译. 哈尔滨：黑龙江人民出版社，1991.

［76］中国烹饪协会，中国饮食文化研究会. 首届中国饮食文化国际研讨会论文集. 1991.

［77］陈文华. 中国古代农业科技史图谱. 北京：农业出版社，1991.

［78］胶南县史志办. 胶南县志. 北京：新华出版社，1991.

［79］石毛直道. 饮食文明论. 赵荣光，译. 哈尔滨：黑龙江科学技术出版社，1992.

［80］孙祚民. 山东通史. 济南：山东人民出版社，1992.

［81］游修龄. 稻作史论集. 北京：中国农业科技出版社，1993.

［82］王发渭，等. 家庭药茶. 北京：金盾出版社，1993.

［83］邹逸麟. 黄淮海平原历史地理. 合肥：安徽教育出版社，1993.

［84］蔡少卿. 民国时期的土匪. 北京：中国人民大学出版社，1993.

［85］王仁湘. 饮食与中国文化. 北京：人民出版社，1994.

［86］宋镇豪. 夏商社会生活史. 北京：中国社会科学出版社，1994.

［87］范楚玉，等. 中华文明史. 石家庄：河北教育出版社，1994.

［88］丁守和. 中国历代奏议大全. 哈尔滨：哈尔滨出版社，1994.

［89］赵荣光. 赵荣光食文化论集. 哈尔滨：黑龙江人民出版社，1995.

［90］邱庞同. 中国面点史. 青岛：青岛出版社，1995.

［91］钱穆. 国史大纲. 修订本. 北京：商务印书馆，1996.

［92］刘云. 中国箸文化大观. 北京：科学出版社，1996.

［93］吴存浩. 中国农业史. 北京：警官教育出版社，1996.

［94］向斯，王镜轮. 中国历朝皇宫生活全书. 北京：华文出版社，1996.

［95］骆承政，乐嘉祥. 中国大洪水——灾害性洪水叙要. 北京：中国书店，1996.

［96］夏亨廉，等. 汉代农业画像砖石. 北京：中国农业出版社，1996.

［97］史卫民. 元代社会生活史. 北京：中国社会科学出版社，1996.

［98］王仁湘. 中国史前饮食史. 青岛：青岛出版社，1997.

［99］郭墨兰. 齐鲁文化. 北京：华艺出版社，1997.

［100］马新. 两汉乡村社会史. 济南：齐鲁书社，1997.

［101］赵荣光. 中国古代庶民饮食生活. 北京：商务印书馆国际有限公司，1997.

［105］胡岳岷. 21世纪中国能否养活自己. 延边：延边大学出版社，1997.

［103］严文明. 史前考古论文集. 北京：科学出版社，1998.

［104］陈大斌. 饥饿引发的变革. 北京：中共党史出版社，1998.

［102］黎虎. 汉唐饮食文化史. 北京：北京师范大学出版社，1998.

［106］杨爱国. 不为观赏的画作——汉画像石和画像砖. 成都：四川教育出版社，1998.

［107］邱国珍. 三千年天灾. 南昌：江西高校出版社，1998.

［108］李根蟠. 中国古代农业. 北京：商务印书馆，1998.

［109］张新海，文武. 老新闻. 北京：华艺出版社，1998.

［110］朱大渭，等. 魏晋南北朝社会生活史. 北京：中国社会科学出版社，1998.

［111］朱瑞熙，等. 辽宋西夏金社会生活史. 北京：中国社会科学出版社，1998.

［112］邓云特. 中国救荒史. 北京：商务印书馆，1998.

［113］郭文韬，陈仁瑞. 中国农业经济史论稿. 南京：河海大学出版社，1999.

［114］中国社会科学院考古研究所. 山东王因——新石器时代遗址发掘报告. 北京：科学出版社，2000.

［115］山东省文物考古研究所. 山东省高速公路考古报告集：1997年. 北京：科学出版社，2000.

［116］王利华. 中古华北饮食文化的变迁. 北京：中国社会科学出版社，2000.

［117］董恺忱，范楚玉. 中国科学技术史·农学卷. 北京：科学出版社，2000.

［118］郭文韬，严火其. 贾思勰王祯评传. 南京：南京大学出版社，2001.

［119］孟祥才，胡新生. 齐鲁思想文化——从地域文化到主流文化. 济南：山东大学出版社，2002.

［120］秦大河，等. 中国人口资源环境与可持续发展. 北京：新华出版社，2002.

［121］倪根金. 梁家勉农史文集. 北京：中国农业出版社，2002.

［122］尚志钧. 本草拾遗辑释. 合肥：安徽科学技术出版社，2003.

［123］刘正才. 四季野菜. 成都：四川科学技术出版社，2003.

［124］梁国楹. 齐鲁饮食文化. 济南：山东文艺出版社，2004.

［125］青木正儿. 中华名物考（外一种）. 范建明，译. 北京：中华书局，2005.

［126］王广阳，王京阳，王盼，等. 王毓瑚论文集. 北京：中国农业出版社，2005.

［127］王思明，陈少华. 万国鼎文集. 北京：中国农业科学技术出版社，2005.

［128］许倬云. 汉代农业——中国农业经济的起源及特性. 王勇，译. 桂林：广西师范大学出版社，2005.

［129］葛剑雄. 中国人口史. 上海：复旦大学出版社，2005.

［130］郭墨兰，吕世忠. 齐文化研究. 济南：齐鲁书社，2006.

［131］成淑君. 明代山东农业开发研究. 济南：齐鲁书社，2006.

［132］姚吉成，等. 黄河三角洲民间饮食文化研究. 济南：齐鲁书社，2006.

[133] 高建军. 山东运河民俗，济南：济南出版社，2006.

[134] 赵荣光. 中国饮食文化史. 上海：上海人民出版社，2006.

[135] 李凭. 北朝研究存稿. 北京：商务印书馆，2006.

[136] 赵荣光. 衍圣公府食事档案研究. 济南：山东画报出版社，2007.

[137] 刘宗贤. 鲁文化研究. 济南：齐鲁书社，2007.

[138] 严昌洪. 20世纪中国社会生活变迁史. 北京：人民出版社，2007.

[139] 蒙思明. 魏晋南北朝的社会. 上海：上海人民出版社，2007.

[140] 张波. 中国农业通史·战国秦汉卷. 北京：中国农业出版社，2007.

[141] 陈文华. 中国农业通史·夏商西周春秋卷. 北京：中国农业出版社，2007.

[142] 石声汉. 石声汉农史论文集. 北京：中华书局，2008.

[143] 曾雄生. 中国农学史. 福州：福建人民出版社，2008.

[144] 刘长江，等. 植物考古：种子和果实研究. 北京：科学出版社，2008.

[145] 邱庞同. 饮食杂俎——中国饮食烹饪研究. 济南：山东画报出版社，2008.

[146] 满长征. 运河文化主题餐饮体验. 桂林：广西师范大学出版社，2008.

[147] 王蕊. 齐鲁家族聚落与文化变迁. 济南：齐鲁书社，2008.

[148] 姚伟钧. 中国饮食礼俗与文化史论. 武汉：华中师范大学出版社，2008.

[149] 张景明. 中国北方游牧民族饮食文化研究. 北京：文物出版社，2008.

[150] 游修龄. 中国农业通史·原始社会卷. 北京：中国农业出版社，2008.

[151] 安作璋. 山东通史（全10册）. 北京：人民出版社，2009.

[152] 王利华. 中国农业通史：魏晋南北朝卷. 北京：中国农业出版社，2009.

[153] 裴安平，张文绪. 史前稻作研究文集. 北京：科学出版社，2009.

[154] 游修龄，曾雄生. 中国稻作文化史. 上海：上海人民出版社，2010.

[155] 李玉洁. 黄河流域的农耕文明. 北京：科学出版社，2010.

[156] 王赛时. 中国酒史. 济南：山东大学出版社，2010.

[157] 张剑光. 唐五代农业思想与农业经济研究. 上海：上海三联出版社，2010.

[158] 姚伟钧. 中国饮食典籍史. 上海：上海古籍出版社，2011.

[159] 孙机. 汉代物质文化资料图说. 上海：上海古籍出版社，2011.

[160] 秦永洲. 山东社会风俗史. 青岛：山东人民出版社，2011.

[161] 张景明. 中国饮食器具发展史. 上海：上海古籍出版社，2011.

[162] 俞为洁. 中国食料史. 上海：上海古籍出版社，2011.

［163］彭世奖. 中国作物栽培简史. 北京：中国农业出版社，2012.

三、期刊、报纸

［1］集成. 各地农民状况调查——山东省，东方杂志，1927. 24（16）.

［2］刘增冕. 防旱浅说，山东建设月刊，1930（6）.

［3］鲁省水利建设之成绩，水力月报：第3卷，1932（5～6）.

［4］胡希平. 徐海农村病态的经济观，农业周报1932. 3（47）.

［5］马乘风. 最近中国农村经济诸实相之暴露，中国经济，1933，1（1）.

［6］刘柏庆. 青岛市农业推广的现在和将来，中华农学会报，1934（121）.

［7］许涤新. 农村破产中底层农民生计问题，东方杂志，1935，32（1）.

［8］陈寅恪. 论韩愈，历史研究，1954（2）.

［9］万国鼎. 中国古代对土壤种类及其分布知识，南京农学院学报，1956（1）.

［10］安徽省博物馆. 安徽新石器时代遗址的调查，考古学报，1957（1）.

［11］胡悦谦. 安徽新石器时代遗址的调查，考古学报，1957（1）.

［12］于省吾. 商代的谷类作物，东北人民大学人文科学学报，1957（1）.

［13］裴文中. 中国原始人类的生活环境，古脊椎动物与古人类（卷2），1960（1）.

［14］湖南博物馆. 长沙五里牌古墓葬清理简报，文物，1960（3）.

［15］中国科学院考古研究所安阳发掘队. 1958-1959年殷墟发掘简报，考古，1961（2）.

［16］夏鼐. 略谈番薯和薯蓣，文物，1961（8）.

［17］金善宝. 淮北平原的新石器时代小麦，作物学报，1962（1）.

［18］山东省博物馆. 曲阜九龙山汉墓发掘简报，文物，1972（5）.

［19］门大鹏.《齐民要术》中的豆豉，微生物学报，1977（1）。

［20］刘云彩. 中国古代高炉的起源和演变，文物，1978（2）.

［21］王振锋. 汉代冶铁鼓风机的复原，文物，1978（2）.

［22］赵希涛. 中国东部两万年来的海平面变化，海洋学报，1979，1（2）.

［23］南京博物院. 铜山小龟山西汉崖洞墓，文物，1980（2）.

［24］烟台地区文管组等. 山东莱西县岱墅西汉木椁墓，文物，1980（2）.

［25］李家文. 中国蔬菜作物的来历，中国农业科学，1981（1）.

［26］万树瀛. 滕县后荆沟村出土不期簋等青铜器群，考古，1982（2）.

［27］李长年. 略述我国谷物源流，历史研究：第二集，北京：农业出版社，1982.

［28］吴诗迟. 山东新石器时代农业考古概述，农业考古，1983（2）.

［29］中国社会科学院考古研究所山东队. 山东滕县北辛遗址发掘报告，考古学报，1984（2）.

［30］山东社科院考古所. 山东栖霞杨家圈遗址的发掘简报，史前研究，1984（3）.

［31］傅衣凌. 明代经济史上的山东与河南，社会科学战线，1984（3）.

［32］徐淑彬，等. 山东日照沿海发现旧石器地点，人类学学报：卷3，1984（4）.

［33］山东考古所. 齐故城五号东周墓及大型殉马坑的发掘，文物，1984（9）.

［34］蔡莲珍，仇士华. 碳十四测定和古代食谱研究，考古，1984（10）.

［35］张镇洪，等. 辽宁海城小孤山遗址发掘简报，人类学学报，1985，4（1）.

［36］马洪路. 再论我国新石器时代的谷物加工，农业考古，1986（2）.

［37］周魁. 中国古代的农田水利，农业考古，1986（1）.

［38］何德亮. 论山东地区新石器时代的养猪业，农业考古，1986（1）.

［39］黄慰文，等. 海城小孤山的骨制品和装饰，人类学学报，1986，5（3）.

［40］甘肃居延考古队. 居延汉代遗址的发掘和新出土的简册文书，文物，1987（1）.

［41］穆祥桐. 从《齐民要术》看魏晋南北朝时期的烹饪技术，农业考古，1987（2）.

［42］逄振镐. 东夷及其史前文化试论，历史研究，1987（3）.

［43］山东考古研究所. 山东莒县陵阳河大汶口文化墓葬发掘简报，史前研究，1987（3）.

［44］胡阿祥. 晋宋时期山东侨州、郡、县考志，中国历史地理论丛，1989（3）.

［45］王仁湘. 中国古代进食具匕箸叉研究·匕篇，考古学报，1990（3）.

［46］张学海. 揭开城子崖考古之谜，走向世界，1990（5）.

［47］姚伟钧. 三国魏晋南北朝的饮食文化，中南民族学院学报，1994（2）.

［48］陈金标.《齐民要术》中的"饼法"，扬州大学烹饪学报，1994（3）.

［49］王赛时. 中国古代的粉食，四川烹饪，1994（3）.

［50］逄振镐. 史前东夷饮食生活方式，中国农史，1994，13（4）.

［51］肖克之，张合旺.《齐民要术》中反映的南北朝饮食文化，古今农业，1996（1）.

［52］济宁市文物考古研究室. 山东济宁市张山遗址的发掘，考古，1996（4）.

［53］东海县尹晚汉墓简牍，文物，1996（8）.

［54］张辉. 向奢侈浪费行为开刀，明镜月刊，1998（8）.

［55］赵荣光. 孔孟食道与中华民族饮食文化，1998世界华人饮食科技与文化交流国际研讨会论文，1998．7.

［56］姚伟钧. 汉唐饮食制度考论，中国文化研究，1999（1）.

［57］靳桂云，吕厚远，魏成敏. 山东临淄田旺龙山文化遗址植物硅酸体研究，考古，1999（2）.

［58］邱庞同. 魏晋南北朝菜肴史——《中国菜肴史》节选，扬州大学烹饪学报，2001（2）.

［59］杨坚. 我国古代大豆酱油生产初探，中国农史，2001（3）.

［60］严火其. 我国农业以种植业为主原因探析，中国农史，2001（4）.

［61］赵荣光. 中国传统膳食结构中的大豆与中国菽文化，饮食文化研究（香港），2002（2）.

［62］赵建民.《齐民要术》之饼食文化，扬州大学烹饪学报，2003（1）.

［63］杨坚. 中国豆腐的起源与发展，农业考古，2004（1）.

［64］杨坚.《齐民要术》中的肉食初探，南宁职业技术学院学报，2004（2）.

［65］杨坚.《齐民要术》所记载的肉食加工与烹饪方法初探，中国农史，2004（3）.

［66］姚伟钧，王玲. 汉唐时期北方胡汉饮食原料之交流，南宁职业技术学院学报，2004（3）.

［67］王玲.《齐民要术》与北朝胡汉饮食文化的融合，中国农史，2005（4）.

［68］王娜，张艳，朱宏斌.《齐民要术》中的胡食及其制作方法研究，安徽农业科学，2005（12）.

［69］何德亮，张云. 山东史前居民饮食生活的初步考察，东方博物，2006（2）.

［70］杨坚.《齐民要术》中的饭食浅议，南宁职业技术学院学报，2007（2）.

［71］杨坚.《齐民要术》中的粥食浅议，南宁职业技术学院学报，2008（1）.

［72］张景明. 北方游牧民族的饮食结构与饮食风味，饮食文化研究，2008（1）.

［73］王静. 魏晋南北朝的移民与饮食文化交流，南宁职业技术学院学报，2008（4）.

［74］薛世平. 古籍《齐民要术》中所记载的烹饪法，福建师范大学福清分校学报，2009（2）.

索　引※

※　编者注：本书"索引"，主要参照中华人民共和国国家标准GB/T 22466—2008《索引编制规则（总则）》编制。

后 记

　　黄河下游地区饮食文化历史悠久、风格独特。但在以往的饮食文化史研究中，人们往往比较关注长江三角洲这类经济发达地区，而对于黄河下游这样经济次发达地区的研究显得较少。其实，从一定意义上说，黄河下游地区饮食文化的变迁在全国更具有代表性，只有进一步研究该地区的饮食文化，才有助于全面评价中国传统饮食生活史的发展变化。这是因为：黄河下游地区饮食文化的特点具有多样性、复杂性特点；"孔孟食道"的创立对于该地区饮食文化以及中华饮食文化有重要影响；《齐民要术》一书充分反映了黄河下游的饮食文化；明清时期，随着新物种诸如玉米、花生、番薯等进入中国，并且在黄河下游地区广泛种植，对于餐桌上食料与饮食结构产生了重大的影响，玉米在一定程度上成为黄河下游地区仅次于小麦的重要主食；通过对衍圣公府食事的研究，能较为完整地认识明清时期贵族饮食文化层的饮食风貌。

　　这部书用了近两年才完成，现在终于呈现在读者诸君面前，我对所经历的艰辛难免感慨系之。首先是时间紧迫，虽然之前已经进行了大量文献收集和实地调查等准备工作，但是动笔之后，却感到光阴荏苒，岁月如梭；其次，国内对于黄河下游地区的研究相对比较薄弱，研究系统性不够，大部分都是通俗性介绍文章，而从专业角度对其进行全面考察与探究的论著较为贫乏，参考文献十分有限，给我们的写作带来了一定困难。不过，为了给后人留下这部中国饮食文化史研究的阶段性成果，我们三人努力克服诸多困难，通力合作，排除各种干扰，反复修改，悉心推敲，力求字字有据，最终完成了心中牵挂已久的学术目标。

　　在本书完成之际，我们要感谢中国轻工业出版社的大力支持，特别是马静老师，她为这套丛书的顺利出版可谓是殚精竭虑，此外还有方程老师，他们经常来信、来电，给予具体帮助指导，尽可能提供方便，并对我们这本书提出了许多建设性的宝贵意见，使得我们这本书避免了许多问题和错误。我愿借此机会，向他们表示衷心的感谢。

　　付梓在即，我们内心仍惴惴不安，由于我们的学力有限，本书可能存在着一些问题，希望广大读者给予批评指正。

姚伟钧

2013年春于武昌桂子山

为了心中的文化坚守

——记《中国饮食文化史》（十卷本）的出版

《中国饮食文化史》（十卷本）终于出版了。我们迎来了迟到的喜悦，为了这一天，我们整整守候了二十年！因此，这一份喜悦来得深沉，来得艰辛！

（一）

谈到这套丛书的缘起，应该说是缘于一次重大的历史机遇。

1991年，"首届中国饮食文化国际学术研讨会"在北京召开。挂帅的是北京市副市长张建民先生，大会的总组织者是北京市人民政府食品办公室主任李士靖先生。来自世界各地及国内的学者济济一堂，共叙"食"事。中国轻工业出版社的编辑马静有幸被大会组委会聘请为论文组的成员，负责审读、编辑来自世界各地的大会论文，也有机缘与来自国内外的专家学者见了面。

这是一次高规格、高水准的大型国际学术研讨会，自此拉开了中国食文化研究的热幕，成为一个具有里程碑意义的会议。这次盛大的学术会议激活了中国久已蕴藏的学术活力，点燃了中国饮食文化建立学科继而成为显学的希望。

在这次大会上，与会专家议论到了一个严肃的学术话题——泱泱中国，有着五千年灿烂的食文化，其丰厚与绚丽令世界瞩目——早在170万年前元谋（云南）人即已发现并利用了火，自此开始了具有划时代意义的熟食生活；古代先民早已普遍知晓三点决定一个平面的几何原理，制造出了鼎、鬲等饮食容器；先民发明了二十四节气的农历，在夏代就已初具雏形，由此创造了中华民族最早的农耕文明；中国是世界上最早栽培水稻的国家，也是世界上最早使用蒸汽烹饪的国家；中国有着令世界倾倒的美食；有着制作精美的最早的青铜器酒具，有着世界最早的茶学著作《茶经》……为世界饮食文化建起了一座又一座的丰碑。然而，不容回避的现实是，至今没有人来系统地彰显中华民族这些了不起的人类文明，因为我们至今都没有一部自己的饮食文化史，饮食文化研究的学术制高点始终掌握在国外学者的手里，这已成为中国学者心中的一个痛，一个郁郁待解的沉重心结。

这次盛大的学术集会激发了国内专家奋起直追的勇气，大家发出了共同的心声：全方位地占领该领域学术研究的制高点时不我待！作为共同参加这次大会的出版工作者，马静和与会专家有着共同的强烈心愿，立志要出版一部由国内专家学者撰写的中华民族饮食文化史。赵荣光先生是中国饮食文化研究领域建树颇丰的学者，此后由他担任主编，开始了作者队伍的组建，东西南北中，八方求贤，最终形成了一支覆盖全国各个地区的饮食文化专家队伍，可谓学界最强阵容。并商定由中国轻工业出版社承接这套学术著作的出版，由马静担任责任编辑。

此为这部书稿的发端，自此也踏上了二十年漫长的坎坷之路。

（二）

撰稿是极为艰辛的。这是一部填补学术空白与出版空白的大型学术著作，因此没有太多的资料可资借鉴，多年来，专家们像在沙里淘金，爬梳探微于浩瀚古籍间，又像春蚕吐丝，丝丝缕缕倾吐出历史长河的乾坤经纶。冬来暑往，饱尝运笔滞涩时之苦闷，也饱享柳暗花明时的愉悦。杀青之后，大家一心期待着本书的出版。

然而，现实是严酷的，这部严肃的学术著作面临着商品市场大潮的冲击，面临着生与死的博弈，一个绕不开的话题就是经费问题，没有经费将寸步难行！我们深感，在没有经济支撑的情况下，文化将没有任何尊严可言！这是苦苦困扰了我们多年的一个苦涩的原因。

一部学术著作如果不能靠市场赚得效益，那么，出还是不出？这是每个出版社都必须要权衡的问题，不是一个责任编辑想做就能做决定的事情。1999年本书责任编辑马静生病住院期间，有关领导出于多方面的考虑，探病期间明确表示，该工程必须下马。作为编辑部的一件未尽事宜，我们一方面八方求助资金以期救活这套书，另一方面也在以万分不舍的心情为其寻找一个"好人家""过继"出去。由于没有出版补贴，遂被多家出版社婉拒。在走投无路之时，马静求助于出版同仁、老朋友——上海人民出版社的李伟国总编辑。李总编学历史出身，深谙我们的窘境，慷慨出手相助，他希望能削减一些字数，并答应补贴10万元出版这套书，令我们万分感动！

但自"孩子过继"之后，我们心中出现的竟然是在感动之后的难过，是"过继"后的难以割舍，是"一步三回头"的牵挂！"我的孩子安在？"时时袭上心头，遂"长使英雄泪满襟"——它毕竟是我们已经看护了十来年的孩子。此时心中涌起的是对自己无钱而又无能的自责，是时时想"赎回"的强烈愿望！至今写到这里仍是眼睛湿润唏嘘不已……

经由责任编辑提议，由主编撰写了一封情辞恳切的"请愿信"，说明该套丛书出版的重大意义，以及出版经费无着的困窘，希冀得到饮食文化学界的一位重量级前辈——李士靖先生的帮助。这封信由马静自北京发出，一站一站地飞向了全国，意欲传到十卷丛书的每一位专家作者手中签名。于是这封信从东北飞至西北，从东南飞至西南，从黄河飞至长江……历时一个月，这封满载着全国专家学者殷切希望的滚烫的联名信件，最终传到了"北京中国饮食文化研究会"会长、北京市人民政府食品办公室主任李士靖先生手中。李士靖先生接此信后，如双肩荷石，沉吟许久，遂发出军令一般的誓言：我一定想办法帮助解决经费，否则，我就对不起全国的专家学者！在此之后，便有了知名企业家——北京稻香村食品有限责任公司董事长、总经理毕国才先生慷慨解囊、义举资助本套丛书经费的感人故事。毕老总出身书香门第，大学读的是医学专业，对中国饮食文化有着天然的情愫，他深知这套学术著作出版的重大价值。这笔资助，使得这套丛书得以复苏——此时，我们的深切体会是，只有饿了许久的人，才知道粮食的可贵！……

在我们获得了活命的口粮之后，就又从上海接回了自己的"孩子"。在这里我们要由衷感谢李伟国总编辑的大度，他心无半点芥蒂，无条件奉还书稿，至今令我们心存歉意！

有如感动了上苍，在我们一路跌跌撞撞泣血奔走之时，国赐良机从天而降——国家出版基金出台了！它旨在扶助具有重要出版价值的原创学术精品力作。经严格筛选审批，本书获得了国家出版基金的资助。此时就像大旱中之云霓，又像病困之人输进了新鲜血液，由此全面盘活了这套丛书。这笔资金使我们得以全面铺开精品图书制作的质量保障系统工程。后续四十多道工序的工艺流程有了可靠的资金保证，从此结束了我们捉襟见肘、寅吃卯粮的日子，从而使我们恢复了文化的自信，感受到了文化的尊严！

（三）

我们之所以做苦行僧般的坚守，二十年来不离不弃，是因为这套丛书所具有的出版价值——中国饮食文化是中华文明的核心元素之一，是中国五千年灿烂的农耕文化和畜牧渔猎文化的思想结晶，是世界先进文化和人类文明的重要组成部分，它反映了中国传统文化中的优秀思想精髓。作为出版人，弘扬民族优秀文化，使其走出国门走向世界，是我们义不容辞的责任，尽管文化坚守如此之艰难。

季羡林先生说，世界文化由四大文化体系组成，中国文化是其中的重要组成部分（其他三个文化体系是古印度文化、阿拉伯-波斯文化和欧洲古希腊-古罗马文化）。中国是世界上唯一没有中断文明史的国家。中国自古是农业大国，有着古老而璀璨的农业文明，它是中国饮食文化的根基所在，就连代表国家名字的专用词"社稷"，都是由"土神"和"谷神"组成。中国饮食文化反映了中华民族这不朽的农业文明。

中华民族自古以来就有着"五谷为养，五果为助，五畜为益，五菜为充"的优良饮食结构。这个观点自两千多年前的《黄帝内经》时就已提出，在两千多年后的今天来看，这种饮食结构仍是全世界推崇的科学饮食结构，也是当代中国大力倡导的健康饮食结构。这是来自中华民族先民的智慧和骄傲。

中华民族信守"天人合一"的理念，在年复一年的劳作中，先民们敬畏自然，尊重生命，守天时，重时令，拜天祭地，守护山河大海，守护森林草原。先民发明的农历二十四个节气，开启了四季的农时轮回，他们既重"春日"的生发，又重"秋日"的收获，他们颂春，爱春，喜秋，敬秋，创造出无数的民俗、农谚。"吃春饼""打春牛""庆丰登"……然而，他们节俭、自律，没有掠夺式的索取，他们深深懂得人和自然是休戚与共的一体，爱护自然就是爱护自己的生命，从不竭泽而渔。早在周代，君王就已经认识到生态环境安全与否关乎社稷的安危。在生态环境严重恶化的今天，在掠夺式开采资源的当代，对照先民们信守千年的优秀品质，不值得当代人反思吗？

中华民族笃信"医食同源"的功用，在现代西方医学传入中国以前，几千年来"医食同源"的思想护佑着中华民族的繁衍生息。中国的历史并非长久的风调雨顺、丰衣足食，而是灾荒不断，迫使人们不断寻找、扩大食物的来源。先民们既有"神农尝百草，日遇七十二毒"的艰险，又有"得荼而解"的收获，一代又一代先民，用生命的代价换来了既可果腹又可疗疾的食物。所以，在中华大地上，可用来作食物的资源特别多，它是中华先民数千年戮力开拓的丰硕成果，是先民们留下的宝贵财富；"医食同源"也是中国饮食文化最杰出的思想，至今食疗食养长盛不衰。

中华民族有着"尊老"的优良传统，在食俗中体现尤著。居家吃饭时第一碗饭要先奉给老人，最好吃的也要留给老人，这也是农耕文化使然。在古老的农耕时代，老人是农耕技术的传承者，是新一代劳动力的培养者，因此使老者具有了权威的地位。尊老，是农耕生产发展的需要，祖祖辈辈代代相传，形成了中华民族尊老的风习，至今视为美德。

中国饮食文化的一个核心思想是"尚和"，主张五味调和，而不是各味单一，强调"鼎中之变"而形成了各种复合口味，从而构成了中国烹饪丰富多彩的味型，构建了中国烹饪独立的文化体系，久而升华为一种哲学思想——尚和。《中庸》载"和也者，天下之达道"，这种"尚和"的思想体现到人文层面的各个角落。中华民族自古崇尚和谐、和睦、和平、和顺，世界上没有哪一个国家能把"饮食"的社会功能发挥到如此极致，人们以食求和体现在方方面面：以食尊师敬老，以食飨友待客，以宴贺婚、生子以及升迁高就，以食致歉求和，以食表达谢意致敬……"尚和"是中华民族一以贯之的饮食文化思想。

"一方水土养一方人"。这十卷本以地域为序，记述了在中国这片广袤的土地上有如万花筒一般绚丽多彩的饮食文化大千世界，记录着中华民族的伟大创造，也记述了各地专家学者的最新科研成果——旧石器时代的中晚期，长江下游地区的原始人类已经学会捕鱼，使人类的食源出现了革命性的扩大，从而完成了从蒙昧到文明的转折；早在商周之际，长江下游地区就已出现了原始瓷；春秋时期筷子已经出现；长江中游是世界上最早栽培稻类作物的地区。《吕氏春秋·本味》述于2300年前，是中国历史上最早的烹饪"理论"著作；中国最早的古代农业科技著作是北魏高阳（今山东寿光）太守贾思勰的《齐民要术》；明代科学家宋应星早在几百年前，就已经精辟论述了盐与人体生命的关系，可谓学界的最先声；新疆人民开凿修筑了坎儿井用于农业灌溉，是农业文化的一大创举；孔雀河出土的小麦标本，把小麦在新疆地区的栽培历史提早到了近四千年前；青海喇家面条的发现把我国食用面条最早记录的东汉时期前提了两千多年；豆腐的发明是中国人民对世界的重大贡献；有的卷本述及古代先民的"食育"理念；有的卷本还以大开大阖的笔力，勾勒了中国几万年不同时期的气候与人类生活兴衰的关系等等，真是处处珠玑，美不胜收！

这些宝贵的文化财富，有如一颗颗散落的珍珠，在没有串成美丽的项链之前，便彰显不出它的耀眼之处。如今我们完成了这一项工作，雕琢出了一串光彩夺目的珍珠，即将放射出耀眼的光芒！

（四）

编辑部全体工作人员视稿件质量为生命，不敢有些许懈怠，我们深知这是全国专家学者20年的心血，是一项极具开创性而又十分艰辛的工作。我们肩负着填补国家学术空白、出版空白的重托。这个大型文化工程，并非三朝两夕即可一蹴而就，必须长年倾心投入。因此多年来我们一直保持着饱满的工作激情与高度的工作张力。为了保证图书的精品质量并尽早付梓，我们无年无节、终年加班而无怨无悔，个人得失早已置之度外。

全体编辑从大处着眼，力求全稿观点精辟，原创鲜明。各位编辑极尽自身多年的专业积累，倾情奉献：修正书稿的框架结构，爬梳提炼学术观点，补充遗漏的一些重要史实，匡正学术观点的一些讹误之处，并诚恳与各卷专家作者切磋沟通，务求各卷写出学术亮点，其拳拳之心殷殷之情青天可鉴。编稿之时，为求证一个字、一句话，广查典籍，数度披阅增删。青黄灯下，颦眉凝思，不觉经年久月，眉间"川"字如刻。我们常为书稿中的精辟之处而喜不自胜，更为瑕疵之笔而扼腕叹息！于是孜孜矻矻、秉笔躬耕，一句句、一字字吟安铺稳，力求语言圆通，精炼可读。尤其进入后期阶段，每天下班时，长安街上已是灯火阑珊，我们却刚刚送走一个紧张工作的夜晚，又在迎接着一个奋力拼搏的黎明。

为了不懈地追求精品书的品质，本套丛书每卷本要经过40多道工序。我们延请了国内顶级专家为本书的质量把脉，中华书局的古籍专家刘尚慈编审已是七旬高龄，她以古籍善本为据，为我们的每卷书稿逐字逐句地核对了古籍原文，帮我们纠正了数以千计的舛误，从她那里我们学到了非常多的古籍专业知识。有时已是晚九时，老人家还没吃饭在为我们核查书稿。看到原稿不尽如人意时，老人家会动情地对我们喊起来，此时，我们感动！我们折服！这是一位学者一种全身心地忘我投入！为了这套书，她甚至放下了自己的个人著述及其他重要邀请。

中国社会科学院历史研究所李世愉研究员，为我们审查了全部书稿的史学内容，匡正和完善了书稿中的许多漏误之处，使我们受益匪浅。在我们图片组稿遇到困难之时，李老师凭借深广的人脉，给了我们以莫大的帮助。他是我们的好师长。

本书中涉及各地区少数民族及宗教问题较多，是我们最担心出错的地方。为此我们把书稿报送了国家宗教局、国家民委、中国藏学研究中心等权威机构精心审查了书稿，并得到了他们的充分肯定，使我们大受鼓舞！

我们还要感谢北京观复博物馆、大连理工大学出版社帮我们提供了许多有价值的历史图片。

为了严把书稿质量，我们把做辞书时使用的有效方法用于这部学术精品专著，即对本书稿进行了二十项"专项检查"以及后期的五十三项专项检查，诸如，各卷中的人名、地名、国名、版图、疆域、公元纪年、谥号、庙号、少数民族名称、现当代港澳台地名的表述等，由专人做了逐项审核。为使高端学术著作科普化，我们对书稿中的生僻字加了注音或简释。

其间，国家新闻出版总署贯彻执行"学术著作规范化"，我们闻风而动，请各卷作者添加或补充了书后的参考文献、索引，并逐一完善了书稿中的注释，严格执行了总署的文件规定不走样。

我们还要感谢各卷的专家作者对编辑部非常"给力"的支持与配合，为了提高书稿质量，我们请作者做了多次修改及图片补充，不时地去"电话轰炸"各位专家，一头卡定时间，一头卡定质量，真是难为了他们！然而，无论是时处酷暑还是严冬，都基本得到了作者们的高度配合，特别是和我们一起"摽"了二十年的那些老作者，真是同呼吸共命运，他们对此书稿的感情溢于言表。这是一种无言的默契，是一种心灵的感应，这是一支二十年也打不散的队伍！凭着中国学者对传承优秀传统文化的责任感，靠着一份不懈的信念和期待，苦苦支撑了二十年。在此，我们向此书的全体作者深深地鞠上一躬！致以二十年来的由衷谢意与敬意！

由于本书命运多舛迁延多年，作者中不可避免地发生了一些变化，主要是由于身体原因不能再把书稿撰写或修改工作坚持下去，由此形成了一些卷本的作者缺位。正是我们作者团队中的集体意识及合作精神此时彰显了威力——当一些卷本的作者缺位之时，便有其他卷本的专家伸出援助之手，像接力棒一样传下去，使全套丛书得以正常运行。华中师范大学的博士生导师姚伟钧教授便是其中最出力的一位。今天全书得以付梓而没有出现缺位现象，姚老师功不可没！

"西藏""新疆"原本是两个独立的部分，组稿之初，赵荣光先生殚精竭虑多方奔走物色作者，由于难度很大，终而未果，这已成为全书一个未了的心结。后期我们倾力进行了接续性的推动，在相关专家的不懈努力下，终至弥补了地区缺位的重大遗憾，并获得了有关审稿权威机构的好评。

最令我们难过的是本书"东南卷"作者、暨南大学硕士生导师、冼剑民教授没能见到本书的出版。当我们得知先生患重病时即赶赴探望，那时先生已骨瘦如柴，在酷热的广州夏季，却还身着毛衣及马甲，接受着第八次化疗。此情此景令人动容！后得知冼先生化疗期间还在坚持修改书稿，使我们感动不已。在得知冼先生病故时，我们数度哽咽！由此催发我们更加发愤加快工作的步伐。在本书出版之际，我们向冼剑民先生致以深深的哀悼！

在我们申报国家项目和有关基金之时，中国农大著名学者李里特教授为我们多次撰写审读推荐意见，如今他竟然英年早逝离我们而去，令我们万分悲痛！

在此期间，李汉昌先生也不幸遭遇重大车祸，严重影响了身心健康，在此我们致以由衷的慰问！

（五）

中国饮食文化学是一门新兴的综合学科，涉及历史学、民族学、民俗学、人类学、文化学、烹饪学、考古学、文献学、地理经济学、食品科技史、中国农业史、中国文化交流史、边疆史地、经济与商业史等诸多学科，现正处在学科建设的爬升期，目前已得到越来越多领域的关注，也有越来越多的有志学者投身到这个领域里来，应该说，现在已经进入了最好的时期，从发展趋势看，最终会成为显学。

早在1998年于大连召开的"世界华人饮食科技与文化国际学术研讨会"，即是以"建立中国饮食文化学"为中心议题的。这是继1991年之后又一次重大的国际学术会议，是1991年国际学术会议成果的继承与接续。建立"中国饮食文化学"这个新的学科，已是国内诸多专家学者的共识。在本丛书中，就有专家明确提出，中国饮食文化应该纳入"文化人类学"的学科，在其之下建立"饮食人类学"的分支学科。

为学科理论建设搭建了开创性的构架。

这套丛书的出版，是学科建设的重要组成部分，它完成了一个带有统领性的课题，它将成为中国饮食文化理论研究的扛鼎之作。本书的内容覆盖了全国的广大地区及广阔的历史空间，本书从史前开始，一直叙述到当代的21世纪，贯通时间百万年，从此结束了中国饮食文化无史和由外国人写中国饮食文化史的局面。这是一项具有里程碑意义的历史文化工程，是中国对世界文明的一种国际担当。

二十年的风风雨雨、坎坎坷坷我们终于走过来了。在拜金至上的浮躁喧嚣中，我们为心中的那份文化坚守经过了炼狱般的洗礼，我们坐了二十年的冷板凳但无怨无悔！因为由此换来的是一项重大学术空白、出版空白的填补，是中国五千年厚重文化积淀的梳理与总结，是中国优秀传统文化的彰显。我们完成了一项重大的历史使命，我们完成了老一辈学人对我们的重托和当代学人的夙愿。这二十年的泣血之作，字里行间流淌着中华文明的血脉，呈献给世人的是祖先留给我们的那份精神财富。

我们笃信，中国饮食文化学的崛起是历史的必然，它就像那冉冉升起的朝阳，将无比灿烂辉煌！

《中国饮食文化史》编辑部

二〇一三年九月